Introducción al Álgebra Lineal

Teoría y Aplicaciones con Python

Versión: v1.1.0

Introducción al Álgebra Lineal

Teoría y Aplicaciones con Python

por

Bluminds LLC

Jheser Guzman
Senior Software Development Engineer Amazon-AWS, ex-JPMorgan & Chase, ex Google in USA. Liverpool John Moore's University, University of Chile University of León.

Jhohanser Guzman
Senior Data Scientist, ex-UNDP, Columbia University, UNINI University, Universidad Europea del Atlántico, Universitat Politécnica de Catalunya, AIU University and Economist.

Introducción al Álgebra Lineal
Por *Jheser Guzman & Jhohanser Guzman*

Impreso en Estados Unidos de América

Publicado por Bluminds Books, parte de Bluminds LLC.
Domicilio: 20 S Charles St Ste 403 #878, Baltimore, MD 21201 - USA

Las obras de Bluminds Books pueden adquirirse para fines educativos, empresariales y comerciales. Existen, además, ediciones digitales disponibles en *www.bluminds.com*. Para información adicional, contacte a nuestro departamento de ventas corporativas: *info@bluminds.com*

ISBN: 978-1-967406-27-2
Editora y Revisora: Raphaella Dariana Illanes Bequer
Editor de producción: Jheser Guzman & Jhohanser Guzman

Primera edición, Febrero, 2026
Versión: v1.1.0

Historial de revisiones de la primera edición: *2024-2025*

Diseñador de portada: Jhohanser Guzman
Diseñador de interiores: Jheser Guzman & Jhohanser Guzman

Verificación de originalidad y ausencia de plagio realizada mediante Dupli Checker y Plagiarism Detector.net

Para detalles adicionales sobre el lanzamiento de este libro, consulte *info@bluminds.com*.

"El rol del álgebra lineal en la inteligencia artificial"
— https://www.understandthemath.com/blog/linear-algebra-artificial-intelligence?utm_source=chatgpt.com.

Agradecimientos

Manifestamos nuestro más profundo reconocimiento a Bluminds LLC, en particular al equipo responsable de la edición y revisión técnica de este volumen. Su dedicación, pericia y compromiso han sido determinantes para asegurar la precisión del contenido presentado. Asimismo, extendemos nuestro agradecimiento a colegas y colaboradores, cuyas observaciones y sugerencias enriquecieron de manera significativa la presente obra, así como a nuestros estudiantes, cuya inquietud intelectual y entusiasmo por el aprendizaje constituyeron un estímulo constante para profundizar y clarificar los conceptos aquí expuestos. A nuestras familias, por su respaldo incondicional, paciencia y aliento sostenido durante el desarrollo de este proyecto; sin su apoyo, la culminación de este trabajo no habría sido factible.

Es relevante destacar la contribución de la comunidad de software libre, cuyo esfuerzo colaborativo y sostenido ha posibilitado la expansión y accesibilidad de herramientas como Python y los ecosistemas de ciencia de datos. El espíritu de cooperación y aporte colectivo que caracteriza a la comunidad open source ha representado una fuente inagotable de inspiración y un pilar esencial en la gestación de este libro.

Cabe señalar, con especial gratitud, la labor de Raphaella Dariana Illanes Bequer, cuya dedicación y aguda capacidad analítica resultaron determinantes en la revisión de este manuscrito. Su habilidad para identificar matices y formular observaciones enriquecedoras ha elevado de manera notable la calidad textual, garantizando la transmisión precisa y clara de cada idea. Su compromiso con la excelencia académica y su profesionalismo se reflejan en cada página, consolidándose como un soporte para la realización de este proyecto.

Reconocemos a la comunidad global de profesionales en ciencia de datos, quienes, mediante su innovación continua, han propiciado el avance acelerado de este campo, generando un impacto positivo y trascendental en personas y organizaciones a nivel internacional.

Acerca de los Autores

Jheser Guzman es científico en computación con una trayectoria superior a dos décadas en Machine Learning, Procesamiento de Lenguaje Natural (NLP) e Ingeniería de Software. Hizo sus estudios doctorales en Ciencias de la Computación en la Universidad de Chile y ha completado cuatro maestrías en universidades del Reino Unido, España y Bolivia, además de certificaciones profesionales como Cisco CCNA, AWS Architect/Developer Associate y Oracle Certified Associate (OCA). Ha ejercido funciones en empresas tecnológicas de referencia, tales como *Amazon AWS*, *Google – YouTube*, *Yahoo Research* y *JPMorgan Chase*, donde ha liderado iniciativas en sistemas de backend y arquitecturas de microservicios. Su especialización en Python para ciencia de datos, aprendizaje automático y NLP, junto con su experiencia industrial, ha favorecido avances relevantes en el rendimiento algorítmico y el desarrollo de software. En el ámbito académico, ha impartido docencia en universidades de Bolivia, Chile y Estados Unidos, orientando a estudiantes y profesionales.

Jhohanser Guzman es economista de formación, ambientalista y científico de datos, cuenta con catorce años de experiencia en los sectores financiero, jurídico y de programación. Obtuvo la licenciatura en Economía en la Universidad Católica y ha complementado su perfil académico con diversas maestrías, entre ellas en Ciencias de Datos, Machine Learning (AIU), Derecho y Estudios Jurídicos Avanzados, así como un Certificado Profesional en Machine Learning Applied por la Universidad de Columbia en Nueva York. Actualmente cursa un doctorado en Ciencias de la Salud Pública, con énfasis en análisis de datos, en la Universidad Internacional Iberoamericana. Ha ocupado posiciones estratégicas en organismos internacionales como el Programa de las Naciones Unidas para el Desarrollo (PNUD) en Bolivia y BeeGrids Social Intelligence en Chile, donde ha desarrollado análisis geoespacial, evaluaciones estadísticas de redes sociales y estudios sobre comportamiento social ante desastres naturales.

Acerca de Bluminds

Bluminds LLC, se constituye una startup EdTech orientada al desarrollo de soluciones tecnológicas de vanguardia para la democratización del acceso a la educación y el aprendizaje. Especializada en plataformas de aprendizaje digital y en la generación de contenido académico. Bluminds LLC mantiene un compromiso sostenido con la creación de herramientas innovadoras que posibiliten a instituciones educativas y empresas ofrecer experiencias formativas interactivas, escalables y accesibles.

El equipo de Bluminds LLC integra la experiencia de profesionales en ingeniería de software, ciencia de datos, economía y tecnologías educativas, colaborando con actores de la industria, universidades y entidades gubernamentales. Además, la organización brinda servicios de consultoría y capacitación técnica personalizada para la implementación de soluciones de aprendizaje digital, tanto en modalidad presencial como remota.

Bluminds LLC ha desarrollado, asimismo, libros y recursos educativos destinados a fortalecer comunidades tecnológicas y académicas, abarcando temáticas clave como ciencia de datos, Python, desarrollo de software, entre otros.

Para establecer contacto con Bluminds LLC y sus autores, o para solicitar una propuesta de capacitación técnica presencial o virtual, diríjase a: *info@bluminds.com*

Para información adicional sobre los servicios de capacitación, soluciones educativas, materiales de trabajo y presentaciones de Bluminds LLC, visite: *http://www.bluminds.com*

Individuos o instituciones interesados en adquirir recursos educativos de Bluminds LLC pueden hacerlo a través de: *https://www.amazon.com*

Las solicitudes de adquisición en grandes volúmenes por parte de corporaciones, organismos gubernamentales o instituciones educativas deben gestionarse directamente con Bluminds LLC. Para mayor información, escriba a: *info@bluminds.com*

Índice general

Prefacio

En un mundo cada vez más impulsado por los datos, el cálculo científico y la automatización, el álgebra lineal emerge como una herramienta fundamental en el corazón de disciplinas como la inteligencia artificial, la ciencia de datos, la física, la economía y la ingeniería. Comprender los conceptos del álgebra lineal no solo permite resolver problemas matemáticos complejos, sino que también habilita la aplicación de técnicas computacionales que están revolucionando nuestra forma de interactuar con el mundo.

El objetivo de este libro, "Introducción al Álgebra Lineal", es proporcionar una introducción accesible y práctica a los conceptos fundamentales del álgebra lineal, al tiempo que se fomenta el uso de Python como herramienta de implementación. Python, con sus bibliotecas robustas y su sintaxis amigable, permite al lector visualizar y comprender la teoría de manera interactiva, fortaleciendo el aprendizaje a través de ejemplos aplicados y ejercicios resueltos.

Este libro está dirigido a estudiantes, profesores y profesionales que desean adquirir o reforzar sus conocimientos en álgebra lineal y explorar sus aplicaciones modernas en la programación científica. A lo largo de los capítulos, los lectores aprenderán a:

- Comprender los conceptos básicos de vectores, matrices, sistemas de ecuaciones lineales y transformaciones lineales.
- Resolver problemas matemáticos y visualizarlos gráficamente utilizando NumPy y Matplotlib.
- Explorar técnicas avanzadas como la descomposición LU, QR y la descomposición en valores singulares (SVD).
- Calcular autovalores y autovectores para analizar transformaciones lineales y sistemas dinámicos.
- Aplicar estos conceptos en problemas prácticos de ciencia de datos, física, economía e ingeniería.

Cada capítulo está diseñado para presentar la teoría de manera clara y accesible, con ejemplos que combinan explicaciones matemáticas con implementaciones en Python. Al final de cada sección, se ofrecen ejercicios resueltos y propuestos que permiten consolidar los conocimientos adquiridos.

No es necesario tener experiencia previa en programación para comenzar con este libro; sin embargo, se recomienda familiarizarse con el entorno Jupyter Notebook a través de la distribución Anaconda, una herramienta que facilita el desarrollo científico con Python. Para los profesionales que ya dominan Python, este libro les proporcionará una manera estructurada y eficiente de conectar su programación con los conceptos matemáticos del álgebra lineal.

Como autores, creemos firmemente que la combinación de matemáticas y programación es una competencia esencial en el mercado actual. La capacidad de resolver problemas matemáticos con código no solo ahorra tiempo, sino que también abre la puerta a aplicaciones innovadoras y soluciones creativas.

Esperamos que este libro sea una herramienta de aprendizaje valiosa y que inspire a los lectores a seguir explorando el fascinante mundo del álgebra lineal y la programación científica.

Bienvenidos al Álgebra Lineal con Python.

El Lenguaje Python

El lenguaje de programación Python se ha convertido en uno de los lenguajes más populares en las últimas décadas, especialmente por su facilidad de uso y su amplia gama de aplicaciones. Python es el lenguaje líder en el campo de la ciencia de datos y es la herramienta principal que utiliza un científico de datos. Su simplicidad en la manipulación de datos, corta curva de aprendizaje, versatilidad de aplicación y gran diversidad de bibliotecas (módulos) lo han convertido en el lenguaje preferido en Ingeniería de Datos, Ingeniería de Software, Ciencias de la Computación y Ciencia de Datos. Por este motivo, Python es el lenguaje preferido en el ámbito académico y en universidades de todo el mundo.

Python cuenta con una gran cantidad de módulos de uso específico y especializado, que se utilizan desde la construcción de bases de datos, procesamiento de datos, creación de modelos de Machine Learning y visualización de datos, como: NumPy, SciPy, Pandas, Seaborn, TensorFlow, Keras y Scikit-learn. Las bibliotecas y frameworks para Python también proporcionan funcionalidades para el procesamiento de datos no estructurados, ya sean texto, audio, imágenes o videos.

La facilidad de uso de Python lo ha convertido en una opción popular tanto entre programadores como entre no programadores, para desarrollar aplicaciones web, aplicaciones predictivas y servicios diversos, que a menudo se utilizan para proporcionar resultados de ciencia de datos a otros usuarios o sistemas.

A quién va dirigido el libro

Este libro está diseñado para estudiantes, profesionales y entusiastas que deseen adentrarse en el mundo de las matemáticas utilizando Python, pero para el uso en Matemáticas y en especial la rama de cálculo I relacionadas con Álgebra Lineal. No es necesario tener un amplio conocimiento previo en programación o estadística, aunque contar con nociones básicas es beneficioso. El objetivo es guiar al lector desde los fundamentos hasta conceptos más avanzados, proporcionando las herramientas necesarias para desarrollarse como un científico de datos competente.

Aquellos que aspiren a una carrera en Ciencia de Datos, matemáticas o áreas afines encontrarán en este libro una base sólida. También es útil para profesionales de otras disciplinas que buscan aplicar técnicas de ciencia de datos en sus respectivos campos, como negocios, finanzas, salud, marketing, entre otros.

Este libro es apropiado para cursos de pregrado y posgrado en matemáticas y disciplinas relacionadas que desean complementar sus conocimientos con Python, siguiendo las recomendaciones curriculares de la ACM/IEEE para programas de computación.[1] Además, es una excelente opción para cursos en instituciones de educación superior, incluyendo universidades y colegios de dos años, que buscan preparar a los estudiantes para programas avanzados en ciencia de datos.

Asimismo, es relevante para estudiantes de secundaria interesados en aprender álgebra lineal de una manera interactiva y con el uso de la programación. Cada vez más escuelas secundarias están incorporando cursos usando herramientas computacionales y de programación en sus planes de estudio, reconociendo la importancia de estas habilidades en el mundo actual y para su futuro.[2] Según expertos, enseñar ciencia de datos en niveles educativos tempranos prepara a los estudiantes para las carreras del futuro y refleja hacia dónde se dirige la tecnología y el mercado laboral.

Organización del libro

El libro "Álgebra Lineal" es una obra diseñada para enseñar los conceptos fundamentales del álgebra lineal y sus aplicaciones a través del lenguaje de programación Python, aprovechando su simplicidad y bibliotecas científicas.

El Capítulo 1 presenta la motivación e historia del álgebra lineal, que tiene raíces en antiguas civilizaciones como Babilonia y Egipto, y su desarrollo posterior por matemáticos como Descartes, Gauss y Cayley. El álgebra lineal se enfoca en el estudio de vectores, espacios vectoriales, matrices, determinantes y sistemas de ecuaciones lineales, destacando sus aplicaciones en física, informática, economía e ingeniería.

- Vectores: Magnitudes con dirección y longitud, fundamentales para modelar fenómenos físicos y geométricos.
- Matrices: Representaciones de datos organizados en filas y columnas, aplicadas en la resolución de sistemas de ecuaciones.
- Determinantes: Valores asociados a matrices cuadradas que indican su invertibilidad y propiedades geométricas.

[1]Association for Computing Machinery (ACM). "Curricula Recommendations". Recuperado de *https://www.acm.org/education/curricula-recommendations*.

[2]DataScience.LA. Ïntroduction to Data Science for High School Students". Recuperado de *http://datascience.la/introduction-to-data-science-for-high-school-students/*

- Sistemas de Ecuaciones Lineales: Herramientas para modelar problemas matemáticos complejos en física y economía.

El Capítulo 2 introduce Python como herramienta para implementar conceptos de álgebra lineal, destacando bibliotecas como:

- NumPy: Manipulación eficiente de vectores y matrices.
- SciPy: Resolución de problemas matemáticos avanzados, como optimización.
- Matplotlib: Visualización de datos y resultados.

Se abordan las siguientes aplicaciones:

- Manipulación de Vectores y Matrices: Operaciones como suma, multiplicación escalar, producto punto y producto cruz.
- Resolución de Sistemas de Ecuaciones: Uso de numpy.linalg.solve() y métodos numéricos como eliminación gaussiana.
- Determinantes e Inversas: Cálculo mediante numpy.linalg.det() y numpy.linalg.inv().
- Descomposiciones: LU, QR y descomposición en valores singulares (SVD).
- Autovalores y Autovectores: Herramientas esenciales para estudiar transformaciones lineales y estabilidad de sistemas.

El Capítulo 3 desarrolla en profundidad los vectores, sus operaciones y aplicaciones:

- Definición y Notación: Representación en 2D y 3D.
- Operaciones Básicas:
  - Suma y resta.
  - Multiplicación por un escalar.
- Producto Punto: Relación con la magnitud y el ángulo entre vectores.
- Producto Cruz: Generación de vectores perpendiculares en 3D y cálculo de áreas.
- Magnitud y Dirección: Cálculo de la longitud de un vector y su normalización.
- Aplicaciones: Geometría, física (fuerzas y desplazamientos), gráficos por computadora y análisis de datos.

El Capítulo 4 presenta una introducción a la solución de sistemas lineales:

- Métodos de Resolución:
  - Sustitución.
  - Eliminación de Gauss.
  - Inversión de matrices.
- Interpretación Geométrica: Intersección de líneas y planos en 2D y 3D.
- Aplicaciones: Modelado de circuitos eléctricos, estructuras en ingeniería y optimización en economía.

El Capítulo 5 cubre las propiedades y operaciones con matrices:

- Definición y Tipos:
  - Matrices cuadradas, diagonales, identidad y cero.

    - Matrices transpuestas y simétricas.
- Operaciones:
    - Suma, resta y multiplicación.
    - Determinación de inversas y cálculo del rango.
- Descomposiciones: LU y QR, esenciales en la resolución de sistemas lineales y análisis de datos.

El Capítulo 6 profundiza en la teoría y cálculo de determinantes, abordando:

- Cálculo Directo: Menores y cofactores.
- Propiedades: Relación con la invertibilidad y geometría.
- Aplicaciones: Regla de Cramer para resolver sistemas y cálculo de áreas y volúmenes.

El Capítulo 7 de las transformaciones lineales muestra funciones que preservan la estructura lineal de los espacios vectoriales. Este capítulo cubre:

- Definición: Funciones lineales y sus propiedades.
- Matriz Asociada: Representación de transformaciones mediante matrices.
- Ejemplos en Python: Rotaciones, reflexiones y escalados.

El Capítulo 8 aborda el cálculo y la interpretación de autovalores y autovectores, utilizados para:

- Diagonalización de Matrices.
- Reducción de Dimensionalidad: Aplicaciones en análisis de componentes principales (PCA).
- Resolución de Sistemas Dinámicos: Modelado de estabilidad.

El libro integra la teoría matemática del álgebra lineal con aplicaciones prácticas utilizando Python. Proporciona: Explicaciones claras de conceptos fundamentales como vectores, matrices, determinantes y transformaciones lineales; Aplicaciones en ciencia de datos, gráficos computacionales, física, economía e ingeniería.

Es una herramienta invaluable para estudiantes, profesores y profesionales que deseen adquirir habilidades en álgebra lineal y programación científica.

Documentación de Python y Recursos de Ciencia de Datos

Encontrará la siguiente documentación especialmente útil mientras avanza en el libro:

- **La biblioteca estándar de Python:**
  https://docs.python.org/3/library/index.html
- **La referencia del lenguaje Python:**
  https://docs.python.org/3/reference/index.html
- **Lista de documentación de Python:**
  https://docs.python.org/3/

Además, los siguientes recursos y documentación son especialmente relevantes para la ciencia de datos:

- **Documentación de NumPy** (computación numérica con Python): *https://numpy.org/doc/*
- **Documentación de Pandas** (análisis y manipulación de datos): *https://pandas.pydata.org/docs/*
- **Documentación de Matplotlib** (visualización de datos en 2D): *https://matplotlib.org/stable/contents.html*
- **Documentación de SciPy** (algoritmos y herramientas matemáticas): *https://docs.scipy.org/doc/scipy/reference/*
- **Documentación de Scikit-learn** (aprendizaje automático en Python): *https://scikit-learn.org/stable/user_guide.html*
- **Documentación de Seaborn** (visualización estadística de datos): *https://seaborn.pydata.org/*
- **Documentación de Plotly** (visualización interactiva de datos): *https://plotly.com/python/*
- **Documentación de TensorFlow** (ML y redes neuronales): *https://www.tensorflow.org/overview*
- **Documentación de PyTorch** (aprendizaje profundo y redes neuronales): *https://pytorch.org/docs/stable/index.html*
- **Documentación de Keras** (API para redes neuronales): *https://keras.io/*
- **Documentación de StatsModels** (modelado estadístico y econométrico): *https://www.statsmodels.org/stable/index.html*

Estos recursos le proporcionarán información detallada y ejemplos sobre las bibliotecas y herramientas más utilizadas en ciencia de datos con Python.

Cómo contactarnos

Por favor, dirija sus comentarios y preguntas sobre este libro al editor:

Bluminds LLC 20 S Charles St Ste 403 #878
Baltimore, MD 21201 - USA

Tenemos una página web para este libro, donde listamos erratas, ejemplos y cualquier información adicional. Puede acceder a esta página en *https://books.bluminds.com*

Para comentar o hacer preguntas técnicas sobre este libro, envíe un correo electrónico a *info@bluminds.com*

Para más información sobre nuestros libros, cursos, conferencias y noticias, visite nuestro sitio web en *https://www.bluminds.com* .

- Síganos en Twitter (x.com): *https://x.com/blumindsllc*
- Vea nuestros videos en YouTube: *https://www.youtube.com/@bluminds*
- Vea el material en GitHub: *https://github.com/Bluminds/Book-LinAlg-v1-CodeExamples*

Antes de Comenzar

El mundo de hoy en día ha cambiado, con la aparición de mayores y mejores conceptos y aplicaciones de inteligencia artificial, los profesionales se están quedando fuera del mercado laboral si es que desconocen de la programación, y Python es el lenguaje más simple y potente para que un profesional amplíe y mejore sus habilidades.

Aquí asumimos el gran desafío de seguir desarrollando habilidades matemáticas integradas con programación con Python!

No es necesario saber programar para usar este libro, pero sí es necesario conocer el entorno de Jupyter Notebooks en Anaconda, ya que ahí se han desarrollado los scripts para programar con Python y obtener los resultados que se buscan. Aquí se muestran los pasos principales que se deben conocer, antes de empezar con el libro, son que el lector debe procurar llegar al final de este apartado y poder realizar los ejercicios que aquí se muestran antes de empezar con el capítulo 1. Así:

Instalación de Anaconda y Python

La instalación de Anaconda y Python es un paso fundamental para aquellos que buscan sumergirse en el mundo estudiantil, profesional y de la programación científica, o como en este caso para el aprendizaje de álgebra lineal.

Anaconda, una distribución de Python, simplifica significativamente la configuración del entorno de desarrollo al proporcionar una colección completa de herramientas y bibliotecas esenciales que son fáciles de utilizar. Aquí se explorará detalladamente el proceso de instalación de Anaconda y sus beneficios, asegurando una experiencia de desarrollo coherente y eficiente. Anaconda incluye Jupyter, una aplicación web que permite crear documentos interactivos que combinan código, texto y visualizaciones. Esto es invaluable para el análisis de datos y la presentación de resultados de manera clara y efectiva. Anaconda está disponible para Windows, macOS y Linux, lo que garantiza una experiencia de desarrollo consistente sin importar la plataforma utilizada.

¿Qué es Anaconda?

Anaconda es una distribución de Python que incluye no solo el lenguaje de programación en sí, sino también un conjunto de herramientas y bibliotecas específicamente diseñadas para el análisis de datos y la programación científica. Desarrollada por Anaconda, Inc., esta distribución tiene como objetivo simplificar la gestión de paquetes y entornos virtuales, haciendo que el proceso de desarrollo sea más accesible para usuarios de todos los niveles.

Pasos para la instalación:

La instalación de Anaconda y Python es un proceso sencillo que se puede realizar en pocos pasos. Aquí, supondremos que su computador no tiene instalado Anaconda, por lo que le proporcionaremos una guía, paso a paso junto con referencias, para una instalación exitosa.

Descargar Anaconda:

Visita el sitio web oficial de Anaconda para descargar la versión más reciente:

(*https://www.anaconda.com/products/distribution*)

Selecciona (*DOWNLOAD*) la versión adecuada para tu sistema operativo (Windows, macOS o Linux) y no olvides que tu computador debe cumplir ciertos requisitos mínimos. De todas maneras, existen varias versiones que, si tu computador no cumple algunos, otra versión puede cumplirlas. Aquí los requisitos mínimos son:

DEL COMPUTADOR

- Se recomienda un procesador moderno de 1 GHz para un rendimiento óptimo.
- Se recomienda tener 2 GB de RAM, pero con mayor memoria, se mejora la velocidad de las ejecuciones.
- Se recomienda tener un mínimo de 3 GB de espacio libre en el disco duro, más espacio para procesos de ejecución donde se preste memoria el disco.

DEL WINDOWS

- Anaconda es compatible con Windows 7 o superiores.
- Se recomienda espacio libre de al menos 10 GB en el disco para las instalaciones y las creaciones de entornos virtuales.

DEL MACOS

- Anaconda es compatible con macOS 10.9 o superiores.
- Se recomienda espacio libre de al menos 10 GB en el disco para instalaciones y creaciones de entornos virtuales.

DEL LINUX

- Anaconda es compatible con varias distribuciones de Linux, Ubuntu, Fedora y otros.

- Se recomienda espacio libre de al menos 10 GB en el disco para instalaciones, pero puede variar según la distribución.

Instalación de Anaconda:

- Ejecuta el instalador de Anaconda, descargado en tu PC.
- Sigue las instrucciones del instalador, aceptando los términos y condiciones.
- Puedes optar por agregar Anaconda al PATH durante la instalación, lo que facilitará la ejecución de comandos desde la línea de comandos.

Una vez completada la instalación, es crucial verificar que Anaconda y Python se hayan instalado correctamente. Puedes hacerlo abriendo una terminal o línea de comandos y ejecutando el siguiente comando:

```
conda --version
```

Este comando debería mostrar la versión de Anaconda, el administrador de paquetes incluido en Anaconda.

Iniciar la aplicación:

Hacer doble clic en la aplicación.

Figura 1: Icono de Anaconda

Y esperar hasta que se inicie el programa.

Manejo de Anaconda y Python

Una vez iniciado se tendría un entorno de Anaconda, que es similar al que se muestra en la siguiente figura.

Una vez que se tiene esta imagen, se ejecuta la aplicación que dice Jupyter, que en la figura está en la parte superior derecha, mediante "*Launch*".

Aquí, Conda, es el administrador de paquetes de Anaconda, donde simplifica la instalación, actualización y gestión de bibliotecas y dependencias, haciendo que sea mucho más fácil tener el lenguaje en óptimas condiciones para su uso. Además, permite la creación de entornos virtuales para proyectos específicos, asegurando la consistencia en el desarrollo. Anaconda incluye una variedad de bibliotecas esenciales para el análisis de datos, programación para el aprendizaje de otras

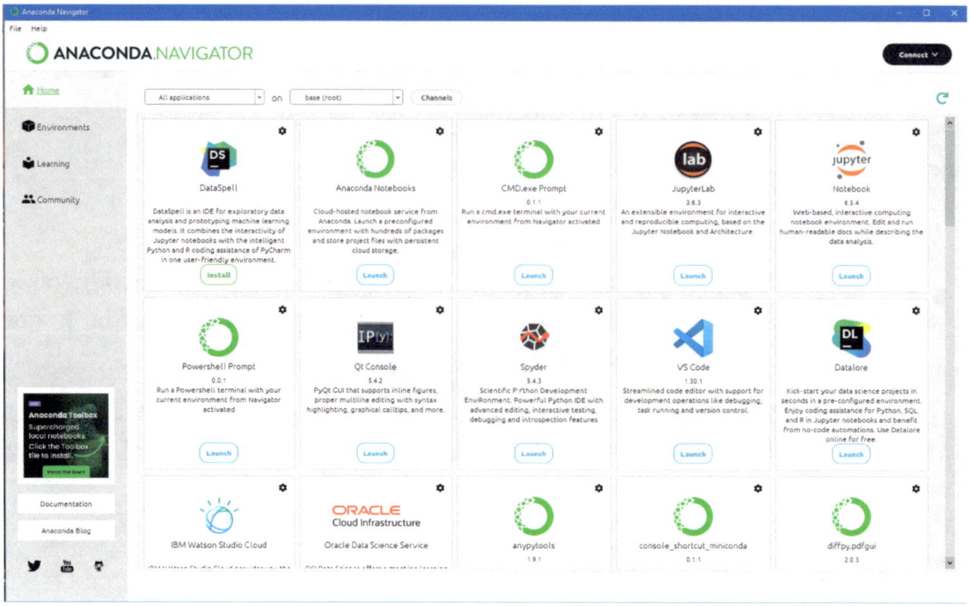

Figura 2: Ventana de Anaconda Navigator

ciencias y en este caso para aprender álgebra lineal.

Creación de un Jupyter Notebook

Una vez que se presionó "*Launch*", se desplegará una imagen similar a la que se muestra en la siguiente figura.

Figura 3: Inicio de Jupyter Notebook

Ahora, en la parte derecha de la pantalla de la aplicación, buscamos la palabra "*NEW*" y escogemos la opción que dice "Python 3 (ipykernel)", presionándolo para que despliegue un primer entorno de Jupyter Notebooks. Se espera unos segundos y se tiene un entorno inicial de Jupyter Notebooks.

Jupyter Notebooks

El primer entorno de Jupyter Notebooks es similar al que se muestra en la siguiente figura.

Figura 4: Ventana Práctica de Jupyter Notebook

Ahora está listo para realizar sus primeros programas, no se preocupe por los demás botones y opciones, eso lo irá aprendiendo en el transcurso de la lectura de este libro, o en libros más especializados, donde se desea conocer más sobre el entorno de Jupyter Notebooks, para lo cual le recomendamos el libro de nuestra colección de Programación Python.

Cinco ejercicios de aritmética y álgebra con Jupyter Notebooks

Ahora hemos de realizar las siguientes operaciones matemáticas simples, con el objetivo de ver y comprobar que Python está ejecutando el código correctamente. No olvide colocar los datos correctamente, respetando los espacios, los signos y símbolos, así:

Ejercicio 1:

Haremos un primer ejercicio de sumas y restas de números complejos, colocando los siguientes scripts en la celda gris claro y una vez terminado luego presione **RUN** como en la siguiente figura.

In [1]:

```
# Ejercicio 1
# Suma y Resta de Números Complejos
num1 = 3+4j
num2 = 1-2j

# Suma
suma = num1 + num2

# Resta
resta = num1 - num2

suma, resta
```

Out [1]:

```
((4+2j), (2+6j))
```

Ejercicio 2:

Haremos un segundo ejercicio de resolución de ecuaciones lineales, colocando los siguientes scripts en la celda gris claro y una vez terminado luego presione **RUN** como en la siguiente figura.

In [2]:

```
# Ejercicio 2
# Resolución de Ecuaciones Lineales
import numpy as np

coeficientes = np.array ([[3, 2], [4, -1]])
constantes = np.array([9, 5])

solucion = np.linalg.solve(coeficientes, constantes)
solucion
```

Out [2]:

```
array([1.72727273, 1.90909091])
```

Ejercicio 3:

Haremos un tercer ejercicio de polinomios cuadráticos, colocando los siguientes scripts en la celda gris claro y una vez terminado luego presione **RUN** como en la siguiente figura.

In [3]:

```
# Ejercicio 3
# Factorización de Polinomios Cuadráticos
from sympy import symbols, factor

x = symbols("x")
polinomio = x**2 - 5*x + 6

factorizado = factor(polinomio)
factorizado
```

Out [3]:

```
(x - 3)*(x - 2)
```

Ejercicio 4:

Haremos un cuarto ejercicio de operaciones con Matrices, colocando los siguientes scripts en la celda gris claro y una vez terminado luego presione **RUN** como en la siguiente figura.

In [4]:

```
# Ejercicio 4
# Operaciones con Matrices
matriz_a = np.array([[1, 2], [3, 4]])
matriz_b = np.array([[5, 6], [7, 8]])

# Multiplicación de Matrices
multiplicación = np.dot(matriz_a, matriz_b)

# Transposición de Matrices
transpuesta_a = matriz_a.T

multiplicación, transpuesta_a
```

Out [4]:

```
(array([[19, 22],
        [43, 50]]),
 array([[1, 3],
        [2, 4]]))
```

Ejercicio 5:

Haremos un quinto ejercicio de despejar variables en ecuaciones, colocando los siguientes scripts en la celda gris claro y una vez terminado luego presione **RUN** como en la siguiente figura.

In [5]:

```
# Ejercicio 5
# Despejar Variables en Ecuaciones
from sympy import symbols, solve
```

```

x, y = symbols("x y")
ecuacion = 2*x + 3*y - 12

# Despejar y
solucion_y = solve(ecuacion, "y")
solucion_y
```

Out [5]:

```
[4 - 2*x/3]
```

Una vez realizados los anteriores pasos correctamente, se encuentra listo para empezar a usar Python con este libro, caso opuesto vuelva a realizar las operaciones hasta lograr los mismos resultados.

¿Cómo actualizar Anaconda, Python y sus librerías?

Así de simple, una vez que usted ha terminado de realizar los anteriores pasos y pudo realizar los 5 ejercicios correctamente, ya se encuentra listo para empezar a usar Python con álgebra lineal, caso opuesto vuelva a realizar las operaciones hasta lograr los mismos resultados.

```
!conda update --all
```

Para actualizar Python se coloca:

```
!conda install python=3.9 --update-deps
```

Y para actualizar una biblioteca específica se coloca:

```
!pip install -- upgrade <MODULO>
```

Librerías que deben instalarse en Python

Las librerías utilizadas en el presente libro, deben estar instaladas en Jupyter Notebook, aquí se colocan los comandos para su instalación desde cualquier celda en Python.

```
!pip install numpy
!pip install sympy
!pip install scipy
!pip install pandas
!pip install matplotlib
!pip install seaborn
!pip install plotly
```

```
!pip install bokeh
!pip install dash
!pip install folium
!pip install scikit-learn
!pip install tensorflow
!pip install torch
!pip install keras
!pip install xgboost
!pip install lightgbm
!pip install statsmodels
!pip install networks
!pip install cartopy
!pip install basemap
!pip install pyclustering
```

```
... aquí, se procede a la instalación de cada una de las
    librerías con pip
```

Buena Práctica

Las versiones de las librerías de Python cambian en el tiempo, y algunas funciones pueden quedar obsoletas (deprecadas) debido a mejoras en rendimiento, seguridad, o inclusión de nuevas funcionalidades. Es una buena práctica mantener las dependencias (librerías o módulos) actualizadas en el sistema.

Otras buenas prácticas respecto al manejo de dependencias y actualizaciones se tienen:

- **Instalar versiones específicas:** Cuando sea necesario usar una versión particular de una librería (como `geopandas==0.14.4`), especifique la versión exacta para garantizar compatibilidad.
- **Verificar versiones instaladas:** Use `pip list` o `conda list` para ver todas las librerías instaladas y sus versiones actuales en su entorno.
- **Consultar versiones disponibles:** Visite *https://pypi.org* para verificar las versiones más recientes de cualquier librería de Python y revisar el historial de cambios.
- **Manejo de deprecaciones:** Si encuentra advertencias sobre funciones deprecadas, consulte la documentación oficial de la librería para encontrar las alternativas recomendadas.
- **Actualización gradual:** Actualice las librerías una por una y pruebe su código después de cada actualización para identificar posibles incompatibilidades.
- **Entornos virtuales:** Use entornos virtuales separados, para diferentes proyectos y evitar conflictos entre versiones entre librerías.

Resumen y Preguntas

Cada uno de los capítulos de este libro, contienen un apartado llamado "*Resumen*", para que el lector pueda verificar de manera resumida los avances del capítulo, y además contiene otros apartados de ejercicios que están resueltos (ver el final del libro), y otro de ejercicios no resueltos, para que el lector pueda practicar.

Este libro contiene "Álgebra Lineal con Python", por lo que es útil tener conocimientos de programación en Python para un mejor aprendizaje.

Capítulo 1 Introducción al Álgebra Lineal

Objetivos

- Analizar la motivación subyacente del Álgebra Lineal como lenguaje formal para la modelización de relaciones, estructuras y transformaciones en espacios multidimensionales.
- Examinar la evolución histórica del Álgebra Lineal, desde los métodos aritméticos empleados en Babilonia y Egipto para la resolución de sistemas de ecuaciones, hasta la consolidación moderna de conceptos como matrices, determinantes y espacios vectoriales.
- Comprender el papel de los vectores y de los espacios vectoriales como entidades fundamentales para la descripción de magnitudes, direcciones y estados en ciencias e ingeniería, enfatizando su interpretación geométrica y algebraica.
- Identificar la función de las matrices como herramientas de representación y cálculo en sistemas lineales, transformaciones lineales, análisis de datos multidimensionales y procesos computacionales.
- Valorar el uso de sistemas de ecuaciones lineales como fundamento para la construcción de modelos matriciales, la interpretación de sus soluciones y la aplicación de métodos clásicos tales como la sustitución, la eliminación de Gauss y el uso de la matriz inversa.
- Comprender la relevancia de los determinantes como criterio de invertibilidad, medida de variación volumétrica bajo transformaciones lineales y elemento central en herramientas como la Regla de Cramer.
- Reconocer la aplicabilidad transversal del Álgebra Lineal en disciplinas como la física, la informática, la economía, la ingeniería, la biología, la medicina y las ciencias sociales, destacando su incidencia en el análisis y la toma de decisiones.
- Aplicar herramientas del lenguaje Python y de sus principales librerías (por ejemplo, NumPy, SciPy y Matplotlib) para experimentar con vectores, matrices, sistemas lineales y determinantes, articulando la teoría matemática con la práctica computacional.

Buena Práctica

¿Por qué estudiar Álgebra Lineal con Python?

La integración de Python en el Álgebra Lineal permite visualizar vectores, matrices y transformaciones lineales, automatizar cálculos complejos y reducir errores aritméticos, conectando la teoría matemática con aplicaciones reales en ciencia de datos, aprendizaje automático, optimización e ingeniería.

1.1 Motivación e historia del Álgebra Lineal

El Álgebra Lineal constituye una rama fundamental de la matemática, orientada al estudio de vectores, espacios vectoriales, transformaciones lineales y sistemas de ecuaciones lineales. Su desarrollo histórico ha sido gradual y acumulativo, marcado por aportaciones provenientes de diversas culturas y periodos históricos.

Las raíces del Álgebra Lineal pueden rastrearse hasta las civilizaciones de Babilonia y Egipto, donde, alrededor del 2000–3000 a.C., se empleaban métodos aritméticos y geométricos para la resolución de sistemas de ecuaciones lineales simples, principalmente con fines administrativos y de ingeniería, aunque sin una formulación teórica abstracta [1].

Durante la Edad Media, matemáticos del mundo islámico, en particular Muhammad ibn Musa al-Khwarizmi, sistematizaron procedimientos algorítmicos para la resolución de ecuaciones lineales y cuadráticas. Su obra *Al-Kitab al-Mukhtasar fi Hisab al-Jabr wal-Muqabala* sentó las bases del álgebra como disciplina independiente, aunque todavía no incorporaba los conceptos modernos de vectores ni de matrices.

El Renacimiento europeo impulsó una profunda transformación matemática. Los trabajos de René Descartes y Pierre de Fermat dieron origen a la geometría analítica, disciplina que permitió describir objetos geométricos mediante ecuaciones algebraicas. En particular, la introducción del sistema de coordenadas cartesianas por Descartes estableció un puente fundamental entre el álgebra y la geometría, antecedente directo del Álgebra Lineal moderna.

En el siglo XVIII, Gabriel Cramer formuló la conocida Regla de Cramer para la resolución de sistemas lineales mediante determinantes, mientras que Joseph-Louis Lagrange realizó aportes significativos al estudio de sistemas de ecuaciones en funciones. Posteriormente, en el siglo XIX, el Álgebra Lineal se consolidó como una disciplina autónoma gracias a las contribuciones de Carl Friedrich Gauss, quien desarrolló el método de eliminación que lleva su nombre, y al trabajo de Arthur Cayley y James Joseph Sylvester, quienes introdujeron y formalizaron el concepto de matriz [2].

Durante el siglo XX, la formalización axiomática de los espacios vectoriales y de las transformaciones lineales amplió notablemente el alcance del Álgebra Lineal. Matemáticos como Hermann Weyl y John von Neumann realizaron aportes fundamentales, especialmente en el desarrollo de los espacios de Hilbert y su aplicación en la mecánica cuántica. Cabe señalar que, si bien el Álgebra Lineal es esencial en la formulación matemática de la relatividad y de la mecánica cuántica, estas teorías también requieren herramientas avanzadas del análisis matemático y de la geometría diferencial.

El Álgebra Lineal no se limita a la abstracción teórica; sus aplicaciones prácticas abarcan una amplia variedad de campos del conocimiento.

En física, es indispensable para la formulación y resolución de modelos matemáticos. En electromagnetismo, las ecuaciones de Maxwell pueden expresarse de forma compacta utilizando operadores lineales. En mecánica cuántica, los estados físicos se representan como vectores en espacios de Hilbert, y las observables se modelan mediante operadores lineales autoadjuntos.

En informática, el Álgebra Lineal desempeña un papel central en el procesamiento de imágenes, la visión por computadora y el aprendizaje automático. Las imágenes digitales se representan como matrices de valores, y algoritmos como la regresión lineal, la descomposición en valores singulares (SVD) y las redes neuronales profundas dependen de operaciones matriciales a gran escala.

En economía, se utiliza para modelar problemas de optimización y equilibrio, como en la programación lineal y en los modelos de insumo-producto de Wassily Leontief, que emplean matrices para describir las relaciones entre distintos sectores económicos.

En ingeniería, el Álgebra Lineal es fundamental para el análisis y diseño de sistemas. En ingeniería eléctrica, las redes de circuitos se describen mediante sistemas de ecuaciones lineales. En ingeniería civil y mecánica, los métodos de elementos finitos, utilizados para simular el comportamiento de estructuras complejas, se basan en formulaciones matriciales.

En biología y medicina, el Álgebra Lineal se aplica en genética, bioinformática y epidemiología. Las redes genéticas y proteómicas se representan mediante matrices de interacción, y en epidemiología ciertos modelos linealizados permiten analizar la propagación inicial de enfermedades infecciosas [7].

En ciencias sociales, técnicas como el análisis factorial y el análisis de componentes principales permiten reducir la dimensionalidad de grandes conjuntos de datos y extraer patrones relevantes.

Finalmente, en matemáticas puras, el Álgebra Lineal constituye un pilar esencial en áreas como la teoría de representaciones, la geometría algebraica y la teoría de números, donde el estudio de estructuras algebraicas a través de espacios vectoriales resulta fundamental.

En síntesis, el Álgebra Lineal es una disciplina central con una historia rica y una notable proyección interdisciplinaria. Desde sus orígenes en civilizaciones antiguas hasta su formalización moderna, ha demostrado ser una herramienta indispensable para la comprensión y resolución de problemas complejos, consolidándose como uno de los lenguajes matemáticos fundamentales de la ciencia contemporánea.[1]

1.2 Importancia de los vectores

Un vector es una entidad matemática que, en su interpretación geométrica clásica, posee *magnitud* (longitud) y *dirección*. En Álgebra Lineal, los vectores se utilizan para modelar y analizar fenómenos en física, ingeniería, informática y otras disciplinas científicas, pues permiten representar estados, magnitudes y datos de forma estructurada.

Formalmente, un vector en un espacio n-dimensional se representa mediante una n-tupla de componentes. Por ejemplo, en el espacio tridimensional $\mathbb{R}^3$, un vector v se expresa como:

$$v = \begin{pmatrix} v_1 \\ v_2 \\ v_3 \end{pmatrix}.$$

Aquí, v_1, v_2 y v_3 representan las componentes del vector en las direcciones de los ejes x, y y z, respectivamente (según la base canónica).

1.2.1 Operaciones con vectores

1.2.1.1 Suma de vectores

La suma de dos vectores, es componente a componente. Si:

[1] Beezer, R. A. (2020). *A First Course in Linear Algebra* (3rd ed.). Congruent Press.

$$u = \begin{pmatrix} u_1 \\ u_2 \\ \vdots \\ u_n \end{pmatrix}, \qquad v = \begin{pmatrix} v_1 \\ v_2 \\ \vdots \\ v_n \end{pmatrix},$$

Entonces:

$$u + v = \begin{pmatrix} u_1 + v_1 \\ u_2 + v_2 \\ \vdots \\ u_n + v_n \end{pmatrix}.$$

1.2.1.2 Resta de vectores

Análogamente, la resta se define como:

$$u - v = \begin{pmatrix} u_1 - v_1 \\ u_2 - v_2 \\ \vdots \\ u_n - v_n \end{pmatrix}.$$

1.2.1.3 Multiplicación por un escalar

La multiplicación de un vector por un escalar consiste en multiplicar cada componente por dicho escalar. Si $c \in \mathbb{R}$ (o, en general, $c \in F$) y $v \in F^n$, entonces:

$$cv = c \begin{pmatrix} v_1 \\ v_2 \\ \vdots \\ v_n \end{pmatrix} = \begin{pmatrix} cv_1 \\ cv_2 \\ \vdots \\ cv_n \end{pmatrix}.$$

1.2.1.4 Producto punto

El producto punto, entre dos vectores, $u, v \in \mathbb{R}^n$ se define como:

$$u \cdot v = u_1 v_1 + u_2 v_2 + \cdots + u_n v_n.$$

Entre sus aplicaciones destacan el cálculo del ángulo entre dos vectores (cuando ambos son no nulos) y la proyección de un vector sobre otro.

1.2.1.5 Producto cruz

El producto cruz (o producto vectorial) está definido *exclusivamente* en $\mathbb{R}^3$ (y, de forma más avanzada, en ciertas generalizaciones específicas). Dados:

$$u = \begin{pmatrix} u_1 \\ u_2 \\ u_3 \end{pmatrix}, \qquad v = \begin{pmatrix} v_1 \\ v_2 \\ v_3 \end{pmatrix},$$

Se define:

$$u \times v = \begin{pmatrix} u_2 v_3 - u_3 v_2 \\ u_3 v_1 - u_1 v_3 \\ u_1 v_2 - u_2 v_1 \end{pmatrix}.$$

Este vector es perpendicular a u y v, y su magnitud coincide con el área del paralelogramo generado por ambos vectores. En coordenadas, también puede representarse mediante el determinante formal:

$$u \times v = \begin{vmatrix} \mathbf{i} & \mathbf{j} & \mathbf{k} \\ u_1 & u_2 & u_3 \\ v_1 & v_2 & v_3 \end{vmatrix},$$

Donde $\mathbf{i}, \mathbf{j}, \mathbf{k}$ son los vectores unitarios de la base canónica de $\mathbb{R}^3$.

1.2.2 Concepto de magnitud y dirección

1.2.2.1 Magnitud (norma) de un vector

La magnitud (o norma euclidiana) de un vector $v \in \mathbb{R}^n$ se define como

$$\|v\| = \sqrt{v_1^2 + v_2^2 + \cdots + v_n^2}.$$

Esta cantidad representa la longitud del vector en el espacio.

1.2.2.2 Dirección de un vector

En $\mathbb{R}^3$, la dirección de un vector no nulo puede describirse mediante los *cosenos directores*, que corresponden a las proyecciones normalizadas del vector sobre los ejes coordenados. Si $v = (v_x, v_y, v_z) \neq 0$, entonces:

$$\cos(\alpha) = \frac{v_x}{\|v\|}, \qquad \cos(\beta) = \frac{v_y}{\|v\|}, \qquad \cos(\gamma) = \frac{v_z}{\|v\|},$$

Donde α, β y γ son los ángulos entre v y los ejes x, y y z, respectivamente. [3]

1.2.2.3 Espacio vectorial y subespacio

Un espacio vectorial (o espacio lineal) es un conjunto V sobre un campo F (por ejemplo, $\mathbb{R}$ o $\mathbb{C}$) provisto de dos operaciones: suma $+ : V \times V \to V$ y multiplicación por escalares $\cdot : F \times V \to V$, que satisfacen axiomas específicos. Entre ellos (en forma resumida) se incluyen:

1. **Clausura bajo la suma:** si $u, v \in V$, entonces $u + v \in V$.
2. **Conmutatividad:** $u + v = v + u$.
3. **Asociatividad:** $u + (v + w) = (u + v) + w$.
4. **Elemento neutro aditivo:** existe $0 \in V$ tal que $u + 0 = u$.
5. **Inverso aditivo:** para cada $u \in V$ existe $-u \in V$ tal que $u + (-u) = 0$.
6. **Clausura bajo escalares:** si $c \in F$ y $u \in V$, entonces $cu \in V$.
7. **Compatibilidad:** $c(du) = (cd)u$ para $c, d \in F$ y $u \in V$.
8. **Identidad escalar:** $1u = u$ para todo $u \in V$.
9. **Distributividad respecto a la suma de vectores:** $c(u + v) = cu + cv$.
10. **Distributividad respecto a la suma de escalares:** $(c + d)u = cu + du$.

Un *subespacio* de V es un subconjunto $W \subseteq V$ que, con las mismas operaciones, también es un espacio vectorial. De manera práctica, basta verificar:

1. **No vacío:** $0 \in W$.
2. **Cerrado bajo la suma:** si $u, v \in W$, entonces $u + v \in W$.
3. **Cerrado bajo escalares:** si $c \in F$ y $u \in W$, entonces $cu \in W$.

1.2.2.4 Combinaciones lineales y bases

Una combinación lineal de vectores $\{u_1, u_2, \ldots, u_k\} \subseteq V$ es cualquier vector de la forma:

$$c_1 u_1 + c_2 u_2 + \cdots + c_k u_k,$$

Donde $c_1, c_2, \ldots, c_k \in F$ son escalares.

El conjunto $\{u_1, u_2, \ldots, u_k\}$ es *linealmente independiente* si la única combinación lineal que produce el vector cero es la trivial:

$$c_1u_1 + c_2u_2 + \cdots + c_ku_k = 0 \implies c_1 = c_2 = \cdots = c_k = 0.$$

Una *base* de un espacio vectorial V es un conjunto de vectores linealmente independientes que genera todo V. El número de vectores de una base se denomina la *dimensión* de V.

1.2.3 Aplicaciones de los vectores y espacios vectoriales

Los vectores y los espacios vectoriales tienen aplicaciones amplias tanto en el plano teórico como en el práctico.

En física, los vectores describen magnitudes como fuerza, velocidad y aceleración, mientras que las transformaciones lineales modelan cambios de referencia y simetrías.

En informática, los vectores son fundamentales en gráficos por computadora, visión artificial y aprendizaje automático. En particular, muchos métodos de análisis de datos representan observaciones como puntos en espacios vectoriales de alta dimensión, y emplean técnicas como el análisis de componentes principales (PCA) para reducir dimensionalidad.

En economía, herramientas basadas en vectores y matrices se emplean para estudiar sistemas interdependientes y problemas de optimización, como la programación lineal y los modelos de insumo-producto.

En ingeniería, los vectores permiten analizar fuerzas y momentos, diseñar sistemas de control y modelar fenómenos electromagnéticos; los espacios vectoriales proporcionan un marco unificado para trabajar con múltiples variables.

En biología y ciencias sociales, los vectores también se utilizan para representar datos experimentales o de encuestas, facilitando la identificación de patrones y relaciones entre variables mediante técnicas algebraicas y estadísticas.

1.3 Importancia de la creación de matrices

Una matriz constituye una estructura rectangular de números organizada en filas y columnas. Formalmente, una matriz A de dimensiones $m \times n$ (donde m representa el número de filas y n el número de columnas) se expresa como:

$$A = \begin{pmatrix} a_{11} & a_{12} & \cdots & a_{1n} \\ a_{21} & a_{22} & \cdots & a_{2n} \\ \vdots & \vdots & \ddots & \vdots \\ a_{m1} & a_{m2} & \cdots & a_{mn} \end{pmatrix}.$$

Donde a_{ij} representa el elemento ubicado en la i-ésima fila y la j-ésima columna.

1.3.1 Tipos de matrices

1. **Matriz cuadrada:** Una matriz es cuadrada si el número de filas coincide con el número de columnas ($m = n$). Por ejemplo:

$$D = \begin{pmatrix} a_{11} & a_{12} & a_{13} \\ a_{21} & a_{22} & a_{23} \\ a_{31} & a_{32} & a_{33} \end{pmatrix}.$$

2. **Matriz diagonal:** Una matriz cuadrada se denomina diagonal si todos los elementos fuera de la diagonal principal son nulos. Por ejemplo:

$$D = \begin{pmatrix} d_{11} & 0 & 0 \\ 0 & d_{22} & 0 \\ 0 & 0 & d_{33} \end{pmatrix}.$$

3. **Matriz identidad:** Es una matriz diagonal cuyos elementos de la diagonal principal son iguales a 1. Por ejemplo, en dimensión 3:

$$I_3 = \begin{pmatrix} 1 & 0 & 0 \\ 0 & 1 & 0 \\ 0 & 0 & 1 \end{pmatrix}.$$

4. **Matriz cero:** Matriz cuyos elementos son nulos. Por ejemplo, en dimensión 3:

$$O = \begin{pmatrix} 0 & 0 & 0 \\ 0 & 0 & 0 \\ 0 & 0 & 0 \end{pmatrix}.$$

5. **Matriz transpuesta:** La matriz transpuesta de una matriz A, denotada A^T,

se obtiene al intercambiar filas por columnas.

6. **Matriz simétrica:** Una matriz cuadrada A es simétrica si $A = A^T$. Por ejemplo:

$$A = \begin{pmatrix} a & b & c \\ b & d & e \\ c & e & f \end{pmatrix}.$$

7. **Matriz triangular superior:** Una matriz cuadrada es triangular superior si todos los elementos situados por debajo de la diagonal principal son nulos. Por ejemplo:

$$U = \begin{pmatrix} u_{11} & u_{12} & u_{13} \\ 0 & u_{22} & u_{23} \\ 0 & 0 & u_{33} \end{pmatrix}.$$

8. **Matriz triangular inferior:** Una matriz cuadrada es triangular inferior si todos los elementos situados por encima de la diagonal principal son nulos. Por ejemplo:

$$L = \begin{pmatrix} l_{11} & 0 & 0 \\ l_{21} & l_{22} & 0 \\ l_{31} & l_{32} & l_{33} \end{pmatrix}.$$

1.3.2 Operaciones con matrices

1.3.2.1 Suma de matrices

La suma de dos matrices A y B de dimensiones $m \times n$ se realiza sumando sus elementos correspondientes:

$$A + B = \begin{pmatrix} a_{11} + b_{11} & a_{12} + b_{12} & \cdots & a_{1n} + b_{1n} \\ a_{21} + b_{21} & a_{22} + b_{22} & \cdots & a_{2n} + b_{2n} \\ \vdots & \vdots & \ddots & \vdots \\ a_{m1} + b_{m1} & a_{m2} + b_{m2} & \cdots & a_{mn} + b_{mn} \end{pmatrix}.$$

1.3.2.2 Resta de matrices

La resta de dos matrices A y B de las mismas dimensiones se obtiene restando sus elementos correspondientes:

$$A - B = \begin{pmatrix} a_{11} - b_{11} & a_{12} - b_{12} & \cdots & a_{1n} - b_{1n} \\ a_{21} - b_{21} & a_{22} - b_{22} & \cdots & a_{2n} - b_{2n} \\ \vdots & \vdots & \ddots & \vdots \\ a_{m1} - b_{m1} & a_{m2} - b_{m2} & \cdots & a_{mn} - b_{mn} \end{pmatrix}.$$

1.3.2.3 Multiplicación por un escalar

La multiplicación de una matriz A por un escalar c se obtiene multiplicando cada uno de sus elementos por c:

$$cA = \begin{pmatrix} ca_{11} & ca_{12} & \cdots & ca_{1n} \\ ca_{21} & ca_{22} & \cdots & ca_{2n} \\ \vdots & \vdots & \ddots & \vdots \\ ca_{m1} & ca_{m2} & \cdots & ca_{mn} \end{pmatrix}.$$

1.3.2.4 Multiplicación de matrices

La multiplicación de dos matrices A de dimensiones $m \times n$ y B de dimensiones $n \times p$ da como resultado una matriz C de dimensiones $m \times p$, definida por:

$$C = AB, \qquad c_{ij} = \sum_{k=1}^{n} a_{ik}\, b_{kj}.$$

En forma matricial, C puede escribirse como:

$$C = \begin{pmatrix} \sum_{k=1}^{n} a_{1k}b_{k1} & \sum_{k=1}^{n} a_{1k}b_{k2} & \cdots & \sum_{k=1}^{n} a_{1k}b_{kp} \\ \sum_{k=1}^{n} a_{2k}b_{k1} & \sum_{k=1}^{n} a_{2k}b_{k2} & \cdots & \sum_{k=1}^{n} a_{2k}b_{kp} \\ \vdots & \vdots & \ddots & \vdots \\ \sum_{k=1}^{n} a_{mk}b_{k1} & \sum_{k=1}^{n} a_{mk}b_{k2} & \cdots & \sum_{k=1}^{n} a_{mk}b_{kp} \end{pmatrix}.$$

Propiedades de la multiplicación de matrices.

1. **Asociatividad:** $(AB)C = A(BC)$.

2. **Distributividad:** $A(B + C) = AB + AC$ y $(A + B)C = AC + BC$.
3. **No conmutatividad:** en general, $AB \neq BA$.

1.3.3 Matriz identidad y matriz inversa

1.3.3.1 Matriz identidad

La matriz identidad I_n de dimensión $n \times n$ es una matriz cuadrada cuyos elementos de la diagonal principal son 1 y cuyos demás elementos son 0. Es decir:

$$(I_n)_{ij} = \begin{cases} 1, & i = j, \\ 0, & i \neq j. \end{cases}$$

La matriz identidad satisface que, para cualquier matriz A de dimensión $m \times n$,

$$AI_n = A, \qquad I_m A = A.$$

1.3.3.2 Matriz inversa

La matriz inversa A^{-1} de una cuadrada A es:

$$AA^{-1} = A^{-1}A = I_n.$$

Una matriz tiene inversa si y solo si es cuadrada y su determinante es distinto de cero.

En particular, si:

$$A = \begin{pmatrix} a & b \\ c & d \end{pmatrix},$$

Entonces su inversa (si existe) es:

$$A^{-1} = \frac{1}{ad - bc} \begin{pmatrix} d & -b \\ -c & a \end{pmatrix},$$

Siempre que $ad - bc \neq 0$

1.3.3.3 Transpuesta de una matriz

La transpuesta de una matriz A, denotada como A^T, es la matriz que se obtiene al intercambiar las filas por las columnas de A. Formalmente, si A es una matriz $m \times n$, su transpuesta A^T es una matriz $n \times m$ tal que:

$$(A^T)_{ij} = A_{ji}.$$

Por ejemplo, si:

$$A = \begin{pmatrix} a_{11} & a_{12} & a_{13} \\ a_{21} & a_{22} & a_{23} \\ a_{31} & a_{32} & a_{33} \end{pmatrix},$$

Entonces:

$$A^T = \begin{pmatrix} a_{11} & a_{21} & a_{31} \\ a_{12} & a_{22} & a_{32} \\ a_{13} & a_{23} & a_{33} \end{pmatrix}.$$

Propiedades de la transpuesta.

1. $\left(A^T\right)^T = A$.
2. $(A + B)^T = A^T + B^T$.
3. $(AB)^T = B^T A^T$.
4. $(cA)^T = cA^T$ para todo escalar c.

1.3.3.4 Aplicaciones de las matrices

Las matrices tienen aplicaciones prácticas en diversas disciplinas, incluyendo la física, la informática, la economía, la ingeniería y las ciencias naturales y sociales. Se describen algunas de estas aplicaciones.

En física, las matrices se emplean para representar y resolver sistemas de ecuaciones lineales que describen fenómenos físicos. Por ejemplo, las matrices de rotación permiten modelar la orientación y el movimiento de cuerpos rígidos en el espacio tridimensional. En mecánica cuántica, las matrices hermitianas (u operadores hermitianos en espacios de Hilbert) representan observables físicos como la energía, el momento lineal o el espín.

En informática, las matrices son fundamentales en el procesamiento de imágenes y gráficos por computadora. Los píxeles de una imagen digital se representan como elementos de una matriz, y transformaciones geométricas como traslación, rotación y escalado se implementan mediante multiplicación de matrices. Además, en aprendizaje automático e inteligencia artificial, las matrices se utilizan para representar datos y para ejecutar operaciones matriciales en modelos como redes neuronales.

En economía, las matrices permiten modelar y analizar problemas de optimización, como la programación lineal, y también aparecen en la teoría de juegos. Los modelos de insumo-producto de Leontief, que describen interdependencias entre sectores de una economía, se representan mediante matrices. Asimismo, en econometría, muchas técnicas de estimación y evaluación de modelos se expresan naturalmente mediante notación matricial.

1.4 Uso de los sistemas de ecuaciones lineales para formar matrices

Un sistema de ecuaciones lineales consiste en un conjunto de ecuaciones que comparten las mismas variables. Sus soluciones (si existen) representan los puntos de intersección de ciertos *hiperplanos* en un espacio de dimensión n. Formalmente, un sistema de m ecuaciones con n incógnitas se expresa como:

$$\begin{cases} a_{11}x_1 + a_{12}x_2 + \cdots + a_{1n}x_n = b_1, \\ a_{21}x_1 + a_{22}x_2 + \cdots + a_{2n}x_n = b_2, \\ \vdots \\ a_{m1}x_1 + a_{m2}x_2 + \cdots + a_{mn}x_n = b_m. \end{cases}$$

Donde a_{ij} son los coeficientes, x_j las variables y b_i los términos independientes. La representación matricial de este sistema es:

$$AX = B,$$

donde A es la matriz de coeficientes ($m \times n$), X es el vector columna de incógnitas y B es el vector columna de términos independientes.

1.4.1 Métodos de resolución

La resolución de sistemas de ecuaciones lineales es fundamental en el Álgebra Lineal y puede abordarse mediante diversos métodos, entre los que destacan la sustitución, la eliminación de Gauss y el uso de la matriz inversa (cuando es aplicable).

1.4.1.1 Método de sustitución

Este método consiste en despejar una variable en una ecuación y sustituirla en las restantes, reduciendo progresivamente el sistema hasta determinar los valores de las incógnitas. Es útil para sistemas pequeños, pero su eficiencia disminuye de forma notable a medida que crece el número de ecuaciones o variables.

Ejemplo:

$$\begin{cases} 2x + 3y = 4, \\ 4x - y = 1. \end{cases}$$

Despejando y en la primera ecuación:

$$y = \frac{4 - 2x}{3}.$$

Sustituyendo en la segunda ecuación:

$$4x - \frac{4 - 2x}{3} = 1 \implies 12x - (4 - 2x) = 3 \implies 14x = 7 \implies x = \frac{1}{2}.$$

Finalmente,

$$y = \frac{4 - 2 \cdot \frac{1}{2}}{3} = \frac{3}{3} = 1.$$

1.4.1.2 Método de eliminación de Gauss

La eliminación de Gauss transforma el sistema en uno equivalente, más simple, mediante *operaciones elementales de fila* aplicadas a la matriz aumentada $[A \mid B]$. El objetivo es obtener una forma escalonada (o escalonada reducida), lo que permite resolver el sistema por sustitución hacia atrás y, además, analizar de manera sistemática la compatibilidad y el número de soluciones. Este método es la base de numerosos algoritmos computacionales modernos para la resolución de sistemas lineales.

1.4.1.3 Método de la matriz inversa

Si la matriz de coeficientes A es cuadrada ($n \times n$) e invertible, entonces el sistema $AX = B$ tiene solución única y se obtiene como

$$X = A^{-1}B.$$

Aunque esta expresión es conceptualmente útil, en cálculo numérico no suele ser recomendable *calcular explícitamente* A^{-1} para resolver sistemas grandes, debido al costo computacional y a consideraciones de estabilidad numérica. En la práctica, se prefieren métodos como eliminación de Gauss, factorizaciones (por ejemplo, LU) o métodos iterativos.

1.4.1.4 Interpretación geométrica de las soluciones

Cada ecuación lineal en n variables describe un hiperplano en $\mathbb{R}^n$. Por tanto, el conjunto solución del sistema corresponde a la intersección de esos hiperplanos. En dos variables, las ecuaciones representan rectas en el plano; en tres variables, representan planos en el espacio tridimensional. La existencia y unicidad de solución dependen de la posición relativa de los hiperplanos: pueden no intersectarse (sistema incompatible), intersectarse en un único punto (solución única) o hacerlo en infinitos puntos (infinitas soluciones).

1.4.1.5 Casos generales

Cuando $m \neq n$ o cuando el sistema involucra muchas variables, la interpretación geométrica se generaliza a espacios de mayor dimensión. En estos casos, los métodos algebraicos permiten caracterizar rigurosamente la compatibilidad del sistema y el número de soluciones posibles mediante conceptos como rango, dependencia lineal y espacio nulo.

La resolución de sistemas de ecuaciones lineales es esencial para la modelización matemática de fenómenos físicos, económicos, computacionales e ingenieriles, y constituye una herramienta transversal en la ciencia moderna.

1.5 Importancia de los determinantes

El determinante es una función que asocia a cada matriz cuadrada un número escalar que encapsula información fundamental sobre dicha matriz, como su invertibilidad, el factor de cambio de volumen asociado a la transformación lineal que representa y la orientación de dicha transformación. En particular, el valor del determinante permite distinguir entre transformaciones que preservan la orientación del espacio y aquellas que la invierten.

Para una matriz 2×2:

$$A = \begin{pmatrix} a & b \\ c & d \end{pmatrix}, \qquad \det(A) = |A| = ad - bc.$$

Para una matriz 3×3:

$$A = \begin{pmatrix} a & b & c \\ d & e & f \\ g & h & i \end{pmatrix},$$

Su determinante viene dado por:

$$\det(A) = aei + bfg + cdh - ceg - afh - bdi.$$

La generalización del determinante a matrices cuadradas de orden superior se realiza mediante la *expansión por cofactores* (también llamada desarrollo por menores), así como a través de procedimientos equivalentes basados en operaciones elementales de fila. Estas técnicas se abordarán con mayor detalle en capítulos posteriores.

1.5.1 Propiedades de los determinantes

Los determinantes poseen propiedades fundamentales que facilitan tanto su cálculo como su interpretación teórica:

1. **Dependencia lineal de filas o columnas:** Si una fila (o columna) de una matriz es combinación lineal de las demás, entonces el determinante de la matriz es cero.
2. **Intercambio de filas o columnas:** El intercambio de dos filas (o de dos columnas) cambia el signo del determinante.
3. **Multiplicación por un escalar:** Si una fila (o columna) se multiplica por un escalar k, el determinante de la matriz resultante se multiplica por k.
4. **Matriz identidad:** El determinante de la identidad es $\det(I) = 1$.
5. **Producto de matrices:** Para matrices cuadradas del mismo orden, se cumple

$$\det(AB) = \det(A)\,\det(B).$$

6. **Transpuesta:** El determinante de una matriz coincide con el de su transpuesta:

$$\det(A) = \det(A^T).$$

7. **Operaciones elementales de suma:** Sumar a una fila (o columna) una combinación lineal de otras filas (o columnas) no modifica el valor del determinante.

Estas propiedades permiten simplificar el cálculo de determinantes, especialmente en matrices de gran tamaño, al reducirlas a formas más manejables mediante operaciones elementales.

1.5.2 Reducción mediante operaciones de fila

Si una matriz cuadrada se transforma, mediante operaciones elementales de fila, en una matriz triangular (superior o inferior), el determinante de la matriz resultante se obtiene como el producto de los elementos de la diagonal principal, teniendo en cuenta los posibles cambios de signo o factores escalares introducidos durante el proceso. Este procedimiento no solo simplifica el cálculo, sino que también proporciona una interpretación geométrica clara del determinante como factor de escala del volumen.

1.5.3 Aplicaciones de los determinantes

Los determinantes desempeñan un papel central en numerosas áreas del Álgebra Lineal y sus aplicaciones:

1. **Invertibilidad de matrices:** Una matriz cuadrada es invertible si y solo si su determinante es distinto de cero.

2. **Regla de Cramer:** Los determinantes permiten resolver ciertos sistemas de ecuaciones lineales con el mismo número de ecuaciones que de incógnitas, siempre que el determinante de la matriz de coeficientes no sea nulo.
3. **Geometría:** El valor absoluto del determinante proporciona el área o volumen del paralelogramo o paralelepípedo generado por un conjunto de vectores.
4. **Transformaciones lineales:** El determinante mide el cambio de volumen inducido por una transformación lineal y determina si esta preserva o invierte la orientación del espacio.
5. **Valores propios:** El determinante aparece en la ecuación característica $\det(A-\lambda I) = 0$, fundamental para el cálculo de los valores propios de una matriz.

El determinante es una herramienta esencial para el análisis de sistemas lineales, la caracterización de transformaciones lineales y la resolución de problemas en matemáticas, física, ingeniería y ciencias aplicadas.

1.6 Resumen

En resumen, se tienen los siguientes puntos relevantes del capítulo:

1.1. Motivación e historia del álgebra lineal

El álgebra lineal es una rama fundamental de las matemáticas que estudia vectores, espacios vectoriales, transformaciones lineales y sistemas de ecuaciones lineales. Su evolución histórica abarca desde la antigua Babilonia y Egipto, pasando por matemáticos árabes como Al-Khwarizmi, hasta llegar a figuras clave como René Descartes, Gabriel Cramer, y Carl Friedrich Gauss. En el siglo XIX, con las contribuciones de James Joseph Sylvester y Arthur Cayley, el álgebra lineal se estableció como una disciplina matemática independiente, consolidándose en el siglo XX con aplicaciones en múltiples disciplinas.

1.2. Importancia de los vectores

Los vectores son entidades matemáticas con magnitud y dirección, fundamentales en álgebra lineal y en diversas disciplinas como la física, ingeniería e informática. Un vector en un espacio n-dimensional se representa como un punto o flecha definido por sus componentes en cada dimensión. Se describen operaciones básicas con vectores, como la suma, resta y multiplicación por un escalar.

1.3. Importancia de la creación de matrices

Las matrices son disposiciones rectangulares de números en filas y columnas. Se utilizan en álgebra lineal para representar y manipular datos. Se explican tipos específicos de matrices como la matriz cuadrada, matriz diagonal y matriz identidad, y sus propiedades.

1.4. Uso de los sistemas de ecuaciones lineales para formar matrices

Un sistema de ecuaciones lineales es un conjunto de ecuaciones que pueden representarse y resolverse usando matrices. Estos sistemas son esenciales para modelar y resolver problemas en física, informática, economía y otras disciplinas.

1.5. Importancia de los determinantes

El determinante es un escalar asociado a una matriz cuadrada que proporciona información crucial sobre las propiedades de la matriz, como su invertibilidad y el volumen del paralelepípedo definido por sus columnas o filas. Se mencionan las propiedades clave de los determinantes, como la linealidad en las filas, el cambio de signo al intercambiar filas o columnas, y la multiplicación por un escalar.

1.7 Problemas y sus Soluciones

Se tienen los siguientes problemas y soluciones:

1. ¿Cuál es la propiedad de los determinantes cuando se intercambian dos filas o columnas de una matriz?

A) El determinante se duplica.
B) El determinante se vuelve cero.
C) El determinante se reduce a la mitad.
D) El determinante no cambia.
E) El determinante cambia de signo.
F) El determinante se multiplica por un escalar.

2. ¿Qué método se utiliza para resolver sistemas de ecuaciones lineales mediante la transformación de la matriz del sistema en una forma escalonada?

A) Método de Sustitución.
B) Método de Eliminación de Gauss.
C) Método de la Matriz Inversa.
D) Método de Cofactores.
E) Método de Newton.
F) Método de interpolación.

3. ¿Cómo se calcula el determinante de una matriz 2x2?

A) Multiplicando los elementos de la diagonal principal.
B) Restando los elementos de la diagonal secundaria de los de la principal.
C) Sumando los productos de las diagonales principales y secundarias.
D) Multiplicando los elementos de la primera columna por los de la segunda fila.
E) Multiplicando las filas y luego sumando las columnas.
F) Sumando los elementos de la diagonal principal.

4. ¿Cuál de las siguientes propiedades es cierta para una matriz identidad?

A) Su determinante es 0.
B) Su determinante es 1.
C) No tiene determinante.
D) Su determinante es igual al número de filas.
E) Su determinante es negativo.
F) Su determinante depende de los elementos de la diagonal secundaria.

5. ¿Cuál es la propiedad del determinante de una matriz cuando se multiplica por un escalar k?

A) Se multiplica por k.
B) Se multiplica por k^2.
C) Se multiplica por k^n, donde n es el orden de la matriz.
D) No cambia.
E) Se vuelve 1.
F) Se vuelve 0.

6. ¿Qué ocurre con el determinante de una matriz si se le suma una combinación lineal de otras filas o columnas a una fila o columna?

A) El determinante se duplica.
B) El determinante se reduce a la mitad.
C) El determinante no cambia.
D) El determinante se vuelve cero.
E) El determinante se vuelve infinito.
F) El determinante cambia de signo.

7. ¿Cuál es la interpretación geométrica de las soluciones de un sistema de ecuaciones lineales con tres variables?

A) Líneas en el plano.
B) Planos en el espacio tridimensional.
C) Hiperplanos en un espacio de mayor dimensión.
D) Puntos en una recta.
E) Círculos en el plano.
F) Esferas en el espacio tridimensional.

8. ¿Cuál es el método que se utiliza para resolver sistemas de ecuaciones lineales multiplicando ambos lados de la ecuación por la inversa de una matriz A?

A) Método de Sustitución.
B) Método de Eliminación de Gauss.
C) Método de la Matriz Inversa.
D) Método de Cofactores.
E) Método de Descomposición LU.
F) Método de Gauss-Jordan.

9. ¿Cuál es la propiedad de los determinantes respecto a la transpuesta de una matriz?

A) El determinante de la transpuesta es cero.
B) El determinante de la transpuesta es uno.
C) El determinante de la transpuesta es igual al determinante de la matriz original.
D) El determinante de la transpuesta es el inverso del determinante original.
E) El determinante de la transpuesta es negativo.
F) El determinante de la transpuesta depende de la diagonal secundaria.

10. ¿Cuál es la propiedad de una matriz si una de sus filas es una combinación lineal de otras filas?

A) Su determinante es infinito.
B) Su determinante es 1.
C) Su determinante es cero.
D) Su determinante es negativo.
E) Su determinante se multiplica por un escalar.
F) Su determinante es igual al producto de sus elementos diagonales.

1.8 Problemas

Se tienen los siguientes problemas:

1. ¿Cuál de las siguientes civilizaciones antiguas ya resolvía sistemas de ecuaciones lineales simples alrededor del 3000 a.C.?

A) Egipto.
B) Babilonia.
C) Grecia.
D) Roma.
E) China.
F) India.

2. ¿Quién es considerado uno de los primeros en sistematizar la resolución de ecuaciones algebraicas, aunque sin utilizar conceptos modernos de matrices y vectores?

A) René Descartes.
B) Pierre de Fermat.
C) Carl Friedrich Gauss.
D) Al-Khwarizmi.
E) Joseph-Louis Lagrange.
F) James Joseph Sylvester.

3. ¿Qué método fue introducido por Carl Friedrich Gauss para resolver sistemas de ecuaciones lineales?

A) Método de Newton-Raphson.
B) Método de eliminación gaussiana.
C) Regla de Cramer.
D) Método de Lagrange.
E) Método de Jacobi.
F) Método de Runge-Kutta.

4. ¿Cuál de los siguientes matemáticos es conocido por sus contribuciones al desarrollo de la teoría de matrices y el establecimiento del álgebra lineal como una disciplina independiente?

A) John von Neumann.
B) Hermann Weyl.
C) René Descartes.

D) Arthur Cayley.
E) Gabriel Cramer.
F) Pierre de Fermat.

5. En el álgebra lineal, ¿qué representa la magnitud de un vector?

A) La dirección del vector.
B) La suma de sus componentes.
C) El ángulo entre el vector y el eje X.
D) La raíz de la suma de los cuadrados de sus variables.
E) El producto punto con otro vector.
F) La proyección del vector en otro eje.

6. ¿Cuál de las siguientes operaciones da como resultado un nuevo vector perpendicular a los dos vectores originales?

A) Producto punto.
B) Producto cruz.
C) Suma de vectores.
D) Resta de vectores.
E) Multiplicación por un escalar.
F) División de vectores.

7. ¿Qué es un subespacio de un espacio vectorial?

A) Un conjunto de escalares en un campo.
B) Un espacio que contiene todos los vectores de otro espacio.
C) Un subconjunto de un espacio vectorial que es a su vez un espacio vectorial bajo las mismas operaciones.
D) Un conjunto de matrices de dimensión menor.
E) Un espacio vectorial que se cierra bajo multiplicación por un escalar.
F) Un conjunto de vectores que no cumple con las propiedades de un espacio vectorial.

8. ¿Cuál de las siguientes áreas aplica el álgebra lineal para modelar problemas de optimización como la programación lineal?

A) Física.
B) Informática.
C) Economía.
D) Ingeniería.
E) Biología.

F) Psicología.

9. ¿Cuál es la representación general de un vector en el espacio tridimensional?

A) $v = (x, y)$.
B) $v = (u_1, u_2, u_3)$.
C) $v = (x, y, z, w)$.
D) $v = (x, y, z)$.
E) $v = (u_1, u_2)$.
F) $v = (i, j, k)$.

10. En informática, ¿cuál de las siguientes técnicas de álgebra lineal se utiliza para reducir la dimensionalidad de grandes conjuntos de datos?

A) Análisis de Componentes Principales (PCA).
B) Regresión Lineal.
C) Transformación de Fourier.
D) Algoritmo de Dijkstra.
E) Método de Monte Carlo.
F) Método de Gauss-Seidel.

Capítulo 2 Python para Álgebra Lineal

Objetivos

- Comprender el rol de Python como herramienta computacional para el estudio y la aplicación del Álgebra Lineal en contextos académicos, científicos y profesionales.
- Reconocer las principales bibliotecas de Python utilizadas en Álgebra Lineal, tales como NumPy, SciPy, SymPy y Matplotlib, así como su propósito dentro del análisis matemático y numérico.
- Manipular vectores y matrices mediante estructuras de datos eficientes, comprendiendo la relación entre los objetos matemáticos teóricos y su representación computacional.
- Resolver sistemas de ecuaciones lineales utilizando métodos directos e iterativos implementados en Python, evaluando su eficiencia, estabilidad numérica y aplicabilidad.
- Calcular determinantes y matrices inversas mediante herramientas computacionales, interpretando su significado algebraico, geométrico y computacional.
- Analizar y aplicar descomposiciones matriciales fundamentales (LU, QR y SVD) para la resolución de problemas avanzados en Álgebra Lineal, ciencia de datos e ingeniería.
- Estudiar autovalores y autovectores desde una perspectiva computacional, comprendiendo su importancia en estabilidad de sistemas, reducción de dimensionalidad y análisis espectral.
- Implementar espacios vectoriales y transformaciones lineales en Python, conectando la teoría algebraica con aplicaciones prácticas en gráficos, sistemas dinámicos y modelado matemático.
- Visualizar datos, vectores, matrices y transformaciones lineales mediante herramientas gráficas, fortaleciendo la interpretación geométrica y analítica de los resultados.
- Integrar teoría matemática, programación y visualización como un enfoque unificado para el aprendizaje aplicado del Álgebra Lineal.

2.1 Introducción a Python y bibliotecas relevantes

Python es un lenguaje de programación interpretado, de alto nivel y de propósito general, ampliamente utilizado para resolver una gran variedad de problemas computacionales. Se caracteriza por su sintaxis clara y legible, su fuerte soporte para la programación orientada a objetos y su extenso ecosistema de bibliotecas.

La filosofía de diseño de Python enfatiza la legibilidad del código, haciendo uso de una indentación significativa basada en espacios en blanco. Esto permite expresar conceptos complejos en menos líneas de código en comparación con lenguajes como C++ o Java, a costa, en general, de un menor rendimiento en tiempo de ejecución frente a lenguajes compilados. No obstante, este compromiso resulta adecuado en la mayoría de aplicaciones científicas, donde la claridad, la mantenibilidad y la rapidez de desarrollo son prioritarias.

Este capítulo tiene como objetivo introducir Python al lector, de modo que en los capítulos posteriores pueda emplearse como herramienta para comprender, experimentar y aplicar los conceptos fundamentales del Álgebra Lineal.

Buena Práctica

¿Qué herramientas de Python se utilizan en Álgebra Lineal?

En Álgebra Lineal se emplean principalmente bibliotecas que permiten trabajar con **vectores y matrices**, resolver **sistemas de ecuaciones lineales** y analizar **descomposiciones matriciales y autovalores**. Entre las utilizadas, se encuentran: **NumPy** (operaciones matriciales y álgebra lineal básica), **SciPy** (métodos numéricos avanzados en el submódulo `linalg`), **SymPy** (álgebra lineal simbólica y manipulación exacta de expresiones), **Matplotlib** (visualización bidimensional y tridimensional de datos, vectores y transformaciones) y **Jupyter Notebook** (entorno interactivo para el desarrollo y la experimentación paso a paso). Estas herramientas facilitan la comprensión de la teoría, la verificación de resultados y la aplicación del Álgebra Lineal a problemas reales.

2.1.1 Características de Python

Legibilidad del código: Python utiliza una sintaxis clara y concisa que facilita la lectura, el mantenimiento y la colaboración en proyectos de software.

Lenguaje interpretado: Python se ejecuta de forma interpretada, lo que permite una rápida prototipación, depuración y experimentación interactiva.

Multiparadigma: Python soporta diversos paradigmas de programación, incluyendo la programación orientada a objetos, la programación funcional y la programación imperativa.

Amplia biblioteca estándar: Python dispone de una extensa biblioteca estándar que cubre tareas comunes como manejo de archivos, estructuras de datos, matemáticas, concurrencia y acceso a redes.

Comunidad activa: Python cuenta con una comunidad amplia y activa, lo que se traduce en abundante documentación, bibliotecas externas, tutoriales y foros de discusión.

Python es ampliamente utilizado en ciencia de datos, análisis numérico y computación científica gracias a su ecosistema de bibliotecas robustas. Entre las más relevantes para el Álgebra Lineal se encuentran NumPy, SciPy y Matplotlib, las cuales se emplearán a lo largo de este libro para ilustrar y aplicar conceptos algebraicos de forma computacional.

2.1.2 NumPy

NumPy (Numerical Python) es una biblioteca fundamental para la computación científica en Python y una herramienta central para la realización de operaciones matemáticas y algebraicas. Proporciona soporte para arreglos multidimensionales y una amplia colección de funciones matemáticas de alto nivel para operar eficientemente con ellos. Entre las principales características de NumPy aplicadas al Álgebra Lineal se encuentran:

- **ndarray:** Estructura de datos fundamental de NumPy, que representa arreglos N-dimensionales de manera eficiente.
- **Funciones matemáticas:** Incluye operaciones aritméticas, estadísticas y algebraicas vectorizadas.
- **Alto rendimiento:** Las operaciones se ejecutan mediante implementaciones optimizadas en C, lo que mejora significativamente el rendimiento.
- **Compatibilidad:** Se integra de forma natural con bibliotecas como SciPy, Matplotlib y SymPy.

Se muestra un ejemplo básico de uso de NumPy:

In [1]:

```
# Ejercicio 1
import numpy as np

# Creación de un array de NumPy
a = np.array([1, 2, 3])
b = np.array([4, 5, 6])

# Operaciones aritméticas
c = a + b

# Operaciones con funciones de NumPy
mean_c = np.mean(c)
mean_c
```

Out [1]:

```
7.0
```

2.1.3 SciPy

SciPy (Scientific Python) es una biblioteca que se construye sobre NumPy y proporciona algoritmos y funciones avanzadas para la computación científica y técnica. Incluye módulos especializados en optimización, álgebra lineal numérica, integración, interpolación y procesamiento de señales. En el contexto del Álgebra Lineal, SciPy amplía las capacidades de NumPy mediante rutinas numéricas más sofisticadas.

- **Álgebra lineal avanzada:** Funciones para resolver sistemas lineales, calcular autovalores, descomposiciones matriciales y factorizaciones.
- **Optimización numérica:** Métodos para minimizar o maximizar funciones.
- **Integración y ecuaciones diferenciales:** Herramientas para problemas matemáticos continuos.
- **Alto rendimiento:** Implementaciones basadas en bibliotecas escritas en C y Fortran.

Se presenta un ejemplo de uso de SciPy:

In [2]:

```
# Ejercicio 2
from scipy import optimize

# Definición de una función a minimizar
def func(x):
    return x**2 + 10*np.sin(x)

# Encontrar el mínimo de la función
result = optimize.minimize(func, x0=0)

print(result.x) # Valor de x que minimiza la función
```

Out [2]:

```
[-1.30644012]
```

2.1.4 Matplotlib

Matplotlib es una biblioteca de visualización que permite crear gráficos y representaciones visuales de datos en Python. Ofrece una amplia variedad de gráficos, desde representaciones bidimensionales hasta visualizaciones tridimensionales, siendo una herramienta clave para interpretar resultados algebraicos y numéricos.

- **Flexibilidad:** Permite personalizar gráficos de alta calidad para publicaciones y presentaciones.
- **Integración:** Funciona de manera conjunta con NumPy y SciPy para visualizar resultados numéricos.
- **Compatibilidad con Jupyter:** Facilita la visualización interactiva en entornos de notebooks.

Se muestra un ejemplo de uso de Matplotlib:

In [3]:

```
# Ejercicio 3
import matplotlib.pyplot as plt
import numpy as np

# Datos de ejemplo
x = np.linspace(0, 20, 100)
y = np.sin(x)

# Crear un gráfico de líneas
plt.plot(x, y, label='Seno')
plt.xlabel('x')
plt.ylabel('sin(x)')
plt.title('Gráfico de Seno')
plt.legend()
plt.show()
```

Out [3]:

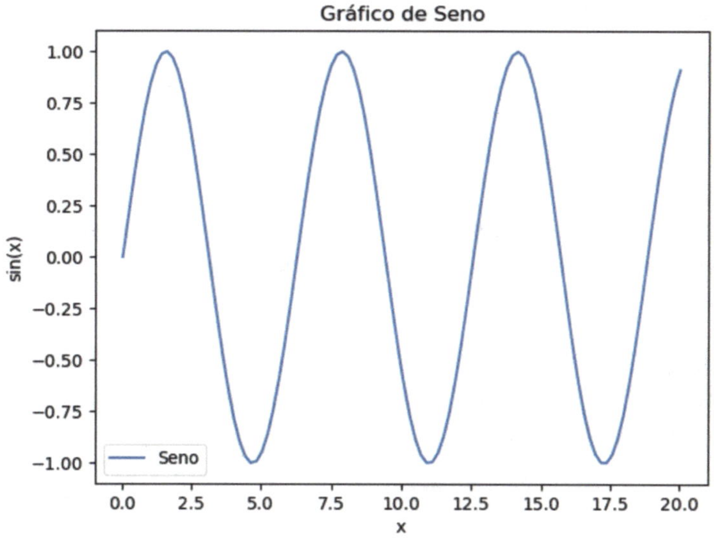

Python, junto con bibliotecas como NumPy, SciPy y Matplotlib, constituye una plataforma para el estudio y la aplicación del Álgebra Lineal. Estas herramientas permiten realizar cálculos complejos, resolver problemas numéricos y visualizar resultados de manera eficiente, facilitando un enfoque integrado entre teoría matemática, programación y análisis computacional.

2.1.5 Precisión numérica y aritmética de punto flotante

El cálculo realizado por una computadora difiere de la aritmética exacta utilizada en el desarrollo teórico del Álgebra Lineal. En Python, y particularmente en NumPy, la mayoría de los cálculos numéricos se efectúan mediante números de *punto flotante*, los cuales representan únicamente un subconjunto finito de los números reales. Como consecuencia, muchas operaciones producen aproximaciones sujetas a errores de redondeo.

Si $x \in \mathbb{R}$ es un número real y $\mathrm{fl}(x)$ representa su aproximación computacional, de manera simplificada puede expresarse:

$$\mathrm{fl}(x) = x(1 + \delta),$$

Donde δ representa el error relativo introducido por la representación numérica. Para números de doble precisión, utilizados habitualmente por el tipo `float64` de NumPy, estos errores son muy pequeños, aunque pueden acumularse durante una secuencia extensa de operaciones.

Por esta razón, dos valores matemáticamente iguales no siempre resultan exactamente iguales en una computadora. Por ejemplo, una operación teóricamente nula puede producir un valor próximo a cero, como 10^{-15}, debido al redondeo. En consecuencia, en cálculo numérico es más apropiado analizar la proximidad entre cantidades mediante una tolerancia que exigir igualdad exacta. Otro concepto fundamental es el **residuo**. Si se calcula una aproximación $\hat{x}$ para el sistema

$$A\hat{x} = b,$$

El residuo se define como

$$r = b - A\hat{x}.$$

Un residuo pequeño indica que la solución calculada satisface aproximadamente el sistema, aunque no garantiza por sí solo que $\hat{x}$ sea cercana a la solución exacta.

La sensibilidad de un problema frente a pequeñas perturbaciones se relaciona con su **condicionamiento**. Para una matriz invertible A, el número de condición asociado a una norma puede definirse como

$$\kappa(A) = \|A\| \, \|A^{-1}\|.$$

Un valor de $\kappa(A)$ cercano a 1 indica un problema bien condicionado, mientras que un valor grande señala que pequeñas variaciones en los datos pueden producir cambios significativos en la solución. Estas consideraciones permiten distinguir entre **error del problema** y **error del algoritmo**. Un problema puede ser inherentemente sensible, mientras que un algoritmo numéricamente estable busca evitar que los errores de redondeo se amplifiquen innecesariamente. Esta distinción será relevante al utilizar métodos de resolución de sistemas, factorizaciones matriciales y algoritmos espectrales.

2.2 Manipulación de vectores y matrices con NumPy

NumPy, abreviatura de *Numerical Python*, es una biblioteca esencial para el estudio y la aplicación del Álgebra Lineal en Python. Su característica principal es la provisión de un objeto de arreglo multidimensional llamado `ndarray`, junto con una amplia variedad de herramientas para manipular dichos arreglos de manera eficiente. En general, los arreglos de NumPy son homogéneos, lo que significa que sus elementos comparten el mismo tipo de dato; esta homogeneidad permite implementar operaciones vectorizadas rápidas y eficientes.

2.2.1 Creación de arrays

La creación de arreglos (`arrays`) en NumPy puede realizarse de varias maneras, dependiendo de las necesidades del usuario. Algunas técnicas comunes incluyen:

- **Creación de arrays desde listas:** Es posible crear arreglos de NumPy directamente a partir de listas de Python utilizando la función `numpy.array()`. Esto resulta útil cuando se dispone de datos preexistentes en forma de listas.
- **Arrays predefinidos:** NumPy ofrece funciones para crear arreglos con valores predefinidos, como `zeros()`, `ones()` y `full()`. Estas funciones se utilizan con frecuencia para inicializar arreglos que luego serán completados con datos.
- **Arrays con rango de valores:** Las funciones `arange()` y `linspace()` permiten crear arreglos con rangos específicos de valores. `arange()` es análoga a `range()` de Python, pero devuelve un `ndarray`. Por su parte, `linspace()` genera un arreglo de valores equiespaciados en un intervalo dado.
- **Arrays aleatorios:** El submódulo `numpy.random` permite generar arreglos con valores aleatorios, lo cual es útil en simulación y análisis estadístico.[23]

2.2.2 Manipulación de arrays

Una vez creado un arreglo de NumPy, existen múltiples maneras de manipularlo para realizar operaciones específicas. Algunas técnicas comunes incluyen:

- **Acceso a elementos:** Al igual que en las listas de Python, se puede acceder a los elementos de un arreglo mediante índices. NumPy también admite índices negativos para acceder desde el final.
- **Indexación y slicing:** NumPy permite seleccionar subconjuntos de datos mediante indexación y *slicing*. En muchos casos, estas operaciones devuelven *vistas* (views) del arreglo original, lo que reduce copias innecesarias y mejora el uso de memoria.
- **Asignación de valores:** Es posible asignar nuevos valores a elementos o subconjuntos de un arreglo utilizando indexación, lo que facilita modificar datos de manera directa.
- **`reshape`:** La función `reshape()` permite cambiar la forma (dimensiones) de un arreglo sin modificar sus datos, siempre que el número total de elementos permanezca constante.
- **Concatenación y división:** Las funciones `concatenate()`, `stack()`, `hstack()` y `vstack()` permiten combinar arreglos. Por otro lado, `split()`, `hsplit()` y `vsplit()` permiten dividir un arreglo en múltiples subarreglos.

2.2.3 Operaciones básicas con arrays

NumPy proporciona operaciones básicas que pueden realizarse directamente sobre arreglos. Estas operaciones están optimizadas mediante implementación interna en C y rutinas vectorizadas, lo que suele ofrecer un rendimiento muy superior al uso de bucles explícitos en Python. A continuación se describen algunas operaciones comunes.

2.2.3.1 Operaciones aritméticas

Suma y resta:

- **Suma:** La suma de arreglos en NumPy puede realizarse elemento a elemento con el operador $+$. Esto se aplica tanto a arreglos unidimensionales como multidimensionales.
- **Resta:** De forma análoga, la resta se realiza elemento a elemento con el operador $-$.

Multiplicación y división:

- **Multiplicación elemento a elemento:** Se realiza con el operador $*$. Es importante notar que esta operación *no* corresponde a la multiplicación matricial, sino a la multiplicación de elementos correspondientes.
- **División elemento a elemento:** Se realiza con el operador $/$.
- **Operaciones con escalares:** NumPy permite operar entre un arreglo y un escalar (sumar, restar, multiplicar o dividir), aplicando la operación a todos los elementos de forma vectorizada.[8]

2.2.3.2 Operaciones lógicas

Comparaciones: Pueden realizarse comparaciones elemento a elemento con operadores como $>$, $<$, $\geq$, $\leq$, $==$ y $\neq$. El resultado es un arreglo de valores booleanos.

Operaciones lógicas: NumPy incluye funciones como `logical_and()`, `logical_or()` y `logical_not()` para combinar condiciones booleanas.

2.2.3.3 Funciones universales (*ufuncs*)

NumPy incluye un conjunto de *funciones universales* (*ufuncs*), diseñadas para ejecutar operaciones elemento a elemento de forma eficiente y vectorizada. Algunas de las más comunes incluyen:

Funciones trigonométricas: `sin()`, `cos()`, `tan()` y sus inversas `arcsin()`, `arccos()` y `arctan()`.

Funciones exponenciales y logarítmicas: `exp()`, `log()` y `log10()`.

Funciones estadísticas: `mean()`, `median()`, `std()` y `var()` para media, mediana, desviación estándar y varianza, respectivamente.

2.2.4 Funciones útiles de NumPy para Álgebra Lineal

El Álgebra Lineal es un área clave de la matemática con aplicaciones en física, ingeniería y ciencia de datos. NumPy proporciona el submódulo `numpy.linalg`, que incluye funciones para realizar operaciones fundamentales de Álgebra Lineal numérica.

2.2.4.1 Operaciones matriciales

- **Producto matricial:** La multiplicación matricial puede realizarse con `dot()` o con el operador `@`. Esto es diferente de la multiplicación elemento a elemento y sigue las reglas del Álgebra Lineal.

- **Transpuesta:** La transpuesta de una matriz puede obtenerse con el atributo `T` de un arreglo bidimensional.
- **Inversa:** La función `inv()` calcula la inversa de una matriz cuadrada (si existe).
- **Determinante:** La función `det()` calcula el determinante de una matriz cuadrada.

2.2.4.2 Descomposición de matrices

- **Descomposición en valores singulares (SVD):** La función `svd()` calcula una SVD. Matemáticamente, para una matriz A, se tiene

  $$A = U\,\Sigma\,V^T,$$

  Donde U y V son matrices ortogonales (o unitarias, en el caso complejo) y Σ es una matriz diagonal (o rectangular diagonal) cuyos elementos no negativos se denominan valores singulares. Esta descomposición es útil en análisis de datos, reducción de dimensionalidad y compresión.
- **Descomposición de Cholesky:** La función `cholesky()` calcula la factorización de Cholesky. Si A es simétrica (o hermitiana) y definida positiva, entonces:

  $$A = LL^T,$$

  Donde L es triangular inferior (en el caso complejo se usa $A = LL^*$, con L^* la conjugada transpuesta).
- **Descomposición LU:** El módulo de NumPy no incluye una rutina LU general en `numpy.linalg`; sin embargo, puede obtenerse usando SciPy mediante `scipy.linalg.lu()`.

2.2.4.3 Sistemas de ecuaciones lineales

- **Solución de sistemas lineales:** La función `solve()` resuelve sistemas de la forma:

  $$Ax = b,$$

  Donde A es una matriz cuadrada de coeficientes y b es un vector (o una matriz de términos independientes).
- **Valores y vectores propios:** Las funciones `eig()` (caso general) y `eigh()` (para matrices simétricas o hermitianas) calculan valores y vectores propios. Estas herramientas son relevantes en estabilidad de sistemas, vibraciones, y análisis espectral.

Para comprender mejor la aplicación de NumPy en la manipulación de vectores y matrices, considérese lo siguiente:

- **Análisis de datos:** NumPy se utiliza para manipular grandes volúmenes de datos numéricos y calcular estadísticas descriptivas como media, mediana, desviación estándar y varianza. Además, permite segmentación y selección eficiente mediante indexación avanzada.[13]
- **Procesamiento de imágenes:** En visión computacional, una imagen puede representarse como una matriz de píxeles. NumPy permite aplicar transformaciones y filtros mediante operaciones matriciales y elementales.
- **Simulación y modelado:** NumPy es útil para simular sistemas físicos y matemáticos, por ejemplo en aproximaciones numéricas y modelos discretizados, gracias a su eficiencia con matrices y vectores.
- **Machine learning y ciencia de datos:** Muchas bibliotecas (por ejemplo, scikit-learn) utilizan NumPy para manejo y preprocesamiento de datos, incluyendo normalización, transformación de características y operaciones vectorizadas.

Aunque NumPy es una herramienta poderosa, es importante comprender sus ventajas y limitaciones para utilizarla de manera efectiva.

2.2.4.4 Ventajas

- **Eficiencia:** Las operaciones vectorizadas en NumPy están optimizadas, lo que suele superar significativamente al uso de bucles explícitos en Python nativo.
- **Simplicidad:** Proporciona una interfaz consistente para manipulación de datos numéricos.
- **Compatibilidad:** Se integra con SciPy, Matplotlib y Pandas, entre otras herramientas.
- **Comunidad y soporte:** Cuenta con amplia documentación y recursos en la comunidad.

2.2.4.5 Limitaciones

- **Consumo de memoria:** Con arreglos muy grandes, el consumo de memoria puede ser elevado; en estos casos, técnicas como *memmap* o bibliotecas distribuidas pueden ser necesarias.
- **No es una herramienta de interfaz:** NumPy está orientado al cómputo numérico, no a la construcción de interfaces de usuario o lógica de negocio compleja.
- **Homogeneidad de tipos:** Los arreglos suelen requerir un tipo homogéneo, lo cual puede limitar el manejo de datos heterogéneos.

NumPy es una herramienta esencial para la manipulación y el análisis de datos numéricos en Python. Su capacidad para operar eficientemente con vectores y matrices, junto con su submódulo `numpy.linalg`, lo convierte en una opción ideal para aplicaciones científicas, de ingeniería y de análisis de datos. A continuación se presentan ejemplos prácticos.

Ejemplo de producto matricial:[8]

In [4]:

```
# Ejercicio 4
import numpy as np

# Definimos dos matrices
A = np.array([[1, 2], [3, 4]])
B = np.array([[6, 6], [7, 9]])

# Realizamos el producto matricial
C = np.dot(A, B)
print("Producto Matricial A * B:")
print(C)
```

Out [4]:

```
Producto Matricial A * B:
[[20 24]
 [46 54]]
```

Ejemplo de transpuesta de una matriz.

In [5]:

```
# Ejercicio 5
import numpy as np

# Definimos una matriz
A = np.array([[1, 3, 3], [4, 6, 6], [10, 8, 9]])

# Calculamos la transpuesta
A_T = A.T

print("Matriz Original A:")
print(A)
print("\nTranspuesta de A:")
print(A_T)
```

Out [5]:

```
Matriz Original A:
[[ 1  3  3]
 [ 4  6  6]
```

```
 [10  8  9]]

Transpuesta de A:
[[ 1  4 10]
 [ 3  6  8]
 [ 3  6  9]]
```

Ejemplo de la inversa de una matriz.

In [6]:

```
# Ejercicio 6
import numpy as np

# Definimos una matriz cuadrada
A = np.array([[1, 2], [3, 4]])

# Calculamos la inversa
A_inv = np.linalg.inv(A)
print("Matriz Original A:")
print(A)
print("\nInversa de A:")
print(A_inv)
```

Out [6]:

```
Matriz Original A:
[[1 2]
 [3 4]]

Inversa de A:
[[-2.   1. ]
 [ 1.5 -0.5]]
```

Ejemplo de sistemas de ecuaciones lineales.[1]

In [7]:

```
# Ejercicio 7
import numpy as np

# Definimos la matriz de coeficientes
A = np.array([[2, 2], [1, 2]])

# Definimos el vector de constantes
```

[1] Beezer, R. A. (2020). *A First Course in Linear Algebra* (3rd ed.). Congruent Press.

```
b = np.array([1, 2])

# Resolvemos el sistema de ecuaciones Ax = b
x = np.linalg.solve(A, b)

print("Matriz de Coeficientes A:")
print(A)
print("\nVector de Constantes b:")
print(b)
print("\nSolución del Sistema x:")
print(x)
```

Out [7]:

```
Matriz de Coeficientes A:
[[2 2]
 [1 2]]

Vector de Constantes b:
[1 2]

Solucion del Sistema x:
[-1.  1.5]
```

2.3 Resolución de sistemas de ecuaciones lineales en Python

Python permite representar y resolver sistemas de ecuaciones lineales mediante herramientas computacionales eficientes, facilitando la manipulación de conjuntos de ecuaciones que comparten variables y el análisis de sus soluciones. En matemáticas, los sistemas de ecuaciones lineales son fundamentales y aparecen en múltiples áreas como física, ingeniería, economía y ciencia de datos. Una ventaja clave es que estos sistemas pueden expresarse en forma matricial, lo que simplifica su tratamiento algorítmico.[2]

2.3.1 Formulación matemática

Un sistema de ecuaciones lineales con m ecuaciones y n incógnitas puede expresarse como:

$$\begin{cases} a_{11}x_1 + a_{12}x_2 + \cdots + a_{1n}x_n = b_1, \\ a_{21}x_1 + a_{22}x_2 + \cdots + a_{2n}x_n = b_2, \\ \qquad\qquad\vdots \\ a_{m1}x_1 + a_{m2}x_2 + \cdots + a_{mn}x_n = b_m. \end{cases}$$

Donde a_{ij} son los coeficientes, x_j son las variables y b_i son los términos independientes. Este sistema puede escribirse de manera compacta como:

$$Ax = b,$$

Donde:

- A matriz de coeficientes de dimensión $m \times n$.
- x es el vector columna de incógnitas de dimensión $n \times 1$.
- b es el vector columna de términos independientes de dimensión $m \times 1$.

Cuando A es cuadrada ($m = n$) y $\det(A) \neq 0$, el sistema tiene solución única. Si A no es cuadrada o es singular, el sistema puede no tener solución, tener infinitas soluciones o requerir soluciones en el sentido de mínimos cuadrados, según el caso.

2.3.2 Representación en Python

Para representar un sistema de ecuaciones lineales en Python se utilizan arreglos de NumPy (`ndarray`) para la matriz A y el vector b. Esta representación permite aplicar rutinas numéricas optimizadas para resolver el sistema o estudiar sus propiedades.

2.3.2.1 Resolución de sistemas usando `numpy.linalg.solve`

NumPy proporciona la función `numpy.linalg.solve` para resolver sistemas de la forma $Ax = b$ cuando A es cuadrada. Internamente, esta función utiliza algoritmos numéricos basados en factorizaciones (por ejemplo, variantes de LU con pivoteo), por lo que entrega una solución *numérica* que puede verse afectada por errores de redondeo, especialmente si A está mal condicionada. En condiciones adecuadas (matriz no singular y bien condicionada), el resultado es una aproximación muy precisa de la solución.

2.3.2.2 Proceso de solución

El proceso para resolver un sistema con `numpy.linalg.solve` suele seguir estos pasos:

- **Definición de la matriz de coeficientes** (A)**:** contiene los coeficientes del sistema.
- **Definición del vector de términos independientes** (b)**:** contiene los términos

constantes.

- **Llamada a `numpy.linalg.solve`:** devuelve el vector solución x, si el sistema cumple las condiciones requeridas.

2.3.2.3 Consideraciones importantes

- **Invertibilidad y solución única:** Para que exista una solución única mediante `solve`, A debe ser cuadrada y no singular ($\det(A) \neq 0$).
- **Compatibilidad dimensional:** Si A es $n \times n$, entonces b debe tener dimensión n (o $n \times 1$).
- **Condicionamiento:** Si A está mal condicionada, pequeños errores de redondeo o perturbaciones en los datos pueden producir variaciones grandes en la solución. En tales casos, conviene analizar el número de condición y considerar métodos alternativos.
- **Casos no cuadrados:** Si A no es cuadrada, una alternativa común es resolver un problema de mínimos cuadrados con `numpy.linalg.lstsq`.

2.3.3 Métodos numéricos para resolver sistemas de ecuaciones

En algunos casos conviene utilizar métodos numéricos alternativos, especialmente cuando el sistema es grande, disperso, mal condicionado o cuando se desea una aproximación eficiente sin factorizar explícitamente la matriz. A continuación se presentan métodos comunes.

2.3.3.1 Método de eliminación gaussiana

La eliminación gaussiana es un método directo que transforma el sistema en uno equivalente con matriz triangular superior mediante operaciones elementales de fila, para luego resolverlo por sustitución regresiva. En la práctica computacional moderna, suele implementarse con pivoteo para mejorar la estabilidad numérica.

2.3.3.2 Método de Gauss-Jordan

El método de Gauss–Jordan extiende la eliminación gaussiana hasta llevar la matriz a forma escalonada reducida (idealmente, a la identidad si el sistema tiene solución única). Esto permite obtener la solución de manera directa, pero generalmente es más costoso que la eliminación gaussiana y suele reservarse para fines didácticos o para obtener inversas y formas reducidas.

2.3.3.3 Métodos iterativos

Los métodos iterativos son útiles para sistemas grandes y dispersos, pues generan una sucesión de aproximaciones $x^{(k)}$ que converge (bajo ciertas condiciones) hacia la solución. Entre los métodos más conocidos se encuentran:

2.3.3.4 Método de Jacobi

El método de Jacobi calcula cada componente de $x^{(k+1)}$ usando únicamente los valores de la iteración anterior $x^{(k)}$. Su convergencia no está garantizada en general; condiciones suficientes comunes incluyen que la matriz sea estrictamente diagonal dominante o que sea simétrica definida positiva (en ciertos contextos). Puede converger lentamente.

2.3.3.5 Método de Gauss-Seidel

El método de Gauss-Seidel es similar al de Jacobi, pero utiliza inmediatamente los valores actualizados durante la iteración. Esto suele acelerar la convergencia. Al igual que Jacobi, requiere condiciones estructurales (por ejemplo, diagonal dominante o ciertos tipos de matrices simétricas definidas positivas) para garantizar convergencia.

2.3.3.6 Método de gradiente conjugado

El método de gradiente conjugado es un método iterativo eficiente para resolver sistemas $Ax = b$ cuando A es simétrica y definida positiva. Es especialmente útil en problemas de gran escala y matrices dispersas, comunes en optimización y métodos de elementos finitos.

2.3.4 Aplicaciones prácticas

La resolución de sistemas de ecuaciones lineales tiene numerosas aplicaciones en distintas áreas.

En ingeniería y física, estos sistemas aparecen al modelar circuitos eléctricos, estructuras mecánicas, dinámica de fluidos y transferencia de calor. Por ejemplo, las leyes de Kirchhoff conducen naturalmente a sistemas lineales para calcular corrientes y voltajes en redes eléctricas.

En economía y finanzas, se emplean para modelar interacciones entre variables económicas, equilibrio de mercado y análisis de insumo-producto. El modelo de insumo-producto de Leontief utiliza sistemas de ecuaciones lineales para describir relaciones entre sectores de una economía.

En ciencia de datos y machine learning, los sistemas lineales aparecen en regresión lineal, ajuste por mínimos cuadrados y en métodos de reducción de dimensionalidad. Por ejemplo, en regresión lineal, la solución clásica se relaciona con un problema de mínimos cuadrados (y, según la formulación, puede involucrar las ecuaciones normales o métodos numéricos más estables).

En optimización, muchos algoritmos requieren resolver sistemas lineales como subproblemas (por ejemplo, en métodos de Newton o en optimización cuadrática). En programación lineal, aunque el núcleo del problema es de desigualdades, los algoritmos pueden implicar resolver sistemas lineales durante las iteraciones (por ejemplo, en métodos de punto interior).

2.3.4.1 Ventajas

- **Eficiencia computacional:** Los métodos directos son eficaces para sistemas pequeños a medianos y ofrecen soluciones numéricas muy precisas en matrices bien condicionadas.
- **Escalabilidad:** Los métodos iterativos son apropiados para sistemas grandes y dispersos, donde una factorización directa puede ser demasiado costosa.
- **Flexibilidad:** Existen métodos adaptados a distintas estructuras (simetría, dispersión, positividad definida), lo que permite elegir estrategias eficientes.

2.3.4.2 Limitaciones

- **Coste computacional:** Los métodos directos pueden ser costosos en memoria y tiempo para sistemas muy grandes.
- **Convergencia:** Los métodos iterativos pueden no converger si no se cumplen ciertas condiciones o si el sistema está mal condicionado.
- **Estabilidad numérica:** En presencia de matrices mal condicionadas, los errores de redondeo pueden afectar la precisión; en tales casos conviene usar técnicas de escalado, pivoteo o métodos más robustos.

En conclusión, la resolución de sistemas de ecuaciones lineales es una tarea central en matemáticas aplicadas. Python, junto con NumPy, ofrece herramientas potentes para representar y resolver estos sistemas. La elección del método adecuado depende del tamaño del problema, la estructura de la matriz y el nivel de precisión requerido.

Ahora se presentan ejemplos simples en código Python relacionados con lo expuesto en este apartado.

Ejemplo: Resolución usando `numpy.linalg.solve`.

In [8]:

```
# Ejercicio 8
import numpy as np

# Definimos la matriz de coeficientes
A = np.array([[3, 3], [1, 8]])

# Definimos el vector de términos constantes
b = np.array([1, 4])

# Resolvemos el sistema de ecuaciones Ax = b
x = np.linalg.solve(A, b)

print("Solución usando numpy.linalg.solve:")
```

```
print(x)
```

Out [8]:

```
Solucion usando numpy.linalg.solve:
[-0.19047619 0.52380952]
```

Ejemplo: Método de eliminación gaussiana.

In [9]:

```
# Ejercicio 9
import numpy as np

def gaussian_elimination(A, b):
    n = len(b)
    for i in range(n):
        # Pivoteo parcial
        max_row = np.argmax(np.abs(A[i:n, i])) + i
        A[[i, max_row]] = A[[max_row, i]]
        b[[i, max_row]] = b[[max_row, i]]

        # Eliminación
        for j in range(i + 1, n):
            factor = A[j, i] / A[i, i]
            A[j, i:] = A[j, i:] - factor * A[i, i:]
            b[j] = b[j] - factor * b[i]

    # Sustitución regresiva
    x = np.zeros(n)
    for i in range(n-1, -1, -1):
        x[i] = (b[i] - np.dot(A[i, i+1:], x[i+1:])) / A[i, i]
    return x


# Definimos la matriz de coeficientes y el vector de términos constantes
A = np.array([[2, 3], [1, 3]], dtype=float)
b = np.array([1, 4], dtype=float)

# Resolvemos el sistema de ecuaciones Ax = b
x = gaussian_elimination(A, b)

print("Solución usando Eliminación Gaussiana:")
print(x)
```

Out [9]:

```
Solucion usando Eliminacion Gaussiana:
[-3.         2.33333333]
```

Ejemplo: Método iterativo de Jacobi.

In [10]:

```python
# Ejercicio 10
import numpy as np

def jacobi_method(A, b, x0, tol=1e-10, max_iterations=100):
    n = len(b)
    x = x0.copy()
    for k in range(max_iterations):
        x_new = np.zeros_like(x)
        for i in range(n):
            s = sum(A[i, j] * x[j] for j in range(n) if j != i)
            x_new[i] = (b[i] - s) / A[i, i]
        if np.linalg.norm(x_new - x, ord=np.inf) < tol:
            return x_new
        x = x_new
    return x

# Definimos la matriz de coeficientes y el vector de términos
    constantes
A = np.array([[4, 2], [1, 4]], dtype=float)
b = np.array([11, 10], dtype=float)

# Estimación inicial
x0 = np.zeros(len(b))

# Resolvemos el sistema de ecuaciones Ax = b
x = jacobi_method(A, b, x0)

print("Solución usando Método de Jacobi:")
print(x)
```

Out [10]:

```
Solucion usando Metodo de Jacobi:
[1.71428571 2.07142857]
```

2.4 Cálculo de determinante y matrices inversas en Python

El cálculo de determinantes y matrices inversas es fundamental en muchas áreas de la matemática aplicada, la física, la ingeniería, la economía y la computación científica. En Python, la biblioteca NumPy proporciona funciones eficientes para realizar estas operaciones, lo que facilita el manejo y el análisis de datos numéricos y modelos matriciales. En esta sección se describe el cálculo de determinantes y la inversión de matrices utilizando NumPy, así como propiedades y aplicaciones relevantes.

2.4.1 Cálculo de determinantes con `numpy.linalg.det`

El determinante es un valor escalar asociado a una matriz cuadrada que proporciona información importante sobre sus propiedades. En particular, permite determinar si una matriz es invertible y cuantifica el factor de cambio de volumen y la orientación de la transformación lineal representada por la matriz.

Matemáticamente, el determinante de una matriz A de tamaño $n \times n$ se denota como $\det(A)$ (también se usa $|A|$ en algunos textos). Para una matriz 2×2,

$$\det(A) = \begin{vmatrix} a & b \\ c & d \end{vmatrix} = ad - bc.$$

Para matrices de orden mayor, el determinante puede definirse mediante expansión por cofactores, aunque en cómputo numérico suele calcularse de manera más eficiente a través de factorizaciones (por ejemplo, LU).

2.4.1.1 Cálculo del determinante en Python

En Python, la función `numpy.linalg.det` calcula el determinante de una matriz cuadrada. Debido a que trabaja con aritmética de punto flotante, el resultado es *numérico* y puede presentar pequeñas diferencias por redondeo, especialmente si la matriz está mal condicionada. Un flujo típico de cálculo es:

- **Importación de NumPy:** se importa la biblioteca para acceder a sus funciones.
- **Definición de la matriz:** se define la matriz como un `ndarray` cuadrado.
- **Cálculo del determinante:** se invoca `numpy.linalg.det` y se obtiene el valor.

2.4.1.2 Propiedades del determinante

El determinante satisface propiedades que son esenciales para el análisis y la manipulación de matrices:

- **Invertibilidad:** Una matriz cuadrada A es invertible si y solo si $\det(A) \neq 0$.
- **Multiplicatividad:** Si A y B son matrices cuadradas del mismo orden, entonces:

$$\det(AB) = \det(A)\,\det(B).$$

- **Transposición:** La transposición no altera el determinante:

$$\det(A^T) = \det(A).$$

- **Intercambio de filas o columnas:** Si se intercambian dos filas (o dos columnas), el determinante cambia de signo.
- **Escalado de una fila o columna:** Multiplicar una fila (o columna) por un escalar k multiplica el determinante por k.

2.4.2 Inversión de matrices usando `numpy.linalg.inv`

La matriz inversa de una matriz cuadrada A es la matriz A^{-1} que satisface

$$AA^{-1} = A^{-1}A = I,$$

Donde I es la matriz identidad. La inversa existe si y solo si A es no singular, es decir, $\det(A) \neq 0$.

2.4.2.1 Inversión de matrices en Python

En Python, la función `numpy.linalg.inv` calcula la inversa de una matriz cuadrada, si existe.[1]

Al igual que en el caso del determinante, el resultado es *numérico* y puede ser sensible al condicionamiento de la matriz. En la práctica, para resolver sistemas lineales se prefiere `numpy.linalg.solve` antes que calcular explícitamente A^{-1}, por estabilidad y eficiencia.

2.4.2.2 Proceso de inversión de matrices

Un flujo típico para invertir una matriz es:

- **Importación de NumPy:** se importa la biblioteca.
- **Definición de la matriz:** se define la matriz cuadrada como `ndarray`.
- **Cálculo de la inversa:** se invoca `numpy.linalg.inv` para obtener A^{-1}.

2.4.2.3 Propiedades de la matriz inversa

La inversa cumple propiedades fundamentales:

- **Unicidad:** Si una matriz A es invertible, su inversa A^{-1} es única.
- **Inversa del producto:** Si A y B son invertibles, entonces:

$$(AB)^{-1} = B^{-1}A^{-1}.$$

- **Transpuesta:** La inversa de la transpuesta, es la transpuesta inversa:

$$(A^T)^{-1} = (A^{-1})^T.$$

- **Determinante:** Si A es invertible, entonces:

$$\det(A^{-1}) = \frac{1}{\det(A)}.$$

2.4.3 Propiedades y aplicaciones de determinantes y matrices inversas en Python

2.4.3.1 Propiedades de los determinantes

Además de las propiedades anteriores, se destacan:

- **Dependencia lineal y singularidad:** Si alguna fila o columna es combinación lineal de otras, entonces $\det(A) = 0$; por tanto, la matriz es singular y no invertible.
- **Escalado de matrices:** Si A es $n \times n$, entonces:

$$\det(kA) = k^n \det(A).$$

- **Matrices en bloque diagonal:** Si A es bloque diagonal, el determinante es el producto de los determinantes de los bloques diagonales.

2.4.3.2 Aplicaciones de los determinantes

- **Regla de Cramer:** En sistemas $Ax = b$ con A cuadrada, si $\det(A) \neq 0$, existe una solución única y puede expresarse mediante determinantes.
- **Cambio de variables en integrales múltiples:** En cálculo multivariable, el determinante del Jacobiano aparece en la fórmula de cambio de variables.
- **Geometría:** El valor absoluto de $\det(A)$ representa el factor de escala de áreas/volúmenes bajo la transformación asociada a A.

2.4.3.3 Propiedades de las matrices inversas

- **Composición de transformaciones:** La inversa de la composición de transformaciones lineales corresponde a la composición de sus inversas en orden inverso.

- **Estabilidad numérica:** Calcular A^{-1} puede ser numéricamente inestable si A está mal condicionada; en aplicaciones prácticas suele preferirse resolver $Ax = b$ con métodos directos (por ejemplo, `solve`) o factorizaciones.

2.4.3.4 Aplicaciones de las matrices inversas

- **Resolución de sistemas lineales:** Si A es invertible, la solución de $Ax = b$ puede expresarse como $x = A^{-1}b$, aunque computacionalmente suele preferirse `numpy.linalg.solve`.
- **Análisis de redes y circuitos:** En ciertos modelos lineales, matrices inversas (o soluciones equivalentes) se emplean para calcular respuestas del sistema.
- **Cadenas de Markov:** En cadenas de Markov absorbentes, aparece la matriz fundamental $N = (I - Q)^{-1}$, usada para tiempos de absorción. Para distribuciones estacionarias, en general se resuelve un sistema lineal (no siempre requiere invertir una matriz).

2.4.4 Ejemplos prácticos y aplicaciones avanzadas

- **Álgebra lineal numérica:** En factorizaciones como LU y QR, los determinantes pueden relacionarse con el producto de elementos diagonales (en triangulares) y las inversas aparecen en análisis teórico; sin embargo, en cómputo se prefieren soluciones vía factorización antes que inversión explícita.
- **Procesamiento de señales e imágenes:** Muchas transformaciones (por ejemplo, Fourier discreta) se expresan mediante matrices u operadores lineales. En la práctica, se usan algoritmos rápidos (FFT) en lugar de construir e invertir matrices explícitamente.
- **Optimización:** En métodos como Newton, aparecen sistemas lineales con la Hessiana; típicamente se resuelven con factorizaciones o métodos iterativos, evitando invertir la matriz.
- **Modelado financiero y económico:** En teoría de carteras, se usan matrices de covarianza y, en algunos enfoques, su inversa o soluciones de sistemas asociados para estimación y optimización.

2.4.5 Consideraciones computacionales

Complejidad computacional: Para una matriz $n \times n$, el cálculo de determinantes y la inversión mediante métodos directos basados en factorizaciones suele tener complejidad $O(n^3)$. Por ello, en matrices grandes se prefieren métodos que exploten estructura (dispersión, simetría) o métodos iterativos.

Estabilidad numérica: La estabilidad numérica es crucial al calcular determinantes e inversas. Matrices mal condicionadas pueden producir errores significativos; por ello, es recomendable analizar el número de condición y utilizar algoritmos robustos. En muchos casos, resolver sistemas con `solve` o `lstsq` es preferible a calcular explícitamente A^{-1}.[11]

Se presentan ejemplos relacionados con lo expuesto.

Ejemplo: Cálculo del determinante con `numpy.linalg.det`.

In [11]:

```
# Ejercicio 11
import numpy as np

# Definimos una matriz
A = np.array([[4, 7], [3, 10]])

# Calculamos el determinante
determinante = np.linalg.det(A)

print("Determinante de A:")
print(determinante)
```

Out [11]:

```
Determinante de A:
18.999999999999996
```

Ejemplo: Inversión de matrices usando `numpy.linalg.inv`.

In [12]:

```
# Ejercicio 12
import numpy as np

# Definimos una matriz
A = np.array([[5, 7], [2, 1]])

# Calculamos la inversa de la matriz
inversa = np.linalg.inv(A)

print("Matriz inversa de A:")
print(inversa)
```

Out [12]:

```
Matriz inversa de A:
[[-0.11111111 0.77777778]
 [ 0.22222222 -0.55555556]]
```

Ejemplo: Propiedad del determinante (multiplicatividad).

In [13]:

```
# Ejercicio 13
import numpy as np

# Definimos dos matrices
A = np.array([[1, 2], [4, 4]])
B = np.array([[2, 1], [1, 7]])

# Calculamos el determinante de cada matriz
det_A = np.linalg.det(A)
det_B = np.linalg.det(B)

# Calculamos el determinante del producto de las matrices
AB = np.dot(A, B)
det_AB = np.linalg.det(AB)

print("Determinante de A:")
print(det_A)
print("Determinante de B:")
print(det_B)
print("Determinante de AB (A * B):")
print(det_AB)
print("Producto de det(A) y det(B):")
print(det_A * det_B)
```

Out [13]:

```
Determinante de A:
-4.0
Determinante de B:
13.0
Determinante de AB (A * B):
-52.00000000000001
Producto de det(A) y det(B):
-52.0
```

Ejemplo: Verificación de la matriz inversa.

In [14]:

```python
# Ejercicio 14
import numpy as np

# Definimos una matriz
A = np.array([[5, 7], [3, 1]])

# Calculamos la inversa de la matriz
inversa = np.linalg.inv(A)

# Verificamos que el producto de A y su inversa es la matriz identidad
identidad = np.dot(A, inversa)

print("Matriz A:")
print(A)
print("Matriz inversa de A:")
print(inversa)
print("Producto de A y su inversa (debería ser la matriz identidad):")
print(identidad)
```

Out [14]:

```
Matriz A:
[[5 7]
 [3 1]]
Matriz inversa de A:
[[-0.0625 0.4375]
 [ 0.1875 -0.3125]]
Producto de A y su inversa (deberia ser la matriz identidad):
[[1. 0.]
 [0. 1.]]
```

2.5 Descomposición de matrices en Python

La descomposición de matrices es una herramienta fundamental en Álgebra Lineal, con aplicaciones que abarcan desde la solución de sistemas de ecuaciones lineales hasta la reducción de dimensionalidad en análisis de datos. Estas descomposiciones permiten representar una matriz como el producto de matrices con estructura más simple, lo que facilita cálculos, interpretaciones geométricas y análisis numéricos. En Python, NumPy y SciPy proporcionan funciones robustas para realizar descomposiciones como LU, QR y la descomposición en valores singulares (SVD). En esta sección se presentan sus conceptos, su uso computacional y aplicaciones.[25]

2.5.1 Descomposición LU

2.5.1.1 Concepto de descomposición LU

La descomposición LU factoriza una matriz cuadrada A como el producto de una matriz triangular inferior L y una matriz triangular superior U. En su forma ideal:

$$A = LU.$$

Sin embargo, en cómputo numérico es habitual emplear *pivoteo* para mejorar la estabilidad. En ese caso, se obtiene una matriz de permutación P tal que:

$$PA = LU,$$

Donde P representa el reordenamiento de filas realizado durante el pivoteo.

En esta factorización, L es triangular inferior (con ceros por encima de la diagonal) y U es triangular superior (con ceros por debajo de la diagonal).

2.5.1.2 Proceso de descomposición LU

La descomposición LU se construye mediante eliminación gaussiana. En términos generales, el proceso incluye:

- **Pivoteo:** reordenar filas (o columnas, en variantes más generales) para mejorar la estabilidad numérica.
- **Eliminación gaussiana:** transformar el sistema a una forma triangular superior U, registrando los multiplicadores en una matriz triangular inferior L.

2.5.1.3 Implementación de descomposición LU en Python

NumPy no incluye una rutina LU general en `numpy.linalg`. Para obtener LU con pivoteo se utiliza SciPy mediante `scipy.linalg.lu`, que retorna típicamente P, L y U, cumpliendo $PA = LU$.[6]

2.5.1.4 Aplicaciones de la descomposición LU

- **Solución de sistemas lineales:** Para $Ax = b$, si $PA = LU$, se resuelve primero $Ly = Pb$ (sustitución progresiva) y luego $Ux = y$ (sustitución regresiva).
- **Cálculo de determinantes:** Si $PA = LU$, entonces:

$$\det(A) = \det(P)^{-1} \det(L) \det(U).$$

Cuando L tiene diagonal unitaria (caso común), $\det(L) = 1$, y $\det(U)$ es el producto de la diagonal de U. Además, $\det(P) = \pm 1$ según el número de intercambios de filas.

- **Inversión de matrices:** En la práctica, A^{-1} se obtiene resolviendo $AX = I$ columna por columna usando LU, evitando operaciones innecesarias.

2.5.2 Descomposición QR

2.5.2.1 Concepto de descomposición QR

La descomposición QR factoriza una matriz A como el producto:

$$A = QR,$$

Donde Q es ortogonal ($Q^T Q = I$) y R es una triangular superior. En el caso complejo, Q es unitaria ($Q^* Q = I$).[24]

2.5.2.2 Proceso de descomposición QR

La descomposición QR puede construirse mediante diversos métodos, entre los que destacan:

- **Gram–Schmidt:** procedimiento de ortogonalización conceptualmente simple, pero menos estable numéricamente en su versión clásica.
- **Reflexiones de Householder:** método ampliamente usado por su estabilidad numérica y eficiencia.
- **Rotaciones de Givens:** útil para matrices dispersas o cuando se desea anular entradas específicas.

2.5.3 Implementación de descomposición QR en Python

En Python, la descomposición QR puede realizarse con `numpy.linalg.qr`, que devuelve Q y R (con variantes según el parámetro `mode`). En aplicaciones numéricas, QR es una herramienta clave por su buena estabilidad.

2.5.3.1 Aplicaciones de la descomposición QR

- **Resolución de sistemas y mínimos cuadrados:** Para sistemas sobredeterminados, QR es uno de los métodos estándar para resolver problemas de mínimos cuadrados. Para el caso cuadrado con $A = QR$, se puede resolver:

$$Ax = b \implies QRx = b \implies Rx = Q^T b.$$

- **Cálculo de autovalores:** El *algoritmo QR* es un método iterativo central para aproximar autovalores de matrices.

- **Paso interno en algoritmos:** QR aparece como subrutina en múltiples procedimientos numéricos, incluida la estabilización de cálculos y la obtención de bases ortonormales.

2.5.4 Descomposición en valores singulares (SVD)

2.5.4.1 Concepto de descomposición en valores singulares (SVD)

La SVD factoriza una matriz $A \in \mathbb{R}^{m \times n}$ como:

$$A = U \Sigma V^T,$$

Donde $U \in \mathbb{R}^{m \times m}$ y $V \in \mathbb{R}^{n \times n}$ son ortogonales, y $\Sigma \in \mathbb{R}^{m \times n}$ es diagonal rectangular con entradas no negativas $\sigma_1 \geq \sigma_2 \geq \cdots \geq 0$, llamadas *valores singulares*. En el caso complejo se usa V^* en lugar de V^T.

2.5.4.2 Proceso de descomposición SVD

La SVD se calcula mediante algoritmos numéricos basados en transformaciones ortogonales y procedimientos iterativos (por ejemplo, bidiagonalización y técnicas relacionadas). En la práctica, los detalles se encapsulan en bibliotecas numéricas optimizadas.

2.5.4.3 Implementación de descomposición SVD en Python

En Python, la SVD puede calcularse con `numpy.linalg.svd`. Típicamente, esta función retorna U, el vector de valores singulares y V^T. Para reconstruir Σ explícitamente se requiere construir una matriz diagonal (o usar formas compactas, según el caso).

2.5.4.4 Aplicaciones de la descomposición SVD

- **Reducción de dimensionalidad:** La SVD se emplea en PCA y en aproximaciones de rango bajo para reducir dimensionalidad y filtrar ruido.
- **Compresión de imágenes:** Permite aproximar una imagen (matriz) usando pocos valores singulares significativos, reduciendo almacenamiento.
- **Análisis de datos y machine learning:** Se usa en factorización de matrices para recomendación, análisis semántico latente y preprocesamiento numérico.[21]

2.5.5 Comparación de métodos de descomposición

Cada descomposición presenta ventajas y limitaciones. La elección depende del tipo de matriz, el objetivo (resolver sistemas, mínimos cuadrados, espectro, compresión) y consideraciones de estabilidad y costo computacional.

2.5.5.1 Descomposición LU

- **Ventajas:** Eficiente para resolver múltiples sistemas con la misma matriz A, y útil para determinantes y factorizaciones con pivoteo.
- **Limitaciones:** Requiere, en general, matrices cuadradas (en su forma clásica) y puede ser sensible al mal condicionamiento; por ello se usa pivoteo.

2.5.5.2 Descomposición QR

- **Ventajas:** Buena estabilidad numérica; adecuada para mínimos cuadrados y para algoritmos de autovalores.
- **Limitaciones:** Suele ser más costosa que LU para sistemas cuadrados, aunque más robusta.

2.5.5.3 Descomposición SVD

- **Ventajas:** Muy versátil; funciona para matrices rectangulares y ofrece información profunda sobre rango, condicionamiento y estructura.
- **Limitaciones:** Es la más costosa computacionalmente entre las tres, especialmente para matrices grandes.

2.5.6 Implementación y aplicaciones de descomposiciones en Python

La implementación de descomposiciones en Python se realiza principalmente con NumPy y SciPy, que integran rutinas numéricas optimizadas (por ejemplo, basadas en LAPACK). Estas herramientas permiten aplicar LU, QR y SVD a problemas en Álgebra Lineal, análisis científico y ciencia de datos.

2.5.6.1 Ejemplos prácticos

- **Resolución de sistemas lineales:** Usar LU o QR para resolver sistemas $Ax = b$, con énfasis en estabilidad y eficiencia.
- **Compresión de imágenes:** Aplicar SVD y aproximación de rango bajo para reducir tamaño de almacenamiento.
- **PCA:** Utilizar SVD para obtener componentes principales y reducir dimensionalidad.
- **Autovalores y autovectores:** Emplear QR en esquemas iterativos para aproximar el espectro de una matriz.

2.5.6.2 Consideraciones computacionales

- **Eficiencia:** LU y QR suelen tener costo $O(n^3)$ en matrices $n \times n$. SVD también tiene costo cúbico en el caso denso y suele ser más costosa por constante mayor.

- **Estabilidad numérica:** QR y SVD son, en general, más estables que LU para problemas mal condicionados; LU requiere pivoteo para estabilidad.
- **Uso de recursos:** La SVD puede requerir más memoria y tiempo; conviene usar versiones truncadas o métodos iterativos en problemas de gran escala.

En síntesis, las descomposiciones LU, QR y SVD son técnicas esenciales para resolver sistemas, analizar matrices y construir modelos en ciencia e ingeniería. Comprender cuándo utilizar cada una, y cómo implementarlas en Python, permite abordar problemas complejos con mayor eficiencia y confiabilidad.

Se muestran ejemplos relacionados con este apartado.

Ejemplo: Descomposición LU.

In [15]:

```python
# Ejercicio 15
import numpy as np
import scipy.linalg

# Definimos una matriz
A = np.array([[4, 4], [7, 3]])

# Realizamos la descomposición LU
P, L, U = scipy.linalg.lu(A)

print("Matriz original A:")
print(A)
print("Matriz de permutación P:")
print(P)
print("Matriz triangular inferior L:")
print(L)
print("Matriz triangular superior U:")
print(U)
```

Out [15]:

```
Matriz original A:
[[4 4]
 [7 3]]
Matriz de permutacion P:
[[0. 1.]
 [1. 0.]]
Matriz triangular inferior L:
[[1.         0.        ]
 [0.57142857 1.        ]]
```

```
Matriz triangular superior U:
[[7.         3.        ]
 [0.         2.28571429]]
```

Ejemplo: Descomposición QR.

In [16]:

```
# Ejercicio 16
import numpy as np

# Definimos una matriz
A = np.array([[12, -51, 47], [6, 16, -68], [-4, 25, -41]])

# Realizamos la descomposición QR
Q, R = np.linalg.qr(A)

print("Matriz original A:")
print(A)
print("Matriz ortogonal Q:")
print(Q)
print("Matriz triangular superior R:")
print(R)
```

Out [16]:

```
Matriz original A:
[[ 12 -51 47]
 [  6  16 -68]
 [ -4  25 -41]]
Matriz ortogonal Q:
[[-0.85714286 0.33789375 0.38875948]
 [-0.42857143 -0.88651695 -0.17439678]
 [ 0.28571429 -0.31609416 0.90468328]]
Matriz triangular superior R:
[[-14.         44.         -22.85714286]
 [  0.        -39.3192065   89.12401917]
 [  0.          0.          -6.96133798]]
```

Ejemplo: Descomposición en valores singulares (SVD).

In [17]:

```
# Ejercicio 17
import numpy as np

# Definimos una matriz
```

```
A = np.array([[1, 2, 7], [4, 15, 6], [7, 6, 9]])

# Realizamos la descomposición SVD
U, S, VT = np.linalg.svd(A)

print("Matriz original A:")
print(A)
print("Matriz ortogonal U:")
print(U)
print("Valores singulares S:")
print(S)
print("Matriz ortogonal V transpuesta (VT):")
print(VT)
```

Out [17]:

```
Matriz original A:
[[ 1  2  7]
 [ 4 15  6]
 [ 7  6  9]]
Matriz ortogonal U:
[[-0.27813531 0.52027423 -0.8074376 ]
 [-0.76744848 -0.62587749 -0.13892517]
 [-0.5776362  0.58102676 0.5733623 ]]
Valores singulares S:
[20.83273859 7.35859833 2.97456443]
Matriz ortogonal V transpuesta (VT):
[[-0.3547965 -0.74564441 -0.56403357]
 [ 0.28319953 -0.66064937 0.6952269 ]
 [ 0.89102047 -0.08693003 -0.44556223]]
```

Ejemplo: Aplicación de la descomposición QR en la resolución de sistemas de ecuaciones lineales.

In [18]:

```
# Ejercicio 18
import numpy as np

# Definimos una matriz A y un vector b
A = np.array([[2, 1], [2, 3]])
b = np.array([1, 3])

# Realizamos la descomposición QR
Q, R = np.linalg.qr(A)

# Resolución del sistema de ecuaciones Rx = Q^T b
Q_T_b = np.dot(Q.T, b)
```

```
x = np.linalg.solve(R, Q_T_b)

print("Matriz A:")
print(A)
print("Vector b:")
print(b)
print("Matriz ortogonal Q:")
print(Q)
print("Matriz triangular superior R:")
print(R)
print("Solución del sistema de ecuaciones Ax = b (x):")
print(x)
```

Out [18]:

```
Matriz A:
[[2 1]
 [2 3]]
Vector b:
[1 3]
Matriz ortogonal Q:
[[-0.70710678 -0.70710678]
 [-0.70710678 0.70710678]]
Matriz triangular superior R:
[[-2.82842712 -2.82842712]
 [ 0.          1.41421356]]
Solucion del sistema de ecuaciones Ax = b (x):
[-6.50353591e-17 1.00000000e+00]
```

2.6 Autovalores y autovectores en Python

En Álgebra Lineal, los autovalores y autovectores (también llamados eigenvalores y eigenvectores) son conceptos fundamentales con aplicaciones en física, ingeniería, economía y análisis de datos. Permiten describir la estructura interna de una transformación lineal y aparecen en problemas como estabilidad de sistemas dinámicos, solución de ecuaciones diferenciales lineales, análisis espectral y reducción de dimensionalidad. Python, mediante bibliotecas como NumPy (y SciPy en casos avanzados), ofrece rutinas numéricas eficientes para calcular autovalores y autovectores, facilitando su uso en aplicaciones prácticas.

2.6.1 Concepto de autovalores y autovectores

Sea $A \in \mathbb{R}^{n\times n}$ (o $A \in \mathbb{C}^{n\times n}$). Un número λ y un vector no nulo v satisfacen la relación de autovalor si:

$$Av = \lambda v.$$

En ese caso, λ se denomina **autovalor** y v un **autovector** asociado. La ecuación anterior significa que la transformación lineal representada por A actúa sobre la dirección v únicamente como un escalamiento por λ (posiblemente con cambio de orientación si $\lambda < 0$ en el caso real).

Donde:

- A es una matriz $n \times n$.
- $v \neq 0$ es un vector en $\mathbb{R}^n$ o $\mathbb{C}^n$, según el caso.
- λ es un escalar (real o complejo).

2.6.1.1 Ecuación característica

Para encontrar los autovalores de A, se resuelve:

$$\det(A - \lambda I) = 0,$$

Donde I es la matriz identidad $n \times n$. Esta ecuación define el **polinomio característico** de A; sus raíces (en $\mathbb{C}$) son los autovalores de A.

2.6.2 Cálculo de autovalores y autovectores con NumPy

NumPy proporciona la función `numpy.linalg.eig` para calcular autovalores y autovectores de una matriz cuadrada. Esta función devuelve:

- un arreglo con los autovalores;
- una matriz cuyas columnas son autovectores correspondientes.

Es importante notar que, en aritmética de punto flotante, los resultados son *numéricos* y pueden presentar pequeñas discrepancias por redondeo. Por ello, al verificar propiedades como $Av = \lambda v$, se recomienda usar tolerancias numéricas (por ejemplo, `np.allclose`).

En términos matemáticos, el cálculo computacional suele basarse en algoritmos numéricos (por ejemplo, variantes del algoritmo QR) y no en resolver explícitamente el polinomio característico para matrices de tamaño moderado o grande, debido a consideraciones de estabilidad y eficiencia.

2.6.3 Interpretación y aplicaciones de autovalores y autovectores

2.6.3.1 Interpretación

- **Direcciones invariantes:** Los autovectores representan direcciones que la transformación A preserva (no necesariamente en magnitud, pero sí en dirección).
- **Factores de escalamiento:** Los autovalores indican cuánto se estira o contrae un autovector bajo la acción de A.
- **Análisis estructural:** Cuando una matriz es diagonalizable, puede escribirse como $A = V\Lambda V^{-1}$, lo que simplifica el análisis de potencias, exponentiales y dinámicas lineales.

2.6.3.2 Aplicaciones

- **Análisis de estabilidad:** En sistemas dinámicos lineales continuos $x'(t) = Ax(t)$, el equilibrio es asintóticamente estable si todos los autovalores de A tienen parte real negativa. En sistemas discretos $x_{k+1} = Ax_k$, la estabilidad requiere que todos los autovalores tengan módulo menor que 1.
- **Reducción de dimensionalidad:** En PCA, los autovectores de la matriz de covarianza (simétrica) definen direcciones de máxima varianza, y los autovalores cuantifican la varianza explicada.
- **Ecuaciones diferenciales:** En sistemas lineales, autovalores y autovectores permiten construir soluciones en términos de exponenciales y modos propios.
- **Transformaciones lineales:** En gráficos y geometría computacional, los autovalores/autovectores describen escalados principales, deformaciones y direcciones características.

2.6.4 Implementación en Python

Aunque esta sección no requiere incluir código aquí, es útil comprender el flujo conceptual de implementación para aplicaciones típicas.

2.6.4.1 Ejemplo conceptual: PCA

- **Preparación de datos:** Sea $X \in \mathbb{R}^{m\times n}$ una matriz de datos (muestras por características). Se centra cada característica restando la media por columna.
- **Matriz de covarianza:** Si X está centrada, la covarianza puede calcularse como:

$$C = \frac{1}{m-1} X^T X.$$

- **Cálculo espectral:** Dado que C es simétrica (en el caso real), se recomienda usar `numpy.linalg.eigh` en lugar de `eig`, pues es más estable y garantiza autovalores reales (salvo redondeo numérico).
- **Proyección:** Se eligen los k autovectores asociados a los mayores autovalores y se proyectan los datos en ese subespacio.

2.6.4.2 Ejemplo conceptual: análisis de estabilidad

- **Modelo:** Definir una matriz A del sistema.
- **Autovalores:** Calcular los autovalores de A con `eig` (o métodos especializados si A es grande/dispersa).
- **Criterio:** Analizar partes reales (continuo) o módulos (discreto) para determinar estabilidad.

2.6.5 Propiedades de autovalores y autovectores

Propiedades de los autovalores

- **Traza:** La suma de los autovalores (contando multiplicidades algebraicas) es igual a la traza:

$$\sum_{i=1}^{n} \lambda_i = \mathrm{tr}(A).$$

- **Determinante:** El producto de los autovalores (contando multiplicidades algebraicas) es el determinante:

$$\prod_{i=1}^{n} \lambda_i = \det(A).$$

- **Matrices simétricas:** Si A es real simétrica, entonces todos sus autovalores son reales y existe una base ortonormal de autovectores (teorema espectral).

2.6.5.1 Propiedades de los autovectores

- **Ortogonalidad en matrices simétricas:** En una matriz real simétrica, autovectores asociados a autovalores distintos son ortogonales.
- **Escalamiento:** Si v es un autovector asociado a λ, entonces cualquier cv con $c \neq 0$ también lo es.

2.6.6 Aplicaciones avanzadas

2.6.6.1 Vibraciones en sistemas mecánicos

En ingeniería mecánica, los autovalores aparecen en problemas modales de vibración. En formulaciones típicas, las frecuencias naturales se obtienen a partir de un *problema generalizado de autovalores* $Kv = \omega^2 Mv$, donde K es la matriz de rigidez y M la matriz de masa. Los autovectores representan modos de vibración.

2.6.6.2 PageRank

El algoritmo PageRank puede formularse mediante un vector estacionario de una cadena de Markov. En una versión estándar, PageRank es un autovector asociado al autovalor 1 de la matriz de transición (o de la matriz "Google") construida para ser estocástica y primitiva, lo que garantiza existencia y unicidad del vector estacionario (hasta normalización).

2.6.6.3 Análisis de redes

En análisis de redes, los autovalores y autovectores de matrices como la de adyacencia, Laplaciana o matrices derivadas se utilizan en centralidad espectral, detección de comunidades (clustering espectral) y estudio de conectividad.

2.6.6.4 Control de sistemas

En teoría de control, los autovalores de la matriz de estado A determinan estabilidad y respuesta del sistema. El diseño de controladores (por ejemplo, realimentación de estados) puede buscar *ubicar* autovalores en regiones deseadas del plano complejo para lograr especificaciones dinámicas.

2.6.7 Métodos numéricos para el cálculo de autovalores y autovectores

Para matrices grandes o dispersas, calcular todo el espectro puede ser costoso; se emplean métodos iterativos:

- **Método de la potencia:** aproxima el autovalor dominante en magnitud y su autovector, bajo condiciones adecuadas.
- **Algoritmo QR:** método iterativo clásico para aproximar autovalores de matrices densas.
- **Métodos de subespacios (Krylov):** como Lanczos (simétricas) o Arnoldi (generales), adecuados para obtener algunos autovalores de matrices dispersas.

2.6.8 Desafíos y consideraciones

2.6.8.1 Estabilidad numérica

El problema de autovalores puede ser sensible a perturbaciones, especialmente si la matriz está mal condicionada o si existen autovalores múltiples o muy cercanos. Por ello, conviene usar algoritmos estables (por ejemplo, QR/Householder) y, cuando sea posible, explotar estructura (simetría, dispersión) usando rutinas especializadas como `eigh` para matrices simétricas.

2.6.8.2 Complejidad computacional

Para matrices densas $n \times n$, el cálculo de todos los autovalores suele costar $O(n^3)$. En matrices dispersas, los métodos iterativos pueden reducir significativamente el costo cuando solo se requieren unos pocos autovalores.

2.6.8.3 Sensibilidad a perturbaciones

Los autovalores pueden ser sensibles al ruido o a errores de medición en los datos. Esta sensibilidad puede analizarse mediante números de condición del problema espectral y es crucial en aplicaciones prácticas, donde los datos rara vez son exactos.

En conclusión, los autovalores y autovectores son herramientas esenciales en Álgebra Lineal con aplicaciones que abarcan muchas áreas del conocimiento. Python, a través de NumPy (y SciPy en escenarios avanzados), proporciona funciones eficientes para su cálculo y verificación numérica. Comprender sus definiciones, propiedades y limitaciones computacionales permite utilizarlos con rigor en problemas reales, desde estabilidad y vibraciones hasta análisis de datos y redes. A continuación se presentan ejemplos relacionados con este apartado.

Ejemplo: Cálculo de autovalores y autovectores.

In [19]:

```
# Ejercicio 19
import numpy as np

# Definimos una matriz cuadrada
A = np.array([[4, -1], [4, 1]])

# Calculamos los autovalores y autovectores
eigenvalues, eigenvectors = np.linalg.eig(A)

print("Matriz A:")
print(A)
print("Autovalores de A:")
print(eigenvalues)
print("Autovectores de A:")
print(eigenvectors)
```

Out [19]:

```
Matriz A:
[[ 4 -1]
 [ 4  1]]
Autovalores de A:
[2.5+1.32287566j 2.5-1.32287566j]
Autovectores de A:
```

```
[[0.3354102 +0.29580399j 0.3354102 -0.29580399j]
 [0.89442719+0.j         0.89442719-0.j        ]]
```

Ejemplo: Verificación de la propiedad $Av = \lambda v$.

In [20]:

```python
# Ejercicio 20
import numpy as np

# Definimos una matriz cuadrada
A = np.array([[4, -2], [2, 7]])

# Calculamos los autovalores y autovectores
eigenvalues, eigenvectors = np.linalg.eig(A)

# Verificamos la propiedad Av = (lambda)v para el primer autovector y autovalor
v = eigenvectors[:, 0]
lambda_var = eigenvalues[0]
Av = np.dot(A, v)
lambda_v = lambda_var * v

print("A * v:")
print(Av)
print("lambda * v:")
print(lambda_v)
print("Son iguales A * v y lambda * v?:", np.allclose(Av, lambda_v))
```

Out [20]:

```
A * v:
[-3.53553391+1.87082869j 3.8890873 +0.93541435j]
lambda * v:
[-3.53553391+1.87082869j 3.8890873 +0.93541435j]
Son iguales A * v y lambda * v?: True
```

Ejemplo: Análisis de estabilidad de un sistema dinámico.[2]

In [21]:

```python
# Ejercicio 21
import numpy as np

# Definimos una matriz que describe el sistema dinámico
```

[2]Cullen, C. G. (1972). *Matrices and linear transformations* (2nd ed.). Dover Publications.

```
A = np.array([[5, 3], [0.1, 0.7]])

# Calculamos los autovalores
eigenvalues, _ = np.linalg.eig(A)

print("Matriz A:")
print(A)
print("Autovalores de A:")
print(eigenvalues)

# Analizamos la estabilidad del sistema
estable = np.all(np.real(eigenvalues) < 1)
print("Es el sistema estable?:", estable)
```

Out [21]:

```
Matriz A:
[[5.  3. ]
 [0.1 0.7]]
Autovalores de A:
[5.06867077 0.63132923]
Es el sistema estable?: False
```

Ejemplo: Implementación de PCA (Análisis de Componentes Principales).

In [22]:

```
# Ejercicio 22
import numpy as np

# Datos de ejemplo: cada fila es una muestra y cada columna es una
    característica
X = np.array([[5, 4], [5, 7], [2.2, 2.9], [1.9, 2.2], [3.2, 3.9],
    [2.3, 2.7], [2.0, 1.6], [2.0, 2.1], [1.5, 1.6], [1.1, 0.9]])

# Restamos la media de cada columna (característica)
X_meaned = X - np.mean(X, axis=0)

# Calculamos la matriz de covarianza
cov_matrix = np.cov(X_meaned, rowvar=False)

# Calculamos los autovalores y autovectores de la matriz de covarianza
eigenvalues, eigenvectors = np.linalg.eig(cov_matrix)

# Ordenamos los autovectores por los autovalores más grandes
sorted_indices = np.argsort(eigenvalues)[::-1]
eigenvalues = eigenvalues[sorted_indices]
eigenvectors = eigenvectors[:, sorted_indices]

```

```
# Seleccionamos los k autovectores (componentes principales)
k = 1 # Seleccionamos 1 componente principal para este ejemplo
principal_components = eigenvectors[:, :k]

# Transformamos los datos
X_reduced = np.dot(X_meaned, principal_components)

print("Matriz de covarianza:")
print(cov_matrix)
print("Autovalores:")
print(eigenvalues)
print("Autovectores:")
print(eigenvectors)
print("Componentes principales seleccionados:")
print(principal_components)
print("Datos reducidos:")
print(X_reduced)
```

Out [22]:

```
Matriz de covarianza:
[[1.86622222 2.14688889]
 [2.14688889 3.06322222]]
Autovalores:
[4.69347392 0.23597052]
Autovectores:
[[-0.60475782 -0.79640943]
 [-0.79640943 0.60475782]]
Componentes principales seleccionados:
[[-0.60475782]
 [-0.79640943]]
Datos reducidos:
[[-2.32333807]
 [-4.71256637]
 [ 0.24603419]
 [ 0.98494814]
 [-1.15513306]
 [ 0.34484029]
 [ 1.40231801]
 [ 1.0041133 ]
 [ 1.70469692]
 [ 2.50408665]]
```

2.7 Espacios vectoriales y transformaciones lineales en Python

Los espacios vectoriales y las transformaciones lineales son conceptos centrales en Álgebra Lineal, con aplicaciones extensas en matemáticas, física, ingeniería y ciencias de la computación. En Python, bibliotecas como NumPy y SciPy permiten representar estos objetos y aplicar transformaciones lineales de forma eficiente y reproducible. En esta sección se presentan los fundamentos teóricos esenciales, junto con la conexión práctica hacia su implementación computacional.[9]

2.7.1 Espacios vectoriales

Un espacio vectorial sobre un campo F es un conjunto V de elementos llamados vectores, provisto de dos operaciones:

- **Suma de vectores:** Para todo $u, v \in V$, existe $u + v \in V$.
- **Multiplicación por escalar:** Para todo $u \in V$ y $\alpha \in F$, existe $\alpha u \in V$.

Estas operaciones deben satisfacer los axiomas de espacio vectorial (asociatividad y conmutatividad de la suma, existencia de neutro e inversos aditivos, distributividad respecto a la suma de vectores y escalares, etc.). En muchos contextos aplicados se trabaja con $F = \mathbb{R}$ o $F = \mathbb{C}$.

Ejemplos de espacios vectoriales:

- $\mathbb{R}^n$**:** el conjunto de todos los vectores de dimensión n con componentes reales.
- **Polinomios de grado** $\leq n$**:** el conjunto de polinomios reales (o complejos) de grado a lo sumo n.
- **Matrices** $m \times n$**:** el conjunto de todas las matrices $m \times n$ con entradas en F.

En Python, un vector en $\mathbb{R}^n$ puede representarse como un arreglo unidimensional (`ndarray`) de longitud n, y una matriz $m \times n$ como un arreglo bidimensional de forma (m, n). Un punto importante es distinguir entre *la estructura matemática* (el espacio y sus axiomas) y *la representación computacional* (arreglos y operaciones numéricas).

2.7.2 Transformaciones lineales

Una transformación lineal $T : V \to W$ entre espacios vectoriales sobre el mismo campo F es una función que preserva combinaciones lineales. Es decir, para todo $u, v \in V$ y $\alpha \in F$,

$$T(u + v) = T(u) + T(v), \qquad T(\alpha u) = \alpha T(u).$$

Equivalente y más compacto: para todo $\alpha, \beta \in F$ y $u, v \in V$,

$$T(\alpha u + \beta v) = \alpha T(u) + \beta T(v).$$

2.7.2.1 Matriz asociada a una transformación lineal

Sea $T : V \to W$

Una transformación lineal, con $\dim(V) = n$ y $\dim(W) = m$.

Si:

$$\mathcal{B}_V = \{v_1, v_2, \ldots, v_n\} \quad \text{es una base de } V,$$
$$\mathcal{B}_W = \{w_1, w_2, \ldots, w_m\} \quad \text{es una base de } W.$$

Entonces existe una única matriz $A \in F^{m \times n}$ tal que, para cada $j = 1, \ldots, n$,

$$T(v_j) = \sum_{i=1}^{m} A_{ij}\, w_i.$$

Además, para cualquier $v \in V$, si $[v]_{\mathcal{B}_V}$ denota el vector columna de coordenadas de v en la base $\mathcal{B}_V$, se cumple la relación matricial:

$$[T(v)]_{\mathcal{B}_W} = A\,[v]_{\mathcal{B}_V}.$$

Esta A se denomina **matriz de T respecto a las bases $\mathcal{B}_V$ y $\mathcal{B}_W$**.

2.7.3 Implementación de transformaciones lineales en Python

En Python, una transformación lineal $T : \mathbb{R}^n \to \mathbb{R}^m$ puede implementarse mediante una matriz $A \in \mathbb{R}^{m \times n}$, de modo que, para un vector $x \in \mathbb{R}^n$,

$$T(x) = Ax.$$

En NumPy, esta operación se realiza con el operador `@` (producto matricial) o con `dot`, cuidando la compatibilidad de dimensiones. Cuando se trabaja con bases distintas de la canónica, se deben usar coordenadas y cambios de base de forma explícita; no basta con multiplicar por una matriz si no se ha fijado la interpretación de las coordenadas.

2.7.3.1 Ejemplos de aplicaciones de transformaciones lineales

Aplicación 1: rotaciones y reflexiones. En geometría y gráficos por computadora, las transformaciones lineales (rotaciones, reflexiones, escalados, cizallamientos) se usan para transformar figuras. Por ejemplo, una rotación en el plano de ángulo θ se representa (en la base canónica) por:

$$R(\theta) = \begin{pmatrix} \cos\theta & -\sin\theta \\ \sin\theta & \cos\theta \end{pmatrix}, \qquad (x', y')^T = R(\theta)\,(x, y)^T.$$

Aplicación 2: compresión de imágenes. En procesamiento de imágenes, técnicas como PCA (relacionada con la transformación de Karhunen–Loève) aplican transformaciones lineales para reducir dimensionalidad y conservar la información más relevante (en el sentido de varianza máxima). En la práctica, PCA suele calcularse mediante SVD por estabilidad numérica.[1]

Aplicación 3: modelado de sistemas dinámicos. En ingeniería y física, los sistemas lineales invariantes en el tiempo pueden modelarse como:

$$x_{k+1} = Ax_k \quad \text{(discreto)}, \qquad \dot{x}(t) = Ax(t) \quad \text{(continuo)},$$

Donde la matriz A determina la evolución del estado y su estabilidad puede analizarse mediante autovalores.

En síntesis, los espacios vectoriales proporcionan el marco abstracto para trabajar con vectores y combinaciones lineales, mientras que las transformaciones lineales describen funciones compatibles con esa estructura. Python, mediante NumPy y SciPy, permite llevar estos conceptos a la práctica con cálculos eficientes, verificación numérica y aplicaciones en ciencia e ingeniería.

Se muestran ejemplos relacionados con este apartado:

Ejemplo: Representación de un espacio vectorial y operaciones básicas.

In [23]:

```
# Ejercicio 23
import numpy as np

# Definimos vectores en el espacio vectorial R^3
v1 = np.array([1, 7, 3])
v2 = np.array([4, 4, 6])

# Suma de vectores
v_sum = v1 + v2
print("Suma de vectores:", v_sum)
```

```

# Multiplicación por un escalar
alpha = 2
v_scaled = alpha * v1

print("Multiplicación por un escalar:", v_scaled)
```

Out [23]:

```
Suma de vectores: [ 5 11 9]
Multiplicacion por un escalar: [ 2 14 6]
```

Ejemplo: Transformación lineal - rotación en el plano.

In [24]:

```
# Ejercicio 24
import numpy as np

# Definimos la matriz de rotación 2D para un ángulo theta
theta = np.pi / 4 # 45 grados
rotation_matrix = np.array([[np.cos(theta), -np.sin(theta)],
                            [np.sin(theta), np.cos(theta)]])

# Definimos un vector en R^2
v = np.array([2, 0])

# Aplicamos la transformación lineal (rotación)
v_rotated = np.dot(rotation_matrix, v)
print("Vector original:", v)
print("Vector rotado:", v_rotated)
```

Out [24]:

```
Vector original: [2 0]
Vector rotado: [1.41421356 1.41421356]
```

Ejemplo: Transformación lineal - compresión de imagen usando PCA.[5]

In [25]:

```
# Ejercicio 25
import numpy as np
from sklearn.decomposition import PCA
import matplotlib.pyplot as plt
from sklearn.datasets import load_digits
```

```

# Cargamos un conjunto de datos de imágenes de dígitos
digits = load_digits()
X = digits.data
y = digits.target

# Aplicamos PCA para reducir la dimensionalidad a 2 componentes
pca = PCA(n_components=3)
X_reduced = pca.fit_transform(X)

# Visualizamos los dígitos en el nuevo espacio reducido
plt.scatter(X_reduced[:, 0], X_reduced[:, 1], c=y, cmap='viridis',
     edgecolor='k', s=50)
plt.xlabel('Componente Principal 1')
plt.ylabel('Componente Principal 2')
plt.colorbar()
plt.title('Dígitos en el espacio de componentes principales')
plt.show()
```

Out [25]:

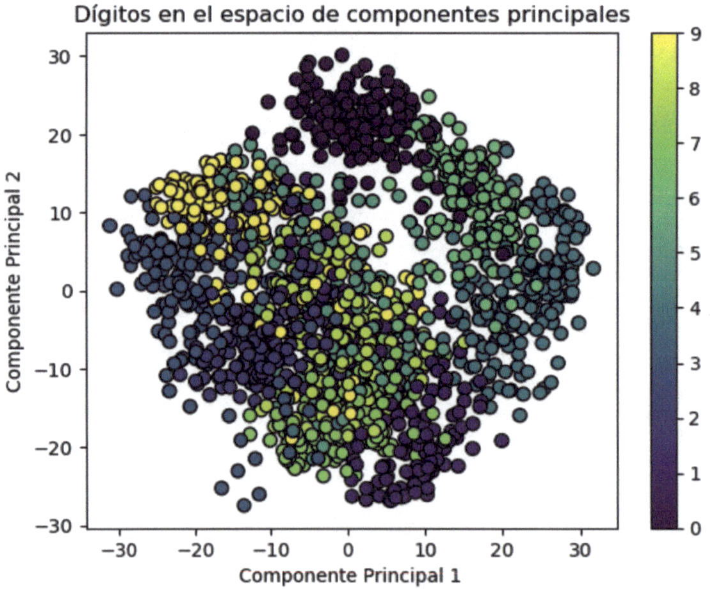

Ejemplo: Modelado de un sistema dinámico con transformaciones lineales.[2]

In [26]:

```
# Ejercicio 26
import numpy as np

# Definimos una matriz de estado A para un sistema dinámico
A = np.array([[1.1, 0.1],
              [0.3, 0.6]])
```

```

# Definimos el vector de estado inicial
x = np.array([1, 0])

# Simulamos la evolución del sistema durante 10 pasos de tiempo
states = [x]
for _ in range(10):
    x = np.dot(A, x)
    states.append(x)

# Convertimos la lista de estados a un array NumPy para su análisis
states = np.array(states)
print("Evolución del sistema:")
print(states)
```

Out [26]:

```
Evolucion del sistema:
[[1.         0.        ]
 [1.1        0.3       ]
 [1.24       0.51      ]
 [1.415      0.678     ]
 [1.6243     0.8313    ]
 [1.86986    0.98607   ]
 [2.155453   1.1526    ]
 [2.4862583  1.3381959 ]
 [2.86870372 1.54879503]
 [3.3104536  1.78988813]
 [3.82048777 2.06706896]]
```

2.8 Visualización de datos y resultados

La visualización de datos constituye una herramienta esencial tanto en el análisis exploratorio como en la comunicación rigurosa de resultados en disciplinas científicas, ingenieriles, empresariales y sociales. En el contexto de Python, Matplotlib es una de las bibliotecas más utilizadas para la representación gráfica, pues permite generar visualizaciones precisas, reproducibles y altamente personalizables, facilitando la interpretación y el análisis crítico de datos complejos.

2.8.1 Introducción a Matplotlib para la visualización

Matplotlib es una biblioteca de visualización en Python orientada principalmente a gráficos 2D, aunque también admite gráficos 3D usando `mpl_toolkits.mplot3d`. Su integración con bibliotecas como NumPy (para cómputo numérico) y SciPy (para métodos científicos y numéricos) potencia la exploración y presentación de resultados, ofreciendo un flujo de trabajo sólido para la construcción de figuras con calidad de publicación.

2.8.1.1 Componentes principales de Matplotlib

- **Figuras y ejes (axes):** Una figura (`Figure`) puede contener uno o varios ejes (`Axes`). Cada conjunto de ejes corresponde a un área de dibujo donde se representa un gráfico. Aunque a menudo se habla de "subplots", el concepto clave es la jerarquía `Figure` $\rightarrow$ `Axes`.
- **Elementos gráficos:** Matplotlib permite incorporar líneas, marcadores, textos, títulos, etiquetas, leyendas, anotaciones y rejillas, lo que enriquece la interpretación de los datos.
- **Estilos y personalización:** Es posible ajustar escalas, límites, tipografías y estilos de línea, así como parametrizar colores y transparencias, con el objetivo de mejorar la claridad y la fidelidad visual.

2.8.2 Gráficos de vectores y matrices

2.8.2.1 Representación gráfica de vectores

La función `plt.quiver` permite visualizar vectores mediante flechas que codifican dirección y magnitud. En 2D, resulta útil para ilustrar campos vectoriales, desplazamientos, velocidades o gradientes. Para interpretaciones correctas, conviene fijar escalas coherentes y emplear ejes con aspecto igual (`axis('equal')`) cuando se comparan magnitudes geométricas.

2.8.2.2 Representación gráfica de matrices

Las matrices pueden representarse como mapas de calor con `plt.imshow` (o `plt.matshow`), donde cada entrada se asocia a un color según su valor. Esta técnica es especialmente útil para identificar patrones, simetrías, estructuras de bloques y correlaciones. Para mejorar la interpretación, suele añadirse una barra de color (`colorbar`) y, cuando corresponde, normalizar o centrar la escala si se comparan matrices con distintos rangos.

2.8.3 Visualización de soluciones de sistemas de ecuaciones y transformaciones

2.8.3.1 Soluciones de sistemas de ecuaciones lineales

- **Visualización geométrica en 2D:** En sistemas de dos variables, cada ecuación lineal define una recta en el plano. La solución única, si existe, es el punto de intersección de las rectas. Matplotlib puede graficar ambas rectas y resaltar el punto de corte.

- **Visualización en 3D:** En sistemas de tres variables, cada ecuación lineal define un plano en $\mathbb{R}^3$. La solución puede ser un punto (intersección de tres planos), una recta (intersección común), un plano (infinitas soluciones) o no existir (incompatibilidad). La visualización 3D puede ayudar a intuir estos casos, aunque requiere cuidado con perspectiva y escalas.

2.8.3.2 Transformaciones lineales

- **Transformaciones 2D:** Una matriz $A \in \mathbb{R}^{2\times 2}$ transforma vectores $x \in \mathbb{R}^2$ mediante $x \mapsto Ax$. Visualmente, puede mostrarse el efecto de A sobre una base, sobre un conjunto de puntos (por ejemplo, una circunferencia) o sobre una malla, ilustrando rotaciones, escalados, reflexiones y cizallamientos.
- **Impacto en datos:** Visualizar el antes y el después de una transformación permite analizar cambios en la dispersión, orientación, correlación y estructura geométrica de los datos.

Pasamos a detallar algunos aspectos clave de la visualización de datos y resultados con Matplotlib. La capacidad de representar gráficamente información compleja es fundamental para interpretar resultados matemáticos y científicos de manera efectiva. Asi, la visualizacion no solo facilita la comprensión de conceptos abstractos, sino que también potencia la comunicación de hallazgos a través de representaciones visuales claras y precisas.

2.8.4 La visualización en la interpretación de resultados

2.8.4.1 Comunicación efectiva

La visualización clara y rigurosa es indispensable para transmitir hallazgos a audiencias especializadas y generales. Gráficos bien diseñados contribuyen a la comprensión conceptual, reducen ambigüedades y fortalecen la argumentación en informes académicos y profesionales.

2.8.4.2 Análisis exploratorio

La exploración visual facilita la identificación de tendencias, patrones, relaciones y valores atípicos, orientando la formulación de hipótesis y el diseño de análisis cuantitativos más avanzados. Sin embargo, debe complementarse con métricas y pruebas estadísticas para evitar conclusiones basadas solo en percepción visual.

2.8.4.3 Validación de modelos y simulaciones

La comparación gráfica entre resultados teóricos, simulados y observados aporta evidencia visual sobre la calidad de un modelo. Por ejemplo, residuales, bandas de error y curvas comparativas pueden revelar sesgos, sobreajuste o fallas de generalización.

2.8.5 Herramientas avanzadas en Matplotlib

2.8.5.1 Personalización avanzada

Matplotlib ofrece personalización detallada de etiquetas, leyendas, escalas, rejillas y estilos. Esta flexibilidad permite producir figuras informativas y consistentes con estándares de publicación. En particular, el control explícito de `Figure` y `Axes` facilita construir gráficos complejos de forma estructurada.

2.8.5.2 Gráficos interactivos

Matplotlib admite interacción básica (zoom, desplazamiento y selección) dependiendo del backend y del entorno (por ejemplo, Jupyter). Para necesidades altamente interactivas, existen bibliotecas complementarias, pero Matplotlib sigue siendo una opción robusta cuando se prioriza reproducibilidad y control fino del resultado.

2.8.6 Desafíos en la visualización de datos

2.8.6.1 Selección adecuada de gráficos

Elegir el tipo de gráfico apropiado es crucial para evitar interpretaciones erróneas. Un gráfico debe responder a la pregunta analítica planteada, respetar escalas y unidades, y evitar distorsiones (por ejemplo, ejes truncados sin justificación).

2.8.6.2 Manejo de datos complejos

La representación de datos multidimensionales o dinámicos exige estrategias específicas: proyecciones (PCA), cortes, animaciones o codificaciones visuales cuidadosas. El objetivo es preservar claridad sin perder información esencial.

2.8.7 Futuro de la visualización de datos en Python

2.8.7.1 Avances tecnológicos

El crecimiento de la visualización 3D, la interacción en la web y el soporte de hardware acelerado amplía las posibilidades de análisis y comunicación en Python. Estas tendencias complementan el rol de Matplotlib, especialmente cuando se combina con otros entornos de visualización.

Ejemplo: Gráfico de vectores usando plt.quiver.

In [27]:

```
# Ejercicio 27
import matplotlib.pyplot as plt
import numpy as np

```

```
# Definimos los puntos de inicio y los vectores
X = [0, 0, 0]
Y = [0, 0, 0]
U = [1, 3, 3]
V = [1, -1, 2]

# Creamos el gráfico de vectores
plt.quiver(X, Y, U, V, angles='xy', scale_units='xy', scale=1)

# Configuramos los límites del gráfico
plt.xlim(-1, 4)
plt.ylim(-2, 3)
plt.xlabel('X')
plt.ylabel('Y')
plt.title('Gráfico de Vectores')
plt.grid()
plt.show()
```

Out [27]:

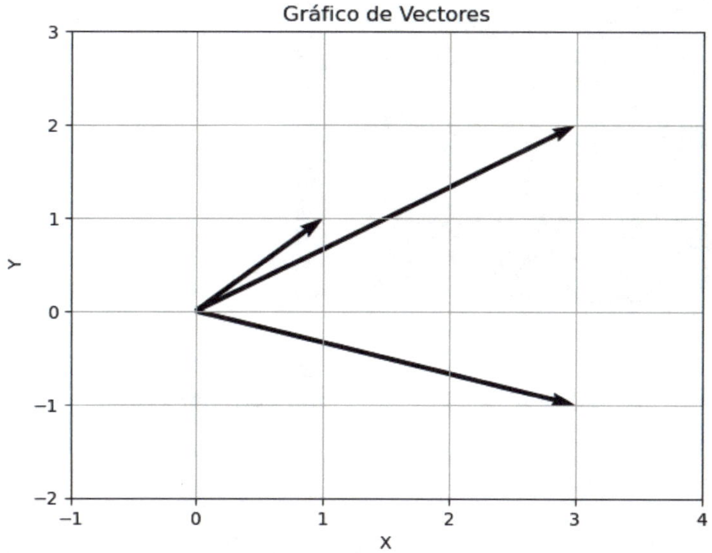

Ejemplo: Mapa de calor de una matriz usando plt.imshow.

In [28]:

```
# Ejercicio 28
import matplotlib.pyplot as plt
import numpy as np

# Definimos una matriz 5x5 con valores aleatorios
matrix = np.random.rand(5, 5)

# Creamos el mapa de calor
```

```
plt.imshow(matrix, cmap='viridis', interpolation='nearest')

# Añadimos una barra de color
plt.colorbar()

# Configuramos el gráfico
plt.title('Mapa de Calor de una Matriz')
plt.show()
```

Out [28]:

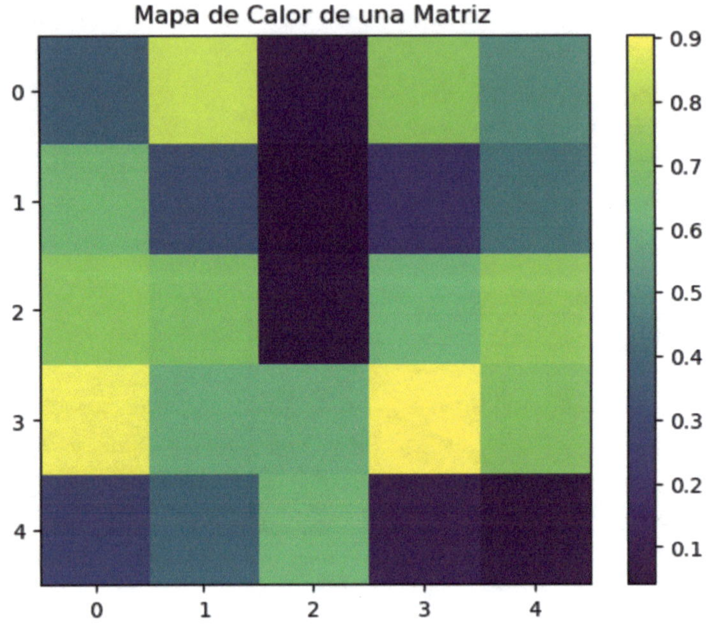

Ejemplo: Visualización de la solución de un sistema de ecuaciones lineales.

In [29]:

```
# Ejercicio 29
import matplotlib.pyplot as plt
import numpy as np

# Definimos dos líneas de ecuaciones
x = np.linspace(-10, 10, 200)
y1 = 4 - x
y2 = 2 * x - 1

# Creamos el gráfico de las dos líneas
plt.plot(x, y1, label='x + y = 4')
plt.plot(x, y2, label='2x - y = 1')

# Encontramos el punto de intersección
A = np.array([[1, 1], [2, -1]])
```

```
b = np.array([4, 1])
solution = np.linalg.solve(A, b)

# Añadimos el punto de intersección al gráfico
plt.plot(solution[0], solution[1], 'ro', label='Solución')

# Configuramos el gráfico
plt.xlabel('X')
plt.ylabel('Y')
plt.title('Solución de un Sistema de Ecuaciones Lineales')
plt.legend()
plt.grid()
plt.show()

# Imprimimos la solución encontrada
print("La solución del sistema de ecuaciones es:", solution)
```

Out [29]:

```
La solucion del sistema de ecuaciones es: [1.66666667
    2.33333333]
```

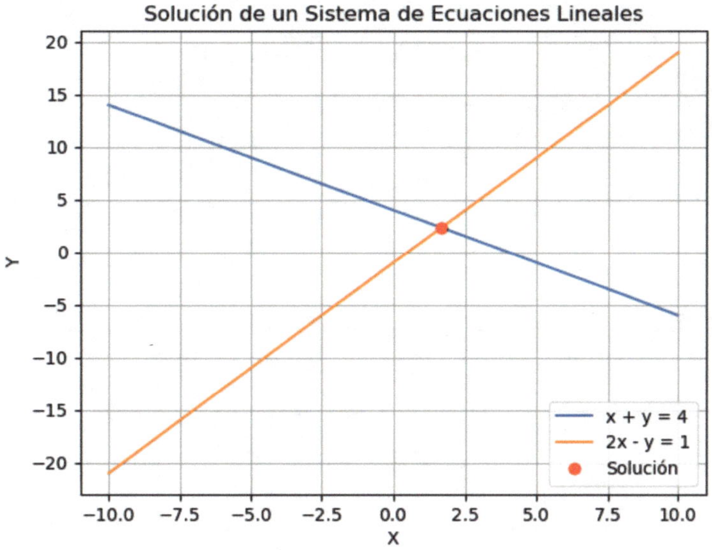

Ejemplo: Visualización de una Transformación Lineal 2D.

In [30]:

```
# Ejercicio 30
import matplotlib.pyplot as plt
import numpy as np

```

```python
# Definimos los puntos de una cuadrícula
x = np.linspace(-1, 2, 10)
y = np.linspace(-1, 2, 10)
X, Y = np.meshgrid(x, y)
points = np.vstack([X.ravel(), Y.ravel()])

# Definimos una matriz de transformación (rotación + escalado)
theta = np.pi / 4 # 45 grados
scale = 1.5
transformation_matrix = scale * np.array([[np.cos(theta), -np.sin(theta)],
                                          [np.sin(theta), np.cos(theta)]])
transformed_points = transformation_matrix @ points

# Creamos el gráfico antes y después de la transformación
plt.figure(figsize=(12, 6))
plt.subplot(1, 2, 1)
plt.quiver(points[0, :], points[1, :], angles='xy', scale_units='xy', scale=1)
plt.xlim(-2, 2)
plt.ylim(-2, 2)
plt.title('Puntos Originales')
plt.grid()
plt.subplot(1, 2, 2)
plt.quiver(transformed_points[0, :], transformed_points[1, :], angles='xy', scale_units='xy', scale=1, color='r')
plt.xlim(-2, 2)
plt.ylim(-2, 2)
plt.title('Puntos Transformados')
plt.grid()
plt.show()
```

Out [30]:

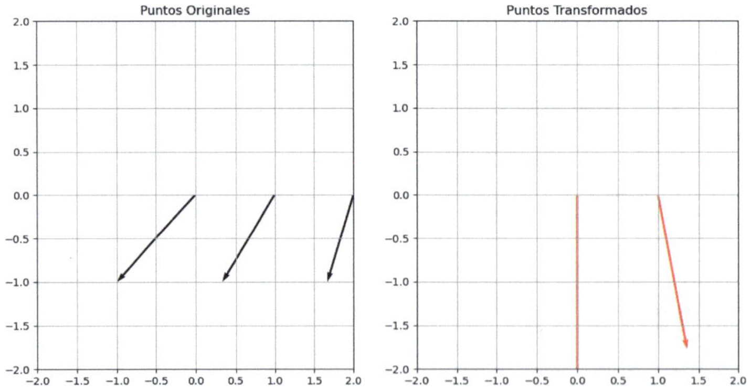

2.8.7.2 Integración con aprendizaje automático y Big Data

La visualización seguirá siendo clave para interpretar modelos de aprendizaje automático y grandes volúmenes de datos, especialmente en tareas como explicación de modelos, monitoreo, detección de sesgos y diagnóstico de rendimiento. En contextos como IoT e inteligencia artificial, la comunicación visual de resultados será cada vez más relevante.

La visualización de datos y resultados es un componente esencial en la investigación científica, el desarrollo tecnológico y la toma de decisiones informadas. Matplotlib, junto con NumPy y SciPy, proporciona un entorno robusto y flexible para crear visualizaciones que potencian la interpretación y la comunicación de información compleja. La articulación entre teoría matemática y práctica computacional permite ilustrar conceptos abstractos mediante ejemplos concretos, fortaleciendo competencias analíticas y técnicas necesarias para abordar problemas en ciencia, ingeniería, economía y ciencia de datos.

En los capítulos siguientes se profundizará en aspectos teóricos y se ampliarán aplicaciones computacionales, promoviendo el aprendizaje autónomo y el dominio de herramientas matemáticas y tecnológicas de vanguardia.

2.9 Resumen

En resumen, se tienen los siguientes puntos relevantes del capítulo:

2.1. Introducción a Python y bibliotecas relevantes

Introduce Python como herramienta fundamental para comprender y aplicar conceptos de álgebra lineal mediante la experimentación computacional. Se explica que Python es un lenguaje interpretado, de alto nivel y multiparadigma, con una sintaxis enfocada en la legibilidad y un ecosistema de bibliotecas que lo hace especialmente útil en ciencia de datos y cálculo numérico. El objetivo general del capítulo es preparar al lector para utilizar Python como apoyo práctico en temas posteriores de álgebra lineal, conectando la teoría matemática con su implementación computacional.

En la primera sección se presentan las características principales de Python: la legibilidad del código, la ejecución interpretada (útil para el prototipado rápido), el soporte multiparadigma, una amplia biblioteca estándar y una comunidad activa que contribuye continuamente con documentación y recursos. Se enfatiza que estas cualidades explican por qué Python se ha convertido en una herramienta central en el análisis numérico y en el trabajo con estructuras matemáticas como vectores y matrices.

Posteriormente, se describen bibliotecas clave para el álgebra lineal. **NumPy** se introduce como la base para el trabajo con arreglos y matrices multidimensionales (`ndarray`), destacando su eficiencia computacional y su integración con otras herramientas científicas. Se menciona que NumPy proporciona operaciones vectorizadas y altamente optimizadas, lo que permite ejecutar cálculos matriciales con un rendimiento elevado. Se incluye un ejemplo práctico para ilustrar su uso.

A continuación, se presenta **SciPy**, construida sobre NumPy, como una biblioteca orientada a métodos numéricos más avanzados. Se señalan módulos especializados para optimización, integración, procesamiento de señales y, especialmente, álgebra lineal, como descomposiciones matriciales y rutinas numéricas. También se adjunta un ejemplo para ilustrar su aplicación práctica.

Seguidamente, se introduce **Matplotlib** como herramienta central para la visualización de datos, fundamental para interpretar resultados en álgebra lineal, tales como la representación de vectores, planos, transformaciones lineales y gráficos en dos y tres dimensiones. Se explica su flexibilidad y su integración con NumPy y SciPy, acompañada de un ejemplo visual.

2.2. Manipulación de vectores y matrices con NumPy

Se desarrolla el uso de arreglos para el álgebra lineal. Se explica qué son los arrays homogéneos y por qué esta característica favorece la eficiencia computacional. Se detalla la creación de arrays a partir de listas, mediante funciones como `zeros`, `ones` y `full`, la generación de rangos con `arange` y `linspace`, y la generación de valores aleatorios. Posteriormente, se describe la manipulación de arrays mediante indexación, *slicing*, asignación, `reshape`, concatenación y división, mostrando cómo estas operaciones permiten trabajar con datos matriciales de forma natural. Asimismo, se incluyen operaciones básicas: aritméticas (suma, resta, multiplicación y división elemento a elemento, así como operaciones con escalares), lógicas (comparaciones y operaciones booleanas) y funciones universales (*ufuncs*) como las trigonométricas, exponenciales y estadísticas.

Más adelante, se presenta el submódulo `numpy.linalg` como el núcleo de la aplicación del álgebra lineal en Python. Se describen operaciones fundamentales como el producto matricial (`dot` o el operador `@`), la transpuesta (`T`), la inversa (`inv`) y el determinante (`det`). También se enumeran descomposiciones relevantes como la descomposición en valores singulares (SVD), la descomposición de Cholesky y la descomposición LU (vía SciPy), así como la solución de sistemas lineales (`solve`) y el cálculo de autovalores y autovectores (`eig`, `eigh`). Se contextualiza su utilidad en análisis de datos, procesamiento de imágenes, simulación y modelado, y aprendizaje automático. Además, se discuten sus ventajas —eficiencia, simplicidad, compatibilidad y soporte comunitario— y sus limitaciones —consumo de memoria, enfoque numérico y homogeneidad de tipos—, acompañadas de ejemplos ilustrativos.

2.3. Resolución de sistemas de ecuaciones lineales en Python

Se formaliza el sistema de ecuaciones en su forma matricial

$$Ax = b,$$

Donde se definen la matriz de coeficientes, el vector de incógnitas y el vector de términos independientes. Se explica el uso de la función `numpy.linalg.solve` y se analizan consideraciones importantes como la singularidad de la matriz (determinante distinto de cero) y la compatibilidad de dimensiones. Se introducen métodos numéricos clásicos, como la eliminación gaussiana y el método de Gauss–Jordan, así como métodos iterativos como Jacobi, Gauss–Seidel y el gradiente conjugado, indicando en qué situaciones resultan más adecuados, por ejemplo, en sistemas grandes o dispersos. Se presentan aplicaciones en ingeniería y física, economía y finanzas, ciencia de datos y optimización, comparando ventajas y limitaciones entre métodos directos e iterativos, junto con ejemplos de implementación.

2.4. Cálculo de determinante y matrices inversas en Python

Se define el determinante y se muestra el caso de matrices 2×2. Se explica su cálculo mediante `numpy.linalg.det` y se listan propiedades clásicas como la invertibilidad, la multiplicatividad, la invariancia ante la transposición, el cambio de signo al permutar filas o columnas y el escalado por un factor. Posteriormente, se aborda el cálculo de la matriz inversa usando `numpy.linalg.inv`, su relación con la matriz identidad y propiedades como la unicidad, la inversa del producto, la relación con la transpuesta y el determinante de la inversa. Se describen aplicaciones de determinantes e inversas en la regla de Cramer, jacobianos, cálculo de áreas y volúmenes, análisis de redes, cadenas de Markov y transformaciones lineales. Asimismo, se discuten aspectos computacionales como la complejidad

$$O(n^3)$$

Y la estabilidad numérica, acompañados de ejemplos prácticos.

2.5. Descomposición de matrices en Python

Se explican las descomposiciones LU, QR y SVD, incluyendo su definición teórica, el proceso general, la implementación computacional (LU con SciPy, QR y SVD con NumPy) y sus aplicaciones, tales como la resolución de sistemas, el cálculo de determinantes y autovalores, la compresión de información y la reducción de dimensionalidad. Se comparan ventajas y desventajas en términos de estabilidad numérica y costo computacional, y se incluyen ejemplos ilustrativos.

2.6. Autovalores y autovectores en Python

Se presenta la ecuación:

$$Av = \lambda v,$$

Así como el polinomio característico:

$$\det(A - \lambda I) = 0.$$

Se explica el cálculo mediante `numpy.linalg.eig` y su interpretación en términos de direcciones principales y escalamiento. Se mencionan aplicaciones en el análisis de estabilidad de sistemas, el análisis de componentes principales (PCA), la resolución de ecuaciones diferenciales, las transformaciones lineales y casos avanzados como vibraciones mecánicas, el algoritmo PageRank, el análisis de redes sociales y la teoría de control. Se discuten desafíos como la estabilidad numérica, la complejidad computacional

$$O(n^3),$$

Y la sensibilidad a perturbaciones, incluyendo ejemplos y verificaciones.

2.7. Espacios vectoriales y transformaciones lineales en Python

Se recuerdan los axiomas fundamentales de los espacios vectoriales y se presentan ejemplos clásicos como $\mathbb{R}^n$, espacios de polinomios y espacios de matrices. Se define el concepto de transformación lineal y su matriz asociada respecto a una base, destacando aplicaciones como rotaciones y reflexiones geométricas, compresión de datos mediante PCA y el modelado de sistemas dinámicos. Se añaden ejemplos prácticos que ilustran estos conceptos.

2.8. Visualización de datos y resultados

Se resalta la importancia de **Matplotlib** para comunicar e interpretar resultados matemáticos y de diagramas. Se describen gráficos de vectores mediante `quiver`, mapas de calor con `imshow`, la visualización de soluciones geométricas de sistemas de ecuaciones y de transformaciones lineales. Se menciona la personalización avanzada y el potencial de interactividad, junto con desafíos como la correcta selección del tipo de gráfico y el manejo de datos complejos, así como tendencias futuras integradas con *machine learning* y *Big Data*. Se concluye señalando que el capítulo sienta las bases necesarias para aplicar Python en conceptos posteriores de álgebra lineal mediante ejemplos computacionales y visualizaciones.

2.10 Problemas y sus Soluciones

Se tienen los siguientes problemas y soluciones:

1. ¿Cuál es la principal característica del objeto ndarray en NumPy?

A) Es una matriz de dimensión infinita.
B) Es una estructura de datos central de NumPy.
C) No permite operaciones matemáticas.
D) Sólo funciona con números enteros.
E) Es un objeto exclusivo para álgebra lineal.
F) No permite manipulaciones avanzadas.

2. ¿Qué función de NumPy se utiliza para crear un array a partir de una lista de Python?

A) numpy.zeros()
B) numpy.ones()
C) numpy.array()
D) numpy.full()
E) numpy.arange()
F) numpy.random()

3. ¿Cuál de las siguientes operaciones aritméticas se realiza utilizando el operador "*" en NumPy?

A) Suma.
B) Resta.
C) División.
D) Multiplicación elemento por elemento.
E) Producto matricial.
F) Potenciación.

4. ¿Qué función de NumPy se usa para calcular la media de los elementos de un array?

A) numpy.sum()
B) numpy.mean()
C) numpy.median()
D) numpy.std()
E) numpy.var()
F) numpy.prod()

5. ¿Qué método de SciPy se usa para minimizar una función?

A) scipy.integrate()
B) scipy.linalg()
C) scipy.optimize.minimize()
D) scipy.fft()
E) scipy.signal()
F) scipy.stats()

6. ¿Qué biblioteca en Python se usa principalmente para crear gráficos y visualizaciones de datos?

A) NumPy.
B) SciPy.
C) Matplotlib.
D) Pandas.
E) TensorFlow.
F) Scikit-learn.

7. ¿Cuál es la función de NumPy para crear un array con valores aleatorios?

A) numpy.zeros()
B) numpy.ones()
C) numpy.array()
D) numpy.random.rand()
E) numpy.linspace()
F) numpy.full()

8. ¿Cuál es la función de NumPy para realizar el producto matricial?

A) numpy.dot()
B) numpy.add()
C) numpy.multiply()
D) numpy.divide()
E) numpy.subtract()
F) numpy.exp()

9. ¿Cuál es la función de NumPy para resolver sistemas de ecuaciones lineales?

A) numpy.linalg.inv()
B) numpy.linalg.det()
C) numpy.linalg.solve()

D) numpy.linalg.eig()
E) numpy.linalg.svd()
F) numpy.linalg.cholesky()

10. ¿Qué función de NumPy se utiliza para cambiar la forma de un array sin cambiar sus datos?

A) numpy.resize()
B) numpy.flatten()
C) numpy.reshape()
D) `numpy.expand_dims()`
E) numpy.squeeze()
F) numpy.transpose()

2.11 Problemas

Se tienen los siguientes problemas:

1. ¿Cuál es la función de NumPy para calcular la transpuesta de una matriz?

A) numpy.transpose()
B) numpy.inverse()
C) numpy.linalg.det()
D) numpy.linalg.eig()
E) numpy.flip()
F) numpy.sum()

2. ¿Qué método de NumPy se utiliza para calcular la inversa de una matriz?

A) numpy.linalg.inv()
B) numpy.linalg.det()
C) numpy.linalg.solve()
D) numpy.linalg.eig()
E) numpy.linalg.svd()
F) numpy.linalg.cholesky()

3. ¿Cuál es la función de NumPy para crear un array de valores equiespaciados en un intervalo dado?

A) numpy.arange()
B) numpy.linspace()
C) numpy.zeros()
D) numpy.ones()
E) numpy.random()
F) numpy.full()

4. ¿Qué operación se realiza con la función numpy.dot()?

A) Suma de arrays.
B) Resta de arrays.
C) Multiplicación matricial.
D) División de arrays.
E) Comparación de arrays.
F) Concatenación de arrays.

5. ¿Cuál es el módulo de SciPy utilizado para la integración y resolución de ecuaciones diferenciales?

A) scipy.optimize
B) scipy.linalg
C) scipy.integrate
D) scipy.fft
E) scipy.signal
F) scipy.stats

6. ¿Qué función de NumPy se utiliza para calcular la media de un array?

A) numpy.mean()
B) numpy.median()
C) numpy.sum()
D) numpy.var()
E) numpy.std()
F) numpy.prod()

7. ¿Cuál de las siguientes opciones describe una característica de la función numpy.linalg.solve()?

A) Obtiene el determinante de una matriz.
B) Obtiene la transpuesta de una matriz.
C) Resuelve sistemas de ecuaciones lineales.
D) Obtiene los autovalores de una matriz.
E) Calcula la inversa de una matriz.
F) Calcula la descomposición en valores singulares.

8. ¿Qué función de NumPy se usa para concatenar varios arrays en uno solo?

A) numpy.concatenate()
B) numpy.vstack()
C) numpy.hstack()
D) numpy.split()
E) numpy.append()
F) numpy.insert()

9. ¿Cuál es la función de NumPy para crear un array de ceros?

A) numpy.ones()
B) numpy.zeros()

C) numpy.empty()
D) numpy.full()
E) numpy.random()
F) numpy.arange()

10. ¿Qué biblioteca de Python es utilizada para la optimización de funciones y la solución de problemas de álgebra lineal, entre otros?

A) NumPy.
B) SciPy.
C) Matplotlib.
D) Pandas.
E) TensorFlow.
F) Scikit-learn.

Capítulo 3 Vectores

Objetivos

- Analizar el concepto de vector como entidad matemática que describe magnitudes dotadas de dirección y sentido, diferenciándolo rigurosamente de los escalares.
- Examinar la notación, representación geométrica y componentes de los vectores en el plano y en el espacio tridimensional.
- Aplicar operaciones elementales con vectores, tales como suma, resta y multiplicación por un escalar, verificando sus propiedades algebraicas.
- Calcular y analizar la magnitud, dirección, sentido y normalización de vectores, enfatizando su interpretación geométrica y física.
- Estudiar el producto punto (producto escalar) como herramienta para medir proyecciones, ángulos y ortogonalidad entre vectores, así como su significado geométrico.
- Analizar el producto cruz (producto vectorial) en el espacio tridimensional, interpretando su magnitud como área y su dirección mediante la regla de la mano derecha.
- Representar y manipular vectores en el plano y en el espacio, articulando su formulación algebraica con su interpretación geométrica.
- Comprender los conceptos de base, dimensión, independencia lineal y dependencia lineal en espacios vectoriales finitos.
- Analizar sistemas de coordenadas, cambio de base y transformación de coordenadas como herramientas para representar vectores en distintos sistemas de referencia.
- Aplicar los conceptos vectoriales en contextos reales de física, ingeniería, informática, economía y ciencia de datos, empleando Python como recurso computacional y visual.

3.1 Definición y conceptos básicos de los vectores

Los vectores constituyen entidades matemáticas empleadas para modelar magnitudes físicas y abstractas en disciplinas como matemáticas, física, ciencias de la computación y economía. En este apartado se examinan los conceptos fundamentales, la notación, la representación y la distinción esencial entre vectores y escalares.

Buena Práctica

¿Por qué estudiar vectores con Python? El estudio de vectores mediante Python permite visualizar y manipular vectores de manera precisa, practicar operaciones como suma, resta, norma, producto punto y producto cruz, y constatar propiedades geométricas como ángulos, proyecciones y ortogonalidad mediante cálculos automatizados. Además, facilita la modelización de problemas en física, ingeniería, gráficos 2D/3D, robótica y ciencia de datos, minimizando errores en operaciones repetitivas y fortaleciendo el razonamiento matemático al vincular la teoría con simulaciones computacionales.

3.1.1 Definición de un vector

En álgebra lineal, un vector puede entenderse (según el contexto) de dos maneras complementarias:

- **Interpretación geométrica:** un objeto con magnitud y dirección (por ejemplo, un desplazamiento en el plano o en el espacio).
- **Interpretación algebraica:** un elemento de un espacio vectorial V sobre un campo F (por ejemplo, $\mathbb{R}$ o $\mathbb{C}$), sobre el cual están definidas la suma de vectores y la multiplicación por escalares.

En el caso particular de $V = \mathbb{R}^n$, un vector v se representa como una n-tupla ordenada:

$$v = (v_1, v_2, \ldots, v_n),$$

Donde $v_i \in \mathbb{R}$ son sus componentes en la base canónica.

3.1.1.1 Características de los vectores

- **Magnitud (norma euclídea):** Para $v \in \mathbb{R}^n$, la norma euclídea se define como:

  $$\|v\| = \sqrt{v_1^2 + v_2^2 + \cdots + v_n^2}.$$

  Esta cantidad es un escalar no negativo que mide la longitud del vector en el espacio.
- **Dirección y sentido:** Si $v \neq 0$, la dirección de v viene dada por el vector unitario:

  $$\hat{v} = \frac{v}{\|v\|},$$

  El cual apunta en la misma dirección (y sentido) que v. Esta relación conecta de forma directa la interpretación geométrica con la algebraica.[1]

[1] Beezer, R. A. (2020). *A First Course in Linear Algebra* (3rd ed.). Congruent Press.

3.1.2 Notación y representación de vectores

3.1.2.1 Notación matemática

Los vectores suelen denotarse mediante letras minúsculas en negrita (por ejemplo, $\mathbf{v}$) o con una flecha (por ejemplo, $\vec{v}$). En este texto se usará indistintamente la notación v, $\vec{v}$ o $\mathbf{v}$, siempre que el contexto sea inequívoco.

3.1.2.2 Componentes de un vector

Un vector en $\mathbb{R}^n$ tiene n componentes, cada una correspondiente a una dimensión del espacio. Por ejemplo, un vector en $\mathbb{R}^3$ posee tres componentes asociadas a los ejes x, y y z.[3]

3.1.3 Diferencia entre vectores y escalares

3.1.3.1 Definición de escalares

A diferencia de los vectores, los escalares son cantidades numéricas sin dirección. Ejemplos de escalares incluyen números reales como 1, $2{,}5$ o -3.

3.1.3.2 Características distintivas

- **Magnitud vs. valor:** Los vectores poseen magnitud y dirección, mientras que los escalares solo tienen valor numérico. Ejemplos típicos de escalares son la temperatura, la masa o la energía. En cambio, magnitudes como fuerza, velocidad y aceleración suelen representarse mediante vectores.
- **Operaciones matemáticas:** La suma de vectores se realiza componente a componente (cuando pertenecen al mismo espacio), mientras que la suma de escalares es una adición directa de números.
- **Representación gráfica:** Los vectores pueden representarse como flechas; los escalares, como puntos sobre una recta numérica.

3.1.4 Aplicaciones de vectores en diversas disciplinas

En física, los vectores se emplean para describir fuerzas, velocidades, aceleraciones y otras magnitudes con dirección. Por ejemplo, el desplazamiento de un objeto se modela como un vector que indica tanto la distancia como la dirección desde un punto de referencia.

En ingeniería, los vectores son esenciales para representar fuerzas, momentos y cantidades orientadas. En diseño estructural, permiten analizar cargas y descomponer fuerzas en componentes para estudiar equilibrio y resistencia.

En ciencias de la computación, los vectores son indispensables para representar datos numéricos y ejecutar operaciones matemáticas sobre ellos. En aprendizaje automático, los vectores representan características (*features*) de datos y permiten medir similitud o distancia en espacios de alta dimensión.

En economía y finanzas, los vectores pueden modelar canastas de bienes, portafolios de inversión o flujos de efectivo discretizados en el tiempo. En teoría moderna de carteras, por ejemplo, un portafolio puede representarse como un vector de pesos asignados a activos.

Los vectores constituyen herramientas versátiles para representar y manipular magnitudes orientadas. Comprender sus conceptos básicos, notación y distinción respecto a los escalares es fundamental para su aplicación eficaz en diversas áreas del conocimiento.

En perspectiva, el uso de vectores continuará expandiéndose con el avance de la inteligencia artificial, la robótica, la computación de alto rendimiento y otras tecnologías que requieren representaciones eficientes de datos y modelos matemáticos. Dominar el lenguaje vectorial potencia la resolución de problemas técnicos y facilita la comunicación interdisciplinaria en la era digital.

Consideremos los siguientes ejemplos ilustrativos:[24]

Ejemplo: Representación de un vector en 2D.

In [1]:

```python
# Ejercicio 1
import matplotlib.pyplot as plt
import numpy as np

# Definir el vector
v = np.array([4, 3])

# Crear el gráfico
plt.figure()
plt.quiver(0, 0, v[0], v[1], angles='xy', scale_units='xy', scale=1,
    color='r')
plt.xlim(0, 5)
plt.ylim(0, 5)
plt.xlabel('X')
plt.ylabel('Y')
plt.title('Representación de un Vector en 2D')
plt.grid()
plt.show()
```

Out [1]:

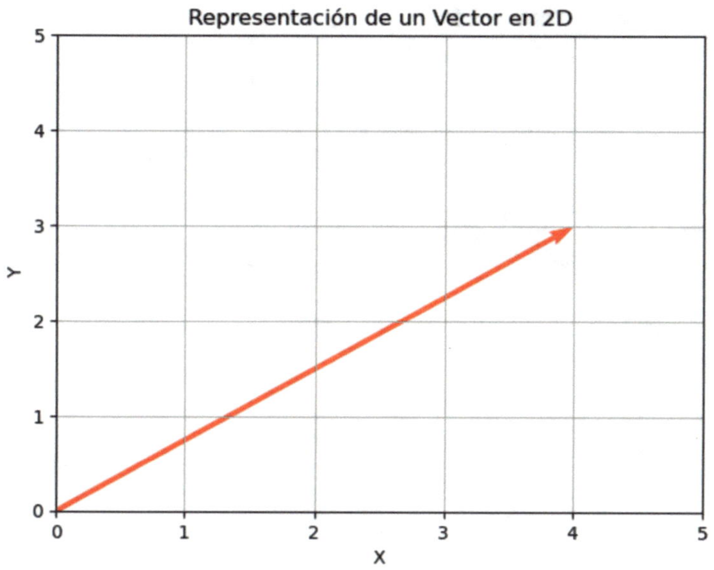

Ejemplo: Magnitud de un vector.

In [2]:

```
# Ejercicio 2
import matplotlib.pyplot as plt
import numpy as np

# Definir el vector
v = np.array([4, 4])

# Calcular la magnitud
magnitude = np.linalg.norm(v)

# Crear el gráfico
plt.figure()
plt.quiver(0, 0, v[0], v[1], angles='xy', scale_units='xy', scale=1,
    color='b')
plt.xlim(0, 5)
plt.ylim(0, 5)
plt.xlabel('X')
plt.ylabel('Y')
plt.title(f'Magnitud del Vector: {magnitude:.2f}')
plt.grid()
plt.show()
```

Out [2]:

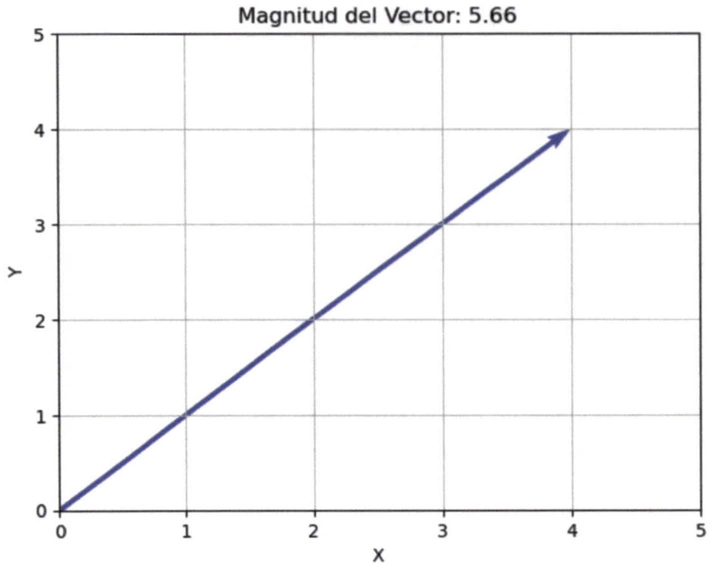

Ejemplo: Suma de vectores.

In [3]:

```
# Ejercicio 3
import matplotlib.pyplot as plt
import numpy as np

# Definir los vectores
v1 = np.array([1, 4])
v2 = np.array([2, 1])
v_sum = v1 + v2

# Crear el gráfico
plt.figure()
plt.quiver(0, 0, v1[0], v1[1], angles='xy', scale_units='xy', scale=1,
      color='g', label='v1')
plt.quiver(0, 0, v2[0], v2[1], angles='xy', scale_units='xy', scale=1,
      color='r', label='v2')
plt.quiver(0, 0, v_sum[0], v_sum[1], angles='xy', scale_units='xy',
     scale=1, color='b', label='v1 + v2')
plt.xlim(0, 6)
plt.ylim(0, 6)
plt.xlabel('X')
plt.ylabel('Y')
plt.title('Suma de Vectores')
plt.legend()
plt.grid()
plt.show()
```

Out [3]:

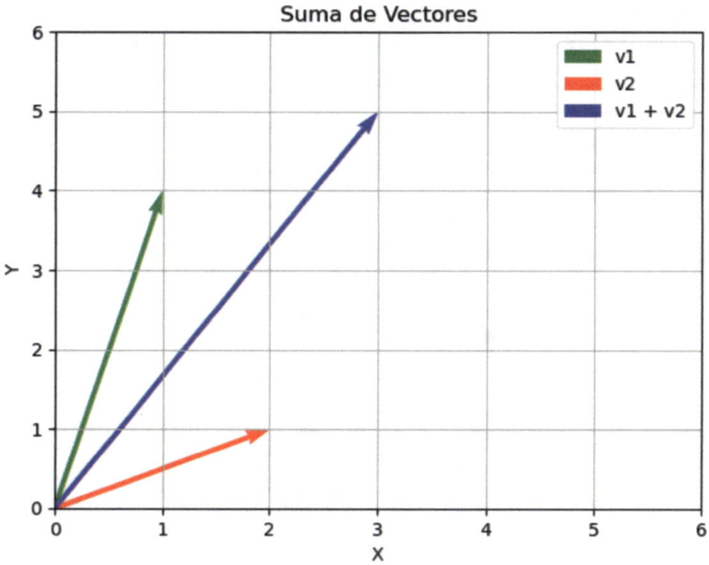

Ejemplo: Producto escalar de vectores.

In [4]:

```
# Ejercicio 4
import matplotlib.pyplot as plt
import numpy as np

# Definir los vectores
v1 = np.array([3, 2])
v2 = np.array([2, 3])

# Calcular el producto escalar
dot_product = np.dot(v1, v2)

# Crear el gráfico
plt.figure()
plt.quiver(0, 0, v1[0], v1[1], angles='xy', scale_units='xy', scale=1,
        color='g', label='v1')
plt.quiver(0, 0, v2[0], v2[1], angles='xy', scale_units='xy', scale=1,
        color='r', label='v2')
plt.xlim(0, 4)
plt.ylim(0, 4)
plt.xlabel('X')
plt.ylabel('Y')
plt.title(f'Producto Escalar de Vectores: {dot_product}')
plt.legend()
plt.grid()
plt.show()
```

Out [4]:

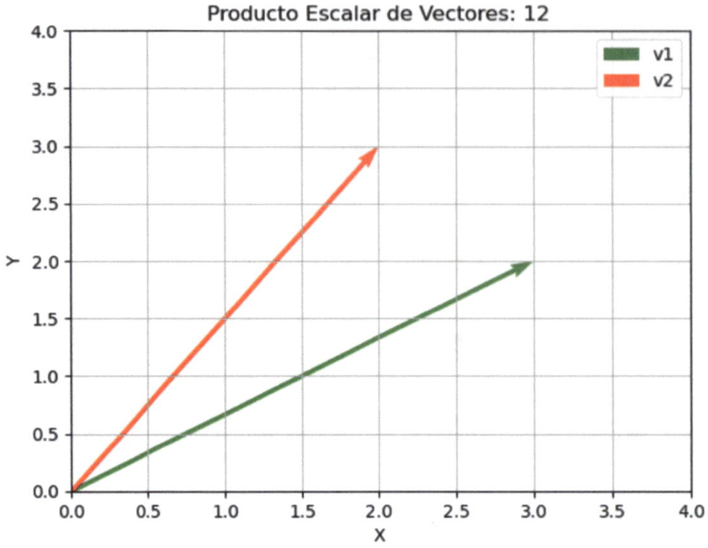

3.2 Operaciones con vectores

Las operaciones con vectores son fundamentales en matemáticas, física, ingeniería, informática y muchas otras disciplinas. Permiten manipular y combinar cantidades vectoriales de manera coherente y eficiente. En este apartado se exploran en detalle las operaciones básicas con vectores: suma y resta, multiplicación por un escalar, así como las propiedades fundamentales que rigen estas operaciones.[1]

3.2.1 Suma y resta de vectores

La suma y la resta de vectores son operaciones que permiten combinar vectores (del mismo espacio vectorial) para obtener un nuevo vector resultado.

3.2.1.1 Suma de vectores

La suma de dos vectores $u = (u_1, u_2, \ldots, u_n)$ y $v = (v_1, v_2, \ldots, v_n)$ en $\mathbb{R}^n$ se define componente a componente:

$$u + v = (u_1 + v_1, u_2 + v_2, \ldots, u_n + v_n).$$

Esto significa que la suma de dos vectores resulta en un nuevo vector cuyas componentes son la suma de las componentes correspondientes de los vectores originales.

3.2.1.2 Resta de vectores

La resta de dos vectores u y v se define como la suma del primer vector con el opuesto (inverso aditivo) del segundo:

$$u - v = u + (-v),$$

Donde:

$$-v = (-v_1, -v_2, \ldots, -v_n).$$

Por tanto,

$$u - v = (u_1 - v_1, u_2 - v_2, \ldots, u_n - v_n).$$

3.2.2 Multiplicación por un escalar

La multiplicación de un vector por un escalar es una operación que escala el vector por un factor dado.

Dado un vector $v = (v_1, v_2, \ldots, v_n)$ y un escalar $\alpha \in \mathbb{R}$ (o, más generalmente, $\alpha \in F$ si el espacio vectorial está definido sobre un campo F), se define:

$$\alpha v = (\alpha v_1, \alpha v_2, \ldots, \alpha v_n).$$

Si $\alpha > 0$, el vector resultante conserva la misma dirección y sentido que v y su magnitud se multiplica por α. Si $\alpha < 0$, conserva la misma dirección geométrica, pero invierte el sentido (además de escalar la magnitud por $|\alpha|$). Si $\alpha = 0$, el resultado es el vector cero.

3.2.3 Propiedades de las operaciones con vectores

Las operaciones con vectores satisfacen propiedades fundamentales que permiten operar con ellas de manera consistente. Estas propiedades se formulan en el marco de un espacio vectorial y son válidas, por ejemplo, en $\mathbb{R}^n$.[25]

3.2.3.1 Propiedades de la suma de vectores

- **Conmutatividad:** $u + v = v + u$.
- **Asociatividad:** $(u + v) + w = u + (v + w)$.
- **Elemento neutro:** Existe un vector 0 tal que $v + 0 = v$ para todo vector v.
- **Inverso aditivo:** Para cada vector v, existe $-v$ tal que $v + (-v) = 0$.

3.2.3.2 Propiedades de la multiplicación por un escalar

- **Distributividad respecto a la suma de vectores:** $\alpha(u + v) = \alpha u + \alpha v$.
- **Distributividad respecto a la suma de escalares:** $(\alpha + \beta)v = \alpha v + \beta v$.
- **Asociatividad con la multiplicación de escalares:** $\alpha(\beta v) = (\alpha\beta)v$.
- **Elemento neutro escalar:** $1 \cdot v = v$ para todo vector v.
- **Anulación:** $0 \cdot v = 0$ y $\alpha \cdot 0 = 0$.

3.2.4 Aplicaciones y significado en diversas disciplinas

En matemáticas y física, las operaciones con vectores se utilizan para modelar magnitudes como fuerzas, velocidades, aceleraciones y campos vectoriales. Por ejemplo, la fuerza neta sobre un cuerpo se obtiene sumando los vectores fuerza aplicados.[2]

En ingeniería y ciencias de la computación, las operaciones vectoriales son fundamentales para representar y manipular datos en espacios multidimensionales. Por ejemplo, en gráficos por computadora, la traslación y el escalado de objetos se expresan mediante operaciones vectoriales; en procesamiento de imágenes, los píxeles (o características) pueden representarse como vectores para aplicar transformaciones y filtros.

En economía y finanzas, las operaciones con vectores se aplican para modelar flujos de efectivo, portafolios de inversión y análisis de riesgos. Por ejemplo, un portafolio puede representarse como un vector de pesos, y la combinación de activos se describe como una combinación lineal de vectores asociados a rendimientos o exposiciones.

Las operaciones con vectores son esenciales para representar y manipular cantidades vectoriales en diversas disciplinas científicas y técnicas. Comprender la suma, la resta y la multiplicación por un escalar, junto con sus propiedades, permite aplicar eficazmente estos conceptos en la modelización y resolución de problemas.

En el futuro, se espera que las aplicaciones de vectores continúen expandiéndose con el avance de la inteligencia artificial, el análisis de datos y la computación cuántica, donde la representación y manipulación eficiente de datos en múltiples dimensiones son fundamentales para el progreso científico y tecnológico. Dominar las operaciones con vectores no solo mejora la capacidad de resolver problemas técnicos, sino que también facilita la innovación y la colaboración interdisciplinaria. Ahora se presentan algunos ejemplos relacionados con lo descrito.[18]

Ejercicio: Suma de vectores.

In [5]:

```
# Ejercicio 5
import matplotlib.pyplot as plt
import numpy as np

# Definir los vectores
u = np.array([1, 3])
v = np.array([4, 3])

```

[2]Hefferon, J. (2017). *Linear Algebra*. Orthogonal Publishing.

```
# Sumar los vectores
sum_vector = u + v

# Crear el gráfico
plt.figure()
plt.quiver(0, 0, u[0], u[1], angles='xy', scale_units='xy', scale=1,
    color='g', label='u')
plt.quiver(0, 0, v[0], v[1], angles='xy', scale_units='xy', scale=1,
    color='r', label='v')
plt.quiver(0, 0, sum_vector[0], sum_vector[1], angles='xy',
    scale_units='xy', scale=1, color='b', label='u + v')
plt.xlim(0, 7)
plt.ylim(0, 7)
plt.xlabel('X')
plt.ylabel('Y')
plt.title('Suma de Vectores')
plt.legend()
plt.grid()
plt.show()
```

Out [5]:

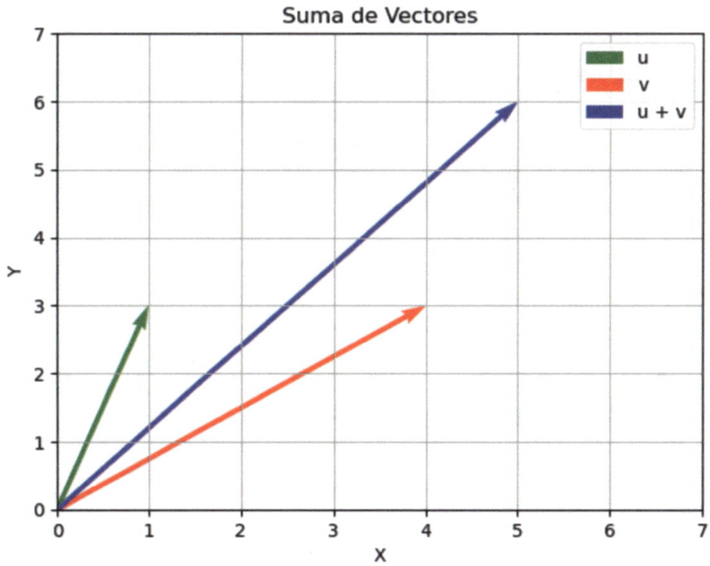

Ejercicio: Resta de vectores.

In [6]:

```
# Ejercicio 6
import matplotlib.pyplot as plt
import numpy as np

# Definir los vectores
u = np.array([3, 4])
```

```
v = np.array([2, 1])

# Restar los vectores
diff_vector = u - v

# Crear el gráfico
plt.figure()
plt.quiver(0, 0, u[0], u[1], angles='xy', scale_units='xy', scale=1,
    color='g', label='u')
plt.quiver(0, 0, v[0], v[1], angles='xy', scale_units='xy', scale=1,
    color='r', label='v')
plt.quiver(0, 0, diff_vector[0], diff_vector[1], angles='xy',
    scale_units='xy', scale=1, color='b', label='u - v')
plt.xlim(0, 5)
plt.ylim(0, 6)
plt.xlabel('X')
plt.ylabel('Y')
plt.title('Resta de Vectores')
plt.legend()
plt.grid()
plt.show()
```

Out [6]:

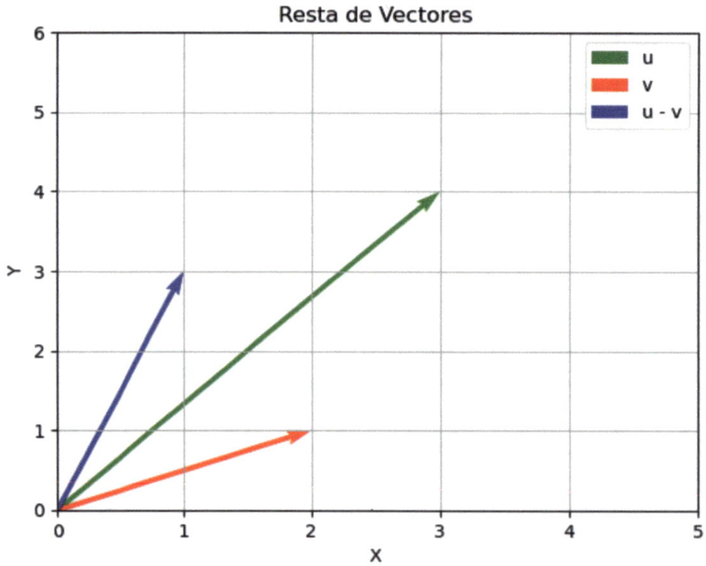

Ejercicio: Multiplicación por un escalar.

In [7]:

```
# Ejercicio 7
import matplotlib.pyplot as plt
import numpy as np

```

```
# Definir el vector y el escalar
v = np.array([2, 2])
alpha = 3

# Multiplicar el vector por el escalar
scaled_vector = alpha * v

# Crear el gráfico
plt.figure()
plt.quiver(0, 0, v[0], v[1], angles='xy', scale_units='xy', scale=1,
    color='g', label='v')
plt.quiver(0, 0, scaled_vector[0], scaled_vector[1], angles='xy',
    scale_units='xy', scale=1, color='b', label=r'$\alpha v$')
plt.xlim(0, 8)
plt.ylim(0, 8)
plt.xlabel('X')
plt.ylabel('Y')
plt.title(f'Multiplicación por un Escalar: alpha ={alpha}')
plt.legend()
plt.grid()
plt.show()
```

Out [7]:

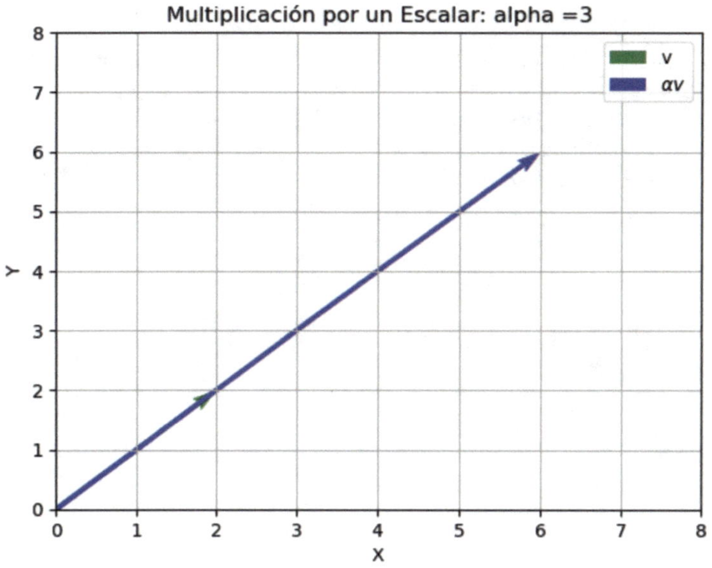

Ejercicio: Propiedades de la suma de vectores (conmutatividad y asociatividad).

In [8]:

```
# Ejercicio 8
import matplotlib.pyplot as plt
import numpy as np

```

```
# Definir los vectores
u = np.array([1, 2])
v = np.array([3, 1])
w = np.array([2, 2])

# Calcular las sumas según las propiedades
u_plus_v = u + v
v_plus_u = v + u
u_plus_v_plus_w = u + (v + w)
u_plus_v_plus_w_associative = (u + v) + w

# Crear el gráfico
plt.figure()

# Graficar u + v y v + u para conmutatividad
plt.quiver(0, 0, u[0], u[1], angles='xy', scale_units='xy', scale=1,
    color='g', label='u')
plt.quiver(0, 0, v[0], v[1], angles='xy', scale_units='xy', scale=1,
    color='r', label='v')
plt.quiver(0, 0, u_plus_v[0], u_plus_v[1], angles='xy', scale_units='
    xy', scale=1, color='b', label='u + v')
plt.quiver(0, 0, v_plus_u[0], v_plus_u[1], angles='xy', scale_units='
    xy', scale=1, color='purple', label='v + u')

# Graficar u + (v + w) y (u + v) + w para asociatividad
plt.quiver(0, 0, u_plus_v_plus_w[0], u_plus_v_plus_w[1], angles='xy',
    scale_units='xy', scale=1, color='orange', label='u + (v + w)')
plt.quiver(0, 0, u_plus_v_plus_w_associative[0],
    u_plus_v_plus_w_associative[1], angles='xy', scale_units='xy',
    scale=1, color='cyan', label='(u + v) + w')
plt.xlim(0, 8)
plt.ylim(0, 8)
plt.xlabel('X')
plt.ylabel('Y')
plt.title('Propiedades de la Suma de Vectores')
plt.legend()
plt.grid()
plt.show()
```

Out [8]:

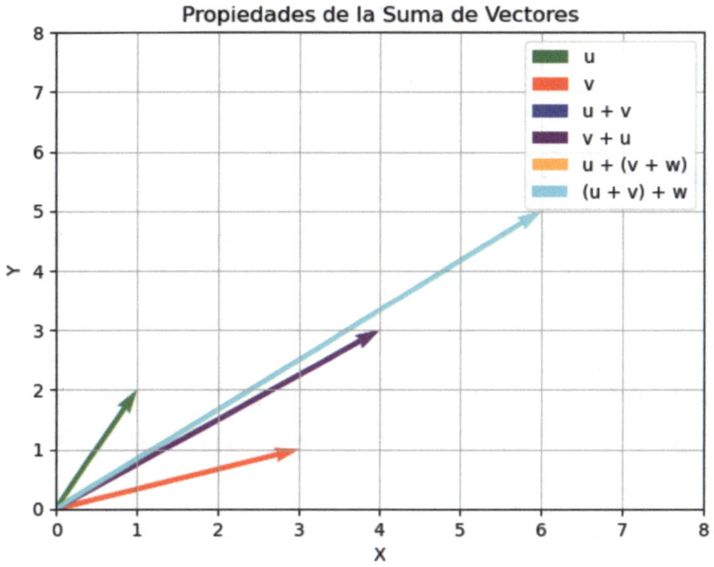

3.3 Magnitud y dirección

El análisis de vectores requiere comprender dos atributos esenciales: la **magnitud** y la **dirección**. Estos conceptos permiten caracterizar cuantitativa y cualitativamente los vectores en contextos matemáticos, físicos, computacionales y económicos. En este apartado se examina el cálculo de la magnitud (norma), la definición y obtención de vectores unitarios mediante normalización, así como la interpretación rigurosa de la dirección y el sentido de un vector.

3.3.1 Cálculo de la magnitud (norma) de un vector

La magnitud (o norma euclidiana) de un vector $v = (v_1, v_2, \ldots, v_n)$ en $\mathbb{R}^n$ se define como:

$$\|v\| = \sqrt{v_1^2 + v_2^2 + \cdots + v_n^2}.$$

Esta expresión se fundamenta en el teorema de Pitágoras y representa la longitud del vector en el espacio euclidiano. La magnitud es siempre un escalar no negativo y coincide con la distancia entre el origen y el punto extremo del vector. Además, se cumple que $\|v\| = 0$ si y solo si $v = 0$.

3.3.2 Vectores unitarios y normalización

3.3.2.1 Definición de vector unitario

Un vector unitario, es uno con magnitud igual a uno. Los vectores unitarios se utilizan para describir únicamente la dirección y el sentido, sin información sobre la magnitud. Dado un vector no nulo v, el vector unitario asociado, denotado por $\hat{v}$, se define como:

$$\hat{v} = \frac{v}{\|v\|}.$$

3.3.2.2 Normalización de un vector

El proceso de normalización consiste en transformar un vector no nulo en un vector unitario que conserva su dirección y sentido. Si $v \neq 0$, su versión normalizada es:

$$v_{\text{norm}} = \frac{v}{\|v\|}.$$

Este procedimiento es fundamental en aplicaciones de física, gráficos por computadora, aprendizaje automático y análisis numérico, donde interesa separar la dirección de la magnitud.

3.3.3 Dirección y sentido de un vector

3.3.3.1 Dirección

La dirección de un vector describe la orientación de la recta sobre la cual se apoya el vector. En dos dimensiones, la dirección puede expresarse mediante el ángulo θ que forma el vector con el eje x. Si $v = (v_1, v_2)$ y $v_1 \neq 0$, dicho ángulo se obtiene como:

$$\theta = \arctan\left(\frac{v_2}{v_1}\right).$$

En la práctica computacional se emplea con mayor seguridad la función $\operatorname{atan2}(v_2, v_1)$, ya que distingue correctamente el cuadrante del vector.

En tres dimensiones, la dirección de un vector se describe mediante ángulos respecto a los ejes coordenados (cosenos directores) o mediante ángulos azimutales y de elevación, según el sistema de referencia utilizado.

3.3.3.2 Sentido

El sentido de un vector indica la orientación a lo largo de su dirección geométrica, es decir, hacia dónde apunta el vector sobre la recta que define su dirección. Dos vectores con la misma dirección pueden tener sentidos opuestos si uno es un múltiplo negativo del otro.

3.3.4 Aplicaciones y significado en diversas disciplinas

La magnitud y la dirección de los vectores son fundamentales en múltiples áreas. En física, describen fuerzas, velocidades y aceleraciones; en ingeniería, intervienen en el análisis estructural, la mecánica y las simulaciones; en ciencias de la computación, se utilizan en gráficos por computadora, visión artificial y algoritmos de optimización; y en economía, permiten modelar flujos, tendencias y dinámicas multidimensionales.

La normalización y el uso de vectores unitarios facilitan la comparación de direcciones, la proyección de datos y la interpretación geométrica de información en espacios de alta dimensión. El dominio de estos conceptos potencia la capacidad de modelar, analizar y resolver problemas complejos, especialmente en contextos modernos como la ciencia de datos y la inteligencia artificial.

Se presentan ejemplos ilustrativos implementados en Python:

Ejemplo: Cálculo de la magnitud de un vector.

In [9]:

```python
# Ejercicio 9
import numpy as np

# Definir el vector
v = np.array([3, 3])

# Calcular la magnitud del vector
magnitude = np.linalg.norm(v)
print(f"La magnitud del vector {v} es {magnitude}")
```

Out [9]:

```
La magnitud del vector [3 3] es 4.242640687119285
```

Ejemplo: Normalización de un vector.

In [10]:

```python
# Ejercicio 10
import numpy as np
import matplotlib.pyplot as plt

# Definir el vector
v = np.array([2, 2.5])

# Calcular la magnitud del vector
magnitude = np.linalg.norm(v)

# Normalizar el vector
v_unit = v / magnitude
print(f"El vector unitario de {v} es {v_unit}")

# Graficar el vector original y el vector unitario
```

```
plt.figure()
plt.quiver(0, 0, v[0], v[1], angles='xy', scale_units='xy', scale=1,
    color='r', label='v')
plt.quiver(0, 0, v_unit[0], v_unit[1], angles='xy', scale_units='xy',
    scale=1, color='b', label='v unitario')
plt.xlim(0, 4)
plt.ylim(0, 4)
plt.xlabel('X')
plt.ylabel('Y')
plt.title('Normalización de un Vector')
plt.legend()
plt.grid()
plt.show()
```

Out [10]:

```
El vector unitario de [2. 2.5] es [0.62469505 0.78086881]
```

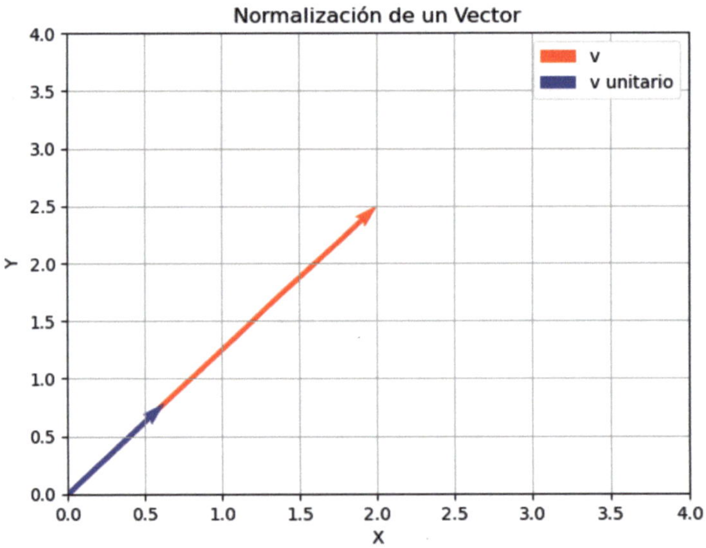

Ejemplo: Dirección de un vector en 2D.

In [11]:

```
# Ejercicio 11
import numpy as np
import matplotlib.pyplot as plt

# Definir el vector
v = np.array([3, 3])

# Calcular la dirección del vector (ángulo con respecto al eje x)
```

```
theta = np.arctan2(v[1], v[0]) # en radianes
theta_deg = np.degrees(theta) # convertir a grados
print(f"La dirección del vector {v} es {theta_deg:.2f} grados")

# Graficar el vector y el ángulo
plt.figure()
plt.quiver(0, 0, v[0], v[1], angles='xy', scale_units='xy', scale=1,
    color='r', label='v')
plt.text(v[0]/2, v[1]/2, f'{theta_deg:.2f} grados', fontsize=12, color
    ='r')
plt.xlim(0, 4)
plt.ylim(0, 4)
plt.xlabel('X')
plt.ylabel('Y')
plt.title('Dirección de un Vector')
plt.legend()
plt.grid()
plt.show()
```

Out [11]:

```
La direccion del vector [3 3] es 45.00 grados
```

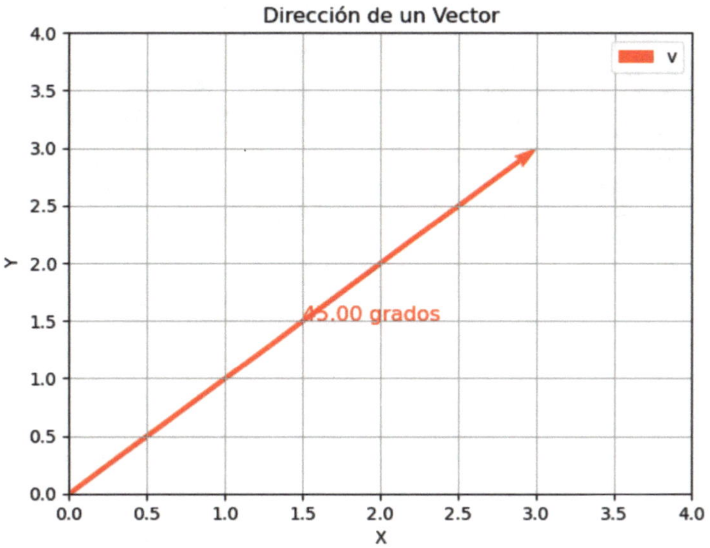

Ejemplo: Dirección y sentido de un vector en 3D.

In [12]:

```
# Ejercicio 12
import numpy as np
import matplotlib.pyplot as plt
```

```
from mpl_toolkits.mplot3d import Axes3D

# Definir el vector
v = np.array([2, 3, 4])

# Calcular la magnitud del vector
magnitude = np.linalg.norm(v)

# Calcular los ángulos de dirección en 3D
theta_x = np.arccos(v[0] / magnitude)
theta_y = np.arccos(v[1] / magnitude)
theta_z = np.arccos(v[2] / magnitude)
theta_x_deg = np.degrees(theta_x)
theta_y_deg = np.degrees(theta_y)
theta_z_deg = np.degrees(theta_z)
print(f"Los ángulos de dirección del vector {v} son: \n_theta_x: {
    theta_x_deg:.2f} grados \n_theta_y: {theta_y_deg:.2f} grados \
    n_theta_z: {theta_z_deg:.2f} grados")

# Graficar el vector en 3D
fig = plt.figure()
ax = fig.add_subplot(111, projection='3d')
ax.quiver(0, 0, 0, v[0], v[1], v[2], color='r', label='v')
ax.set_xlim([0, 5])
ax.set_ylim([0, 5])
ax.set_zlim([0, 5])
ax.set_xlabel('X')
ax.set_ylabel('Y')
ax.set_zlabel('Z')
ax.set_title('Sentido y Dirección de un Vector en 3D')
plt.legend()
plt.show()
```

Out [12]:

```
Los angulos de direccion del vector [2 3 4] son:
_theta_x: 68.20 grados
_theta_y: 56.15 grados
_theta_z: 42.03 grados
```

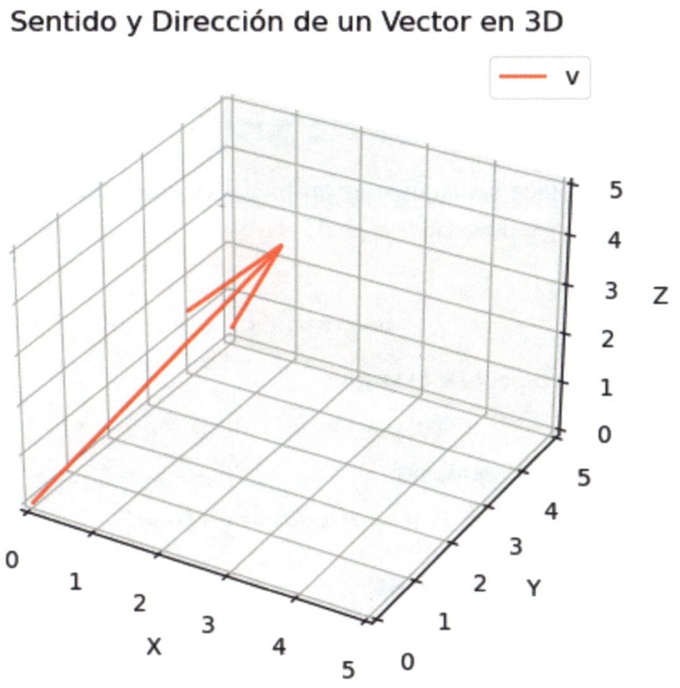

3.4 Producto punto (Producto escalar)

El producto punto, también llamado producto escalar, constituye una operación fundamental en álgebra lineal que permite combinar dos vectores para obtener un número real (escalar). Su importancia trasciende las matemáticas puras y se extiende a aplicaciones en física, geometría, ingeniería, ciencias de la computación, economía y ciencia de datos. En esta sección se presentan su definición formal, propiedades algebraicas y geométricas, así como su interpretación y aplicaciones multidisciplinarias.[9]

3.4.1 Definición y cálculo del producto punto

Dados dos vectores:

$$u = (u_1, u_2, \ldots, u_n) \quad \text{y} \quad v = (v_1, v_2, \ldots, v_n)$$

En $\mathbb{R}^n$, el producto punto de u y v se define como:

$$u \cdot v = u_1v_1 + u_2v_2 + \cdots + u_nv_n.$$

El resultado del producto punto es siempre un escalar real.

Ejemplo: Si:

$$u = (3, -1, 2), \qquad v = (2, 4, 5),$$

Entonces:

$$u \cdot v = 3 \cdot 2 + (-1) \cdot 4 + 2 \cdot 5 = 6 - 4 + 10 = 12.$$

3.4.2 Propiedades del producto punto

El producto punto satisface las siguientes propiedades algebraicas fundamentales para todo $u, v, w \in \mathbb{R}^n$ y todo escalar $\alpha \in \mathbb{R}$:

- **Conmutatividad:**
$$u \cdot v = v \cdot u.$$
- **Distributividad respecto a la suma:**
$$u \cdot (v + w) = u \cdot v + u \cdot w.$$
- **Compatibilidad con escalares:**
$$(\alpha u) \cdot v = \alpha(u \cdot v) = u \cdot (\alpha v).$$

3.4.2.1 Propiedades geométricas

Además de sus propiedades algebraicas, el producto punto posee una interpretación geométrica fundamental:

- **Relación con la magnitud y el ángulo:**
$$u \cdot v = \|u\| \, \|v\| \cos(\theta),$$
Donde θ es el ángulo entre los vectores u y v, con $0 \leq \theta \leq \pi$.
- **Ortogonalidad:**
$$u \cdot v = 0 \quad \Longleftrightarrow \quad u \perp v,$$
Siempre que ambos vectores sean no nulos.

3.4.2.2 Interpretación geométrica

El producto punto mide el grado de alineación entre dos vectores. En particular:

- Es **máximo** cuando los vectores son paralelos y apuntan en el mismo sentido.
- Es **negativo** cuando forman un ángulo obtuso.
- Es **nulo** cuando los vectores son perpendiculares.

Geométricamente, el producto punto puede interpretarse como la magnitud de la proyección de un vector sobre otro multiplicada por la magnitud del segundo vector.

3.4.2.3 Aplicaciones en diversas disciplinas

El producto punto tiene numerosas aplicaciones prácticas:

- **Física:** Se utiliza para calcular el trabajo realizado por una fuerza, definido como $W = \vec{F} \cdot \vec{d}$.

- **Geometría y gráficos computacionales:** Permite determinar ángulos, proyecciones y visibilidad en gráficos 2D y 3D.
- **Ingeniería y ciencias de la computación:** Es fundamental en simulaciones, robótica, aprendizaje automático y análisis de similitud (por ejemplo, similitud coseno).
- **Economía y finanzas:** Se emplea para modelar combinaciones lineales, rendimientos y relaciones entre variables económicas.

3.4.3 Desigualdades fundamentales asociadas al producto escalar

El producto escalar y la norma euclídea están relacionados mediante desigualdades fundamentales que permiten establecer límites geométricos y analizar la distancia y el ángulo entre vectores. Entre ellas destacan la desigualdad de Cauchy–Schwarz y la desigualdad triangular.

3.4.3.1 Desigualdad de Cauchy–Schwarz

Para cualesquiera vectores $u, v \in \mathbb{R}^n$, se cumple:

$$|u \cdot v| \leq \|u\| \, \|v\|.$$

La igualdad ocurre si y solo si u y v son linealmente dependientes, es decir, cuando uno es múltiplo escalar del otro.

Este resultado garantiza que, para vectores no nulos,

$$-1 \leq \frac{u \cdot v}{\|u\| \, \|v\|} \leq 1.$$

Por tanto, la expresión

$$\cos(\theta) = \frac{u \cdot v}{\|u\| \, \|v\|}$$

Define correctamente el ángulo $\theta \in [0, \pi]$ entre dos vectores no nulos. Así, la interpretación geométrica del producto escalar se sustenta en una propiedad algebraica fundamental.

3.4.3.2 Desigualdad triangular

Para cualesquiera $u, v \in \mathbb{R}^n$, la norma euclídea satisface:

$$\|u + v\| \leq \|u\| + \|v\|.$$

Esta desigualdad expresa algebraicamente el hecho geométrico de que la longitud de un lado de un triángulo no puede exceder la suma de las longitudes de los otros dos.

Para justificarla, se parte de:

$$\|u+v\|^2 = (u+v)\cdot(u+v) = \|u\|^2 + 2(u\cdot v) + \|v\|^2.$$

Aplicando Cauchy–Schwarz,

$$u\cdot v \le |u\cdot v| \le \|u\|\,\|v\|,$$

Por lo que:

$$\|u+v\|^2 \le \|u\|^2 + 2\|u\|\,\|v\| + \|v\|^2 = (\|u\|+\|v\|)^2.$$

Tomando raíces cuadradas se obtiene la desigualdad triangular.

Ambos resultados son esenciales porque conectan las operaciones algebraicas con la geometría de los vectores y proporcionan la base matemática para conceptos posteriores como distancia, ortogonalidad y proyección.

El dominio del producto punto es esencial para el análisis y modelado de fenómenos multidimensionales. Su importancia aumenta con el desarrollo de áreas como la inteligencia artificial, la ciencia de datos y la optimización numérica. A continuación, se presentan ejemplos ilustrativos implementados en Python.

Ejemplo: Cálculo del producto punto.

In [13]:

```python
# Ejercicio 13
import numpy as np

# Definir los vectores
u = np.array([3, -1, 3])
v = np.array([3, 4, 5])

# Calcular el producto punto
dot_product = np.dot(u, v)

print(f"El producto punto de {u} y {v} es {dot_product}")
```

Out [13]:

```
El producto punto de [ 3 -1 3] y [3 4 5] es 20
```

Ejemplo: Verificación de la conmutatividad del producto punto.

In [14]:

```python
# Ejercicio 14
import numpy as np

```

```
# Definir los vectores
u = np.array([2, 2, 3])
v = np.array([4, 1, 6])

# Calcular el producto punto en ambos órdenes
dot_product_uv = np.dot(u, v)
dot_product_vu = np.dot(v, u)

print(f"u * v = {dot_product_uv}")
print(f"v * u = {dot_product_vu}")
```

Out [14]:

```
u * v = 28
v * u = 28
```

Ejemplo: Interpretación geométrica del producto punto.

In [15]:

```
# Ejercicio 15
import numpy as np
import matplotlib.pyplot as plt

# Definir los vectores
u = np.array([2, 4])
v = np.array([4, 2])

# Calcular el producto punto
dot_product = np.dot(u, v)

# Calcular las magnitudes
magnitude_u = np.linalg.norm(u)
magnitude_v = np.linalg.norm(v)

# Calcular el ángulo entre los vectores
cos_theta = dot_product / (magnitude_u * magnitude_v)
theta = np.arccos(cos_theta)
print(f"El ángulo entre {u} y {v} es {np.degrees(theta):.2f} grados")

# Graficar los vectores
plt.figure()
plt.quiver(0, 0, u[0], u[1], angles='xy', scale_units='xy', scale=1,
    color='r', label='u')
plt.quiver(0, 0, v[0], v[1], angles='xy', scale_units='xy', scale=1,
    color='b', label='v')
plt.xlim(-1, 5)
plt.ylim(-1, 5)
plt.xlabel('X')
```

```
plt.ylabel('Y')
plt.title('Interpretación Geométrica del Producto Punto')
plt.legend()
plt.grid()
plt.show()
```

Out [15]:

```
El angulo entre [2 4] y [4 2] es 36.87 grados
```

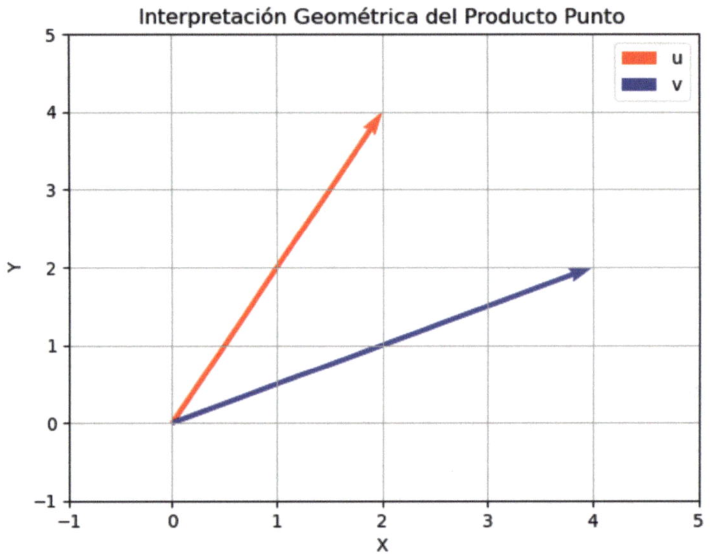

Ejemplo: Producto punto y ortogonalidad.

In [16]:

```
# Ejercicio 16
import numpy as np
import matplotlib.pyplot as plt

# Definir los vectores ortogonales
u = np.array([2, 0])
v = np.array([0, 1.5])

# Calcular el producto punto
dot_product = np.dot(u, v)
print(f"El producto punto de {u} y {v} es {dot_product}")

# Graficar los vectores ortogonales
plt.figure()
plt.quiver(0, 0, u[0], u[1], angles='xy', scale_units='xy', scale=1,
    color='r', label='u')
```

```
plt.quiver(0, 0, v[0], v[1], angles='xy', scale_units='xy', scale=1,
    color='b', label='v')
plt.xlim(-1, 2)
plt.ylim(-1, 2)
plt.xlabel('X')
plt.ylabel('Y')
plt.title('Vectores Ortogonales')
plt.legend()
plt.grid()
plt.show()
```

Out [16]:

```
El producto punto de [2 0] y [0. 1.5] es 0.0
```

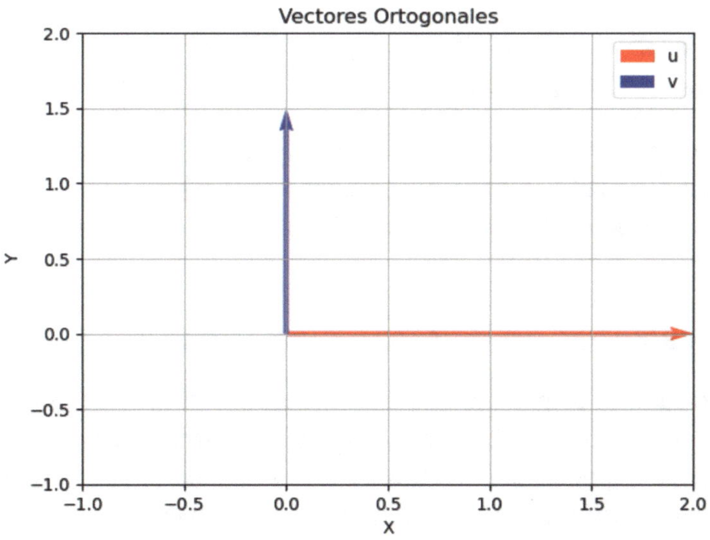

3.5 Producto cruz (Producto vectorial)

El producto cruz, o producto vectorial, es una operación exclusiva de espacios tridimensionales que permite obtener un vector perpendicular al plano definido por dos vectores dados. Esta operación es fundamental en física, ingeniería, geometría y ciencias computacionales, ya que facilita el cálculo de áreas, momentos y normales a superficies. A continuación, se presenta la definición formal, propiedades algebraicas y geométricas, así como aplicaciones multidisciplinarias.[16]

3.5.1 Definición y cálculo del producto cruz

Dados dos vectores $u = (u_1, u_2, u_3)$ y $v = (v_1, v_2, v_3)$ en $\mathbb{R}^3$, el producto cruz $u \times v$ se define como:

$$u \times v = (u_2v_3 - u_3v_2,\ u_3v_1 - u_1v_3,\ u_1v_2 - u_2v_1)$$

El resultado es un vector ortogonal a u y v, cuya magnitud corresponde al área del paralelogramo formado por ambos vectores.

3.5.1.1 Propiedades básicas

- **Antisimetría:** $u \times v = -(v \times u)$
- **Distributividad respecto a la suma:** $u \times (v + w) = u \times v + u \times w$
- **Propiedad nula:** $u \times u = 0$

3.5.1.2 Propiedades geométricas

- **Magnitud:** $\|u \times v\| = \|u\|\|v\| \sin(\theta)$, donde θ es el ángulo entre u y v.
- **Dirección:** El vector $u \times v$ es ortogonal al plano que contiene u y v, siguiendo la regla de la mano derecha.

3.5.2 Interpretación geométrica y aplicaciones en el espacio tridimensional

El producto cruz genera un vector perpendicular al plano de los vectores originales, y su magnitud representa el área del paralelogramo definido por ellos. Esta propiedad es esencial para calcular normales a superficies, momentos y áreas en física y geometría.

3.5.3 Aplicaciones en diversas disciplinas

En física e ingeniería, se emplea para calcular momentos, torque y flujos magnéticos. En gráficos computacionales, determina normales y orientaciones de superficies. En ciencias de la computación, se utiliza en simulaciones y algoritmos 3D. En geología, modela movimientos y deformaciones de placas tectónicas.

El dominio del producto cruz potencia la resolución de problemas tridimensionales y la innovación interdisciplinaria. Ejemplos en Python ilustran su aplicación:

Ejemplo: Producto cruz de dos vectores en 3D.

In [17]:

```
# Ejercicio 17
import numpy as np
import matplotlib.pyplot as plt
```

```
from mpl_toolkits.mplot3d import Axes3D

# Definición de los vectores u y v
u = np.array([1, 3, 3])
v = np.array([1, 5, 6])

# Cálculo del producto cruz
cross_product = np.cross(u, v)

# Visualización de los vectores y su producto cruz
fig = plt.figure()
ax = fig.add_subplot(111, projection='3d')

# Vectores u y v
ax.quiver(0, 0, 0, u[0], u[1], u[2], color='r', label='u')
ax.quiver(0, 0, 0, v[0], v[1], v[2], color='b', label='v')

# Producto cruz
ax.quiver(0, 0, 0, cross_product[0], cross_product[1], cross_product
    [2], color='g', label='u x v')
ax.set_xlim([0, 5])
ax.set_ylim([0, 5])
ax.set_zlim([0, 5])
ax.legend()
ax.set_xlabel('X')
ax.set_ylabel('Y')
ax.set_zlabel('Z')
plt.show()

print("Producto Cruz (u x v):", cross_product)
```

Out [17]:

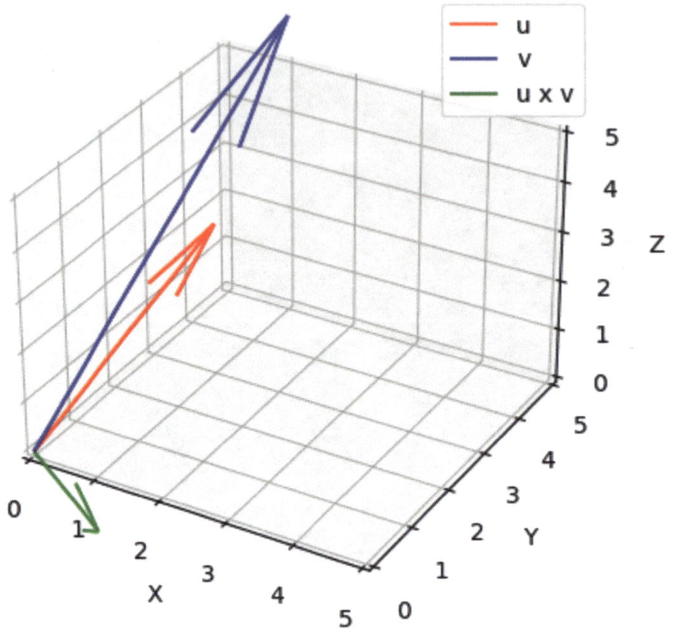


```
Producto Cruz (u x v): [ 3 -3 2]
```

Ejemplo: Verificación de la propiedad antisimétrica del producto cruz.

In [18]:

```
# Ejercicio 18
# Definición de los vectores u y v
u = np.array([1, -1, 3])
v = np.array([1, 4, 6])

# Cálculo del producto cruz y su antisimetría
cross_product_uv = np.cross(u, v)
cross_product_vu = np.cross(v, u)

# Visualización de los vectores y sus productos cruz
fig = plt.figure()
ax = fig.add_subplot(111, projection='3d')

# Vectores u y v
ax.quiver(0, 0, 0, u[0], u[1], u[2], color='r', label='u')
ax.quiver(0, 0, 0, v[0], v[1], v[2], color='b', label='v')

# Productos cruz
ax.quiver(0, 0, 0, cross_product_uv[0], cross_product_uv[1],
    cross_product_uv[2], color='g', label='u x v')
ax.quiver(0, 0, 0, cross_product_vu[0], cross_product_vu[1],
    cross_product_vu[2], color='y', label='v x u')
```

```
ax.set_xlim([-10, 10])
ax.set_ylim([-10, 10])
ax.set_zlim([-10, 10])
ax.legend()
ax.set_xlabel('X')
ax.set_ylabel('Y')
ax.set_zlabel('Z')

plt.show()
print("Producto Cruz (u x v):", cross_product_uv)
print("Producto Cruz (v x u):", cross_product_vu)
```

Out [18]:

```
Producto Cruz (u x v): [-18 -3 5]
Producto Cruz (v x u): [18 3 -5]
```

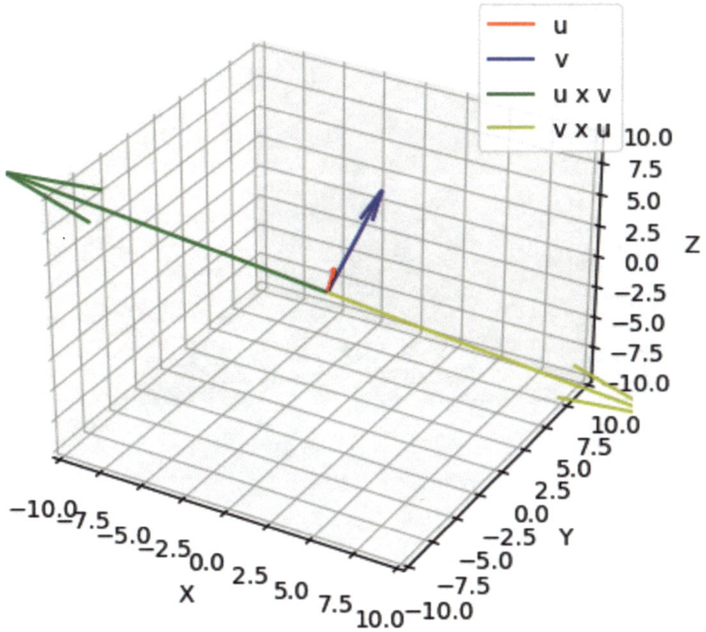

Ejemplo: Magnitud del producto cruz y área del paralelogramo.

In [19]:

```
# Ejercicio 19
# Definición de los vectores u y v
u = np.array([1, 0, 0])
v = np.array([0, 1, 0])

```

```
# Cálculo del producto cruz
cross_product = np.cross(u, v)

# Cálculo de la magnitud del producto cruz
magnitude = np.linalg.norm(cross_product)

# Visualización de los vectores y el paralelogramo
fig = plt.figure()
ax = fig.add_subplot(111, projection='3d')

# Vectores u y v
ax.quiver(0, 0, 0, u[0], u[1], u[2], color='r', label='u')
ax.quiver(0, 0, 0, v[0], v[1], v[2], color='b', label='v')

# Producto cruz
ax.quiver(0, 0, 0, cross_product[0], cross_product[1], cross_product[2], color='g', label='u x v')

# Dibujar el paralelogramo
vertices = np.array([[0, 0, 0], u, u+v, v])
ax.plot_trisurf(vertices[:, 0], vertices[:, 1], vertices[:, 2], color='yellow', alpha=0.5)
ax.set_xlim([-1, 1])
ax.set_ylim([-1, 1])
ax.set_zlim([-1, 1])
ax.legend()
ax.set_xlabel('X')
ax.set_ylabel('Y')
ax.set_zlabel('Z')
plt.show()

print("Producto Cruz (u x v):", cross_product)
print("Magnitud del Producto Cruz:", magnitude)
```

Out [19]:

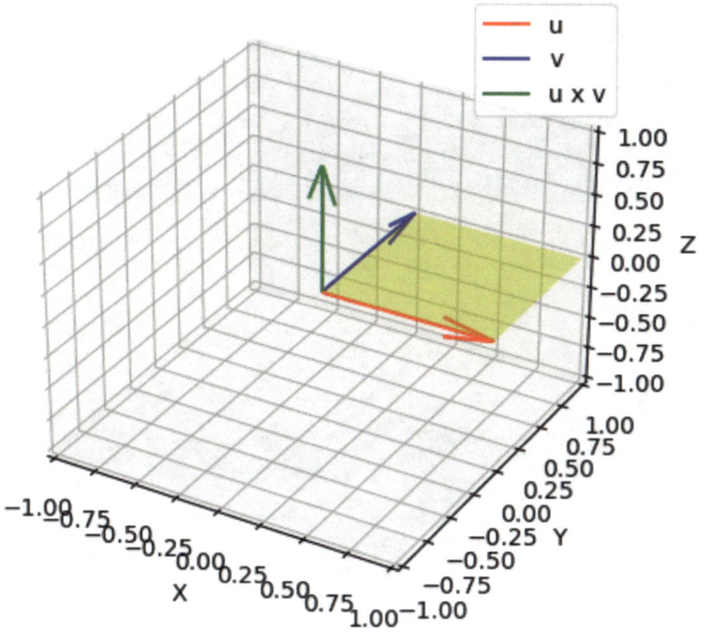


```
Producto Cruz (u x v): [0 0 1]
Magnitud del Producto Cruz: 1.0
```

Ejemplo: Propiedad distributiva del producto cruz.

In [20]:

```
# Ejercicio 20
# Definición de los vectores u, v y w
u = np.array([1, 2, 3])
v = np.array([1, 5, 6])
w = np.array([2, 8, 9])

# Cálculo de los productos cruz
cross_product_uv_plus_w = np.cross(u, v + w)
cross_product_uv = np.cross(u, v)
cross_product_uw = np.cross(u, w)

# Verificación de la propiedad distributiva
distributed_cross_product = cross_product_uv + cross_product_uw

# Visualización de los vectores y productos cruz
fig = plt.figure()
ax = fig.add_subplot(111, projection='3d')

# Vectores u, v y w
ax.quiver(0, 0, 0, u[0], u[1], u[2], color='r', label='u')
ax.quiver(0, 0, 0, v[0], v[1], v[2], color='b', label='v')
```

```
ax.quiver(0, 0, 0, w[0], w[1], w[2], color='c', label='w')

# Producto cruz y sus componentes distribuidas
ax.quiver(0, 0, 0, cross_product_uv_plus_w[0], cross_product_uv_plus_w
    [1], cross_product_uv_plus_w[2], color='g', label='u x (v + w)')
ax.quiver(0, 0, 0, distributed_cross_product[0],
    distributed_cross_product[1], distributed_cross_product[2], color=
    'y', label='(u x v) + (u x w)')
ax.set_xlim([-15, 15])
ax.set_ylim([-15, 15])
ax.set_zlim([-15, 15])
ax.legend()
ax.set_xlabel('X')
ax.set_ylabel('Y')
ax.set_zlabel('Z')
plt.show()

print("Producto Cruz u x (v + w):", cross_product_uv_plus_w)
print("Distribución (u x v) + (u x w):", distributed_cross_product)
```

Out [20]:

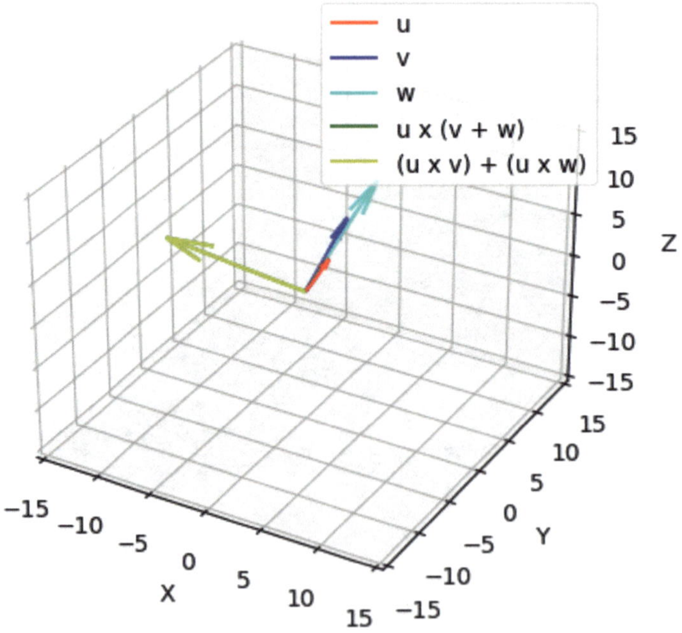


```
Producto Cruz u x (v + w): [-9 -6 7]
Distribucion (u x v) + (u x w): [-9 -6 7]
```

3.6 Vectores en el plano y en el espacio

Los vectores constituyen herramientas matemáticas esenciales para representar magnitudes con dirección y sentido en espacios bidimensionales y tridimensionales. Su versatilidad abarca disciplinas como la física, la geometría, la ingeniería y las ciencias computacionales. En esta sección se examina la representación formal de vectores en dos y tres dimensiones, así como sus propiedades y operaciones fundamentales.

3.6.1 Representación de vectores en dos y tres dimensiones

3.6.1.1 Vectores en el plano (2D)

En el plano cartesiano, un vector v puede representarse como una flecha que parte del origen $O = (0, 0)$ y llega al punto $P = (x, y)$. Algebraicamente, dicho vector se expresa mediante sus componentes como:

$$v = \langle x, y \rangle.$$

Esta notación enfatiza que el vector queda completamente determinado por sus componentes en las direcciones de los ejes coordenados.

3.6.1.2 Vectores en el espacio (3D)

En el espacio tridimensional, un vector v se representa como una flecha que va desde el origen $O = (0, 0, 0)$ hasta el punto $P = (x, y, z)$. Su expresión algebraica es:

$$v = \langle x, y, z \rangle.$$

De manera análoga al caso bidimensional, estas componentes indican la contribución del vector en cada uno de los ejes x, y y z.

3.6.2 Aplicaciones en física y geometría

En física, los vectores se emplean para modelar fuerzas, velocidades, aceleraciones y campos vectoriales, donde la dirección y el sentido son tan importantes como la magnitud. En geometría, permiten describir desplazamientos, vectores normales a superficies y relaciones espaciales entre puntos, rectas y planos.

3.6.3 Propiedades y operaciones con vectores

3.6.3.1 Operaciones básicas

Las operaciones con vectores se definen componente a componente. En el plano, si:

$$u = \langle u_x, u_y \rangle \quad \text{y} \quad v = \langle v_x, v_y \rangle,$$

Entonces:

- **Suma de vectores:**
$$u + v = \langle u_x + v_x,\ u_y + v_y \rangle.$$
- **Multiplicación por un escalar:**
$$\alpha v = \langle \alpha v_x,\ \alpha v_y \rangle,$$
Donde $\alpha \in \mathbb{R}$.

Estas definiciones se generalizan de manera natural al caso tridimensional y, en general, a $\mathbb{R}^n$.

3.6.3.2 Propiedades geométricas

Los vectores presentan propiedades geométricas fundamentales:

- **Magnitud (norma):** En dos dimensiones,
$$\|v\| = \sqrt{x^2 + y^2},$$
Y en tres dimensiones,
$$\|v\| = \sqrt{x^2 + y^2 + z^2}.$$
En general, para $v \in \mathbb{R}^n$, la norma se define como
$$\|v\| = \sqrt{v_1^2 + v_2^2 + \cdots + v_n^2}.$$
- **Dirección y sentido:** La dirección de un vector está asociada a la recta que lo contiene (o al ángulo que forma con los ejes coordenados), mientras que el sentido indica la orientación de la flecha a lo largo de dicha dirección.

El dominio de la representación y manipulación de vectores en el plano y en el espacio es crucial para modelar fenómenos físicos, analizar estructuras geométricas y resolver problemas multidimensionales. A continuación, se presentan ejemplos ilustrativos implementados en Python.

Ejemplo: Representación de vectores en el plano (2D).

In [21]:

```
# Ejercicio 21
import matplotlib.pyplot as plt

# Definición de los vectores u y v en el plano 2D
```

```
u = [2, 4]
v = [4, 2]

# Creación de la figura
plt.figure()
plt.quiver(0, 0, u[0], u[1], angles='xy', scale_units='xy', scale=1,
    color='r', label='u')
plt.quiver(0, 0, v[0], v[1], angles='xy', scale_units='xy', scale=1,
    color='b', label='v')

# Configuración del gráfico
plt.xlim(-1, 5)
plt.ylim(-1, 5)
plt.axhline(0, color='black',linewidth=0.5)
plt.axvline(0, color='black',linewidth=0.5)
plt.grid(color = 'gray', linestyle = '--', linewidth = 0.5)
plt.legend()
plt.xlabel('X')
plt.ylabel('Y')
plt.title('Vectores en el Plano (2D)')
plt.show()
```

Out [21]:

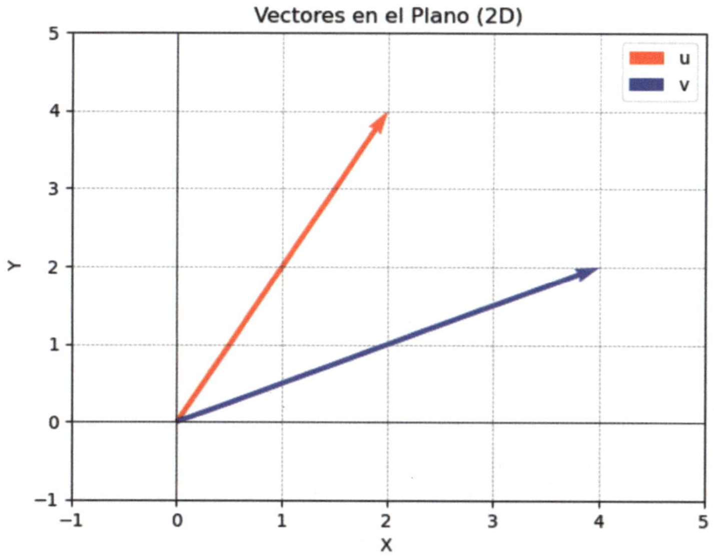

Ejemplo: Representación de vectores en el espacio (3D).

In [22]:

```
# Ejercicio 22
import numpy as np
import matplotlib.pyplot as plt
from mpl_toolkits.mplot3d import Axes3D
```

```

# Definición de los vectores u y v en el espacio 3D
u = np.array([1, 3, 3])
v = np.array([4, 5, 4])

# Creación de la figura
fig = plt.figure()
ax = fig.add_subplot(111, projection='3d')

# Visualización de los vectores u y v
ax.quiver(0, 0, 0, u[0], u[1], u[2], color='r', label='u')
ax.quiver(0, 0, 0, v[0], v[1], v[2], color='b', label='v')

# Configuración del gráfico
ax.set_xlim([0, 5])
ax.set_ylim([0, 5])
ax.set_zlim([0, 5])
ax.legend()
ax.set_xlabel('X')
ax.set_ylabel('Y')
ax.set_zlabel('Z')

plt.title('Vectores en el Espacio (3D)')
plt.show()
```

Out [22]:

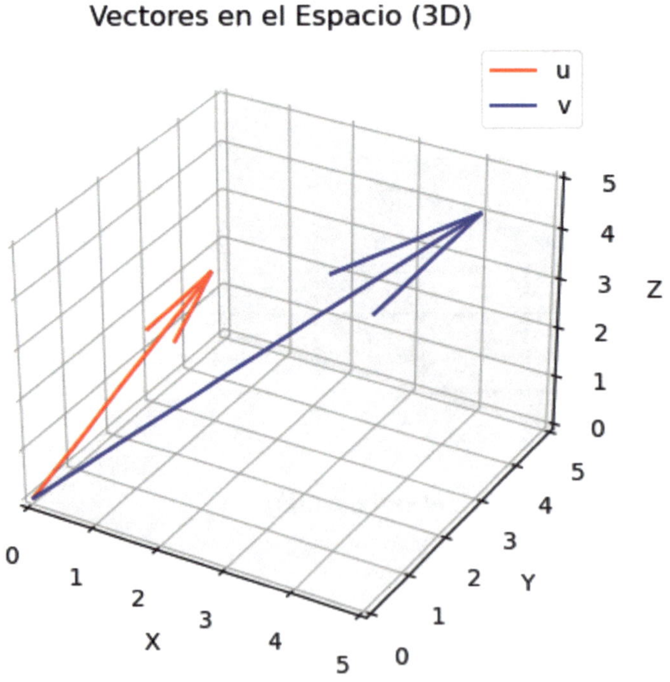

Ejemplo: Suma de vectores en el plano (2D).

In [23]:

```
# Ejercicio 23
# Definición de los vectores u y v en el plano 2D
u = np.array([3, 2])
v = np.array([4, 1])

# Suma de vectores
sum_uv = u + v

# Creación de la figura
plt.figure()
plt.quiver(0, 0, u[0], u[1], angles='xy', scale_units='xy', scale=1,
    color='r', label='u')
plt.quiver(0, 0, v[0], v[1], angles='xy', scale_units='xy', scale=1,
    color='b', label='v')
plt.quiver(0, 0, sum_uv[0], sum_uv[1], angles='xy', scale_units='xy',
    scale=1, color='g', label='u + v')

# Configuración del gráfico
plt.xlim(-1, 7)
plt.ylim(-1, 5)
plt.axhline(0, color='black',linewidth=0.5)
plt.axvline(0, color='black',linewidth=0.5)
plt.grid(color = 'gray', linestyle = '--', linewidth = 0.5)
plt.legend()
plt.xlabel('X')
plt.ylabel('Y')
plt.title('Suma de Vectores en el Plano (2D)')
plt.show()

print("Suma de u y v:", sum_uv)
```

Out [23]:

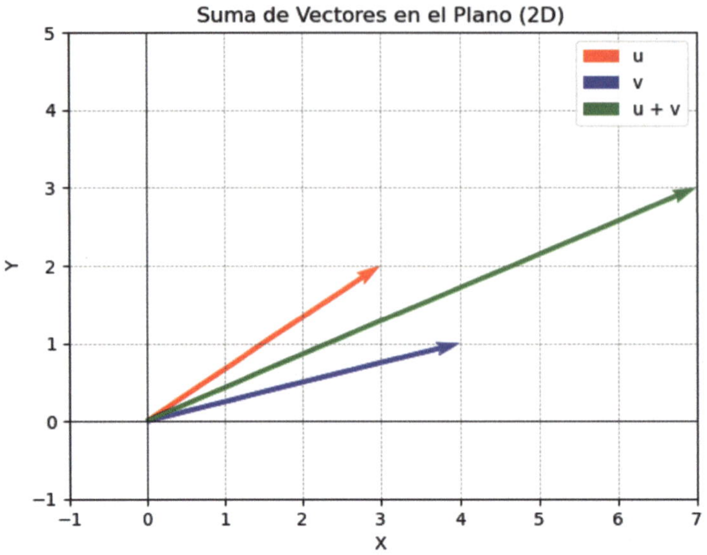


```
Suma de u y v: [7 3]
```

Ejemplo: Magnitud de un vector en el espacio (3D).

In [24]:

```
# Ejercicio 24
# Definición del vector v en el espacio 3D
v = np.array([3, 3, 5])

# Cálculo de la magnitud del vector
magnitude_v = np.linalg.norm(v)

# Visualización del vector v y su magnitud
fig = plt.figure()
ax = fig.add_subplot(111, projection='3d')

# Visualización del vector v
ax.quiver(0, 0, 0, v[0], v[1], v[2], color='b', label='v')

# Configuración del gráfico
ax.set_xlim([0, 6])
ax.set_ylim([0, 6])
ax.set_zlim([0, 6])
ax.legend()
ax.set_xlabel('X')
ax.set_ylabel('Y')
ax.set_zlabel('Z')
plt.title('Magnitud de un Vector en el Espacio (3D)')
plt.show()
```

```
print("Magnitud de v:", magnitude_v)
```

Out [24]:

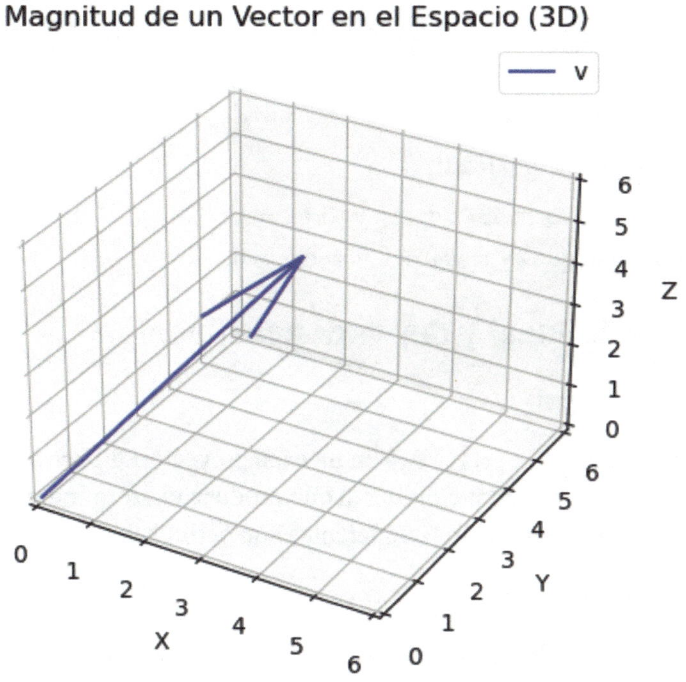


```
Magnitud de v: 6.557438524302
```

3.7 Bases y dimensiones

En el estudio de los espacios vectoriales, los conceptos de *base* y *dimensión* son fundamentales. Una base es un conjunto de vectores linealmente independientes que generan completamente el espacio vectorial, permitiendo expresar cualquier vector del espacio como una combinación lineal *única* de dichos vectores. La dimensión corresponde al número de vectores que conforman una base y refleja el número de grados de libertad del espacio.[5]

3.7.1 Definición de base de un espacio vectorial

3.7.1.1 Concepto básico

Sea V un espacio vectorial sobre F. Una *base* de V es un conjunto de vectores linealmente independientes que generan todo el espacio. Esto implica que cada vector de V puede escribirse de manera única como combinación lineal de los vectores de la base.[27]

3.7.1.2 Formalización matemática

Un conjunto ordenado $\{v_1, v_2, \ldots, v_n\} \subset V$ es una base de V si y solo si se cumplen simultáneamente las siguientes condiciones:

- **Generación:** Para todo $v \in V$, existen escalares $a_1, a_2, \ldots, a_n \in F$ tales que:
$$v = a_1v_1 + a_2v_2 + \cdots + a_nv_n.$$
- **Independencia lineal:** La igualdad:
$$a_1v_1 + a_2v_2 + \cdots + a_nv_n = 0$$
Implica necesariamente que $a_1 = a_2 = \cdots = a_n = 0$.

3.7.2 Independencia lineal y dependencia lineal

3.7.2.1 Independencia lineal

Un conjunto finito de vectores $\{v_1, v_2, \ldots, v_n\}$ en un espacio vectorial V es *linealmente independiente* si la única combinación lineal que produce el vector nulo es la trivial, es decir, aquella en la que todos los coeficientes son cero.[30]

3.7.2.2 Dependencia lineal

Un conjunto de vectores es *linealmente dependiente* si existe al menos una combinación lineal no trivial que produce el vector nulo. Equivalentemente, uno de los vectores del conjunto puede expresarse como combinación lineal de los demás.

3.7.3 Cálculo de la dimensión de un espacio vectorial

La *dimensión* de un espacio vectorial V, denotada por $\dim(V)$, se define como el número de vectores que contiene cualquiera de sus bases. Un resultado fundamental del álgebra lineal establece que todas las bases de un mismo espacio vectorial tienen la misma cantidad de vectores.

Ejemplo:

El espacio vectorial $\mathbb{R}^3$ tiene dimensión 3, ya que una base estándar está dada por:
$$\{\langle 1,0,0\rangle,\ \langle 0,1,0\rangle,\ \langle 0,0,1\rangle\}.$$

3.7.4 Aplicaciones y significado en diversos contextos

- **Geometría analítica:** Las bases y dimensiones permiten describir coordenadas, cambios de sistema de referencia y transformaciones lineales.
- **Álgebra abstracta:** Constituyen herramientas centrales para el estudio de estructuras algebraicas como espacios vectoriales, módulos y representaciones.

- **Espacios de características:** En aprendizaje automático y ciencia de datos, las bases ayudan a identificar subespacios relevantes y a reducir la dimensionalidad de los datos.
- **Algoritmos numéricos:** Son esenciales para métodos como la descomposición QR y la descomposición en valores singulares (SVD).
- **Modelado matemático:** Facilitan la formulación y resolución de modelos físicos y de ecuaciones diferenciales.
- **Ingeniería estructural:** Permiten analizar grados de libertad y comportamientos estructurales en sistemas complejos.

Las bases y dimensiones constituyen pilares del álgebra lineal, ya que permiten representar, analizar y simplificar problemas en espacios de cualquier dimensión. Comprender estos conceptos es esencial tanto en el desarrollo teórico como en aplicaciones prácticas en matemáticas, ingeniería, ciencias de la computación y ciencia de datos.

Con el avance de la computación científica y la creciente complejidad de los modelos matemáticos, la correcta comprensión de bases y dimensiones se vuelve cada vez más relevante. A continuación, se presentan ejemplos ilustrativos implementados en Python.

Ejemplo: Verificación de independencia lineal de vectores en $\mathbb{R}^3$.

In [25]:

```
# Ejercicio 25
import numpy as np

# Definir los vectores en R^3
v1 = np.array([1, 0, 0])
v2 = np.array([0, 1, 0])
v3 = np.array([0, 0, 1])

# Matriz formada por los vectores
matrix = np.array([v1, v2, v3])

# Calcular el rango de la matriz
rank = np.linalg.matrix_rank(matrix)

# Verificar si los vectores son linealmente independientes
if rank == len(matrix):
    print("Los vectores son linealmente independientes.")
else:
    print("Los vectores son linealmente dependientes.")
```

Out [25]:

```
Los vectores son linealmente independientes.
```

Ejemplo: Determinación de una base en $\mathbb{R}^3$.[3]

In [26]:

```python
# Ejercicio 26
import numpy as np

# Definir un conjunto de vectores en R^3
v1 = np.array([1, 2, 3])
v2 = np.array([3, 5, 6])
v3 = np.array([7, 8, 7])

# Matriz formada por los vectores
matrix = np.array([v1, v2, v3])

# Calcular el rango de la matriz
rank = np.linalg.matrix_rank(matrix)

# Verificar si los vectores forman una base en R^3
if rank == 3:
    print("Los vectores forman una base en R^3.")
else:
    print("Los vectores no forman una base en R^3.")
```

Out [26]:

```
Los vectores forman una base en R^3.
```

Ejemplo: Cambio de base en $\mathbb{R}^2$.

In [27]:

```python
# Ejercicio 27
import numpy as np

# Definir los vectores de la base original y la base nueva en R^2
original_base = np.array([[1, 0], [0, 1]])
new_base = np.array([[2, 1], [1, 1]])

# Definir un vector en la base original
vector = np.array([4, 2])

# Calcular las coordenadas del vector en la nueva base
```

[3]DeFranza, J., & Gagliardi, D. (2015). *Introduction to linear álgebra with applications*. Waveland Press.

```
change_of_base_matrix = np.linalg.inv(new_base).dot(original_base)
new_coordinates = change_of_base_matrix.dot(vector)

print("Vector en la base original:", vector)
print("Coordenadas del vector en la nueva base:", new_coordinates)
```

Out [27]:

```
Vector en la base original: [4 2]
Coordenadas del vector en la nueva base: [2. 0.]
```

Ejemplo: Cálculo de la dimensión de un espacio vectorial.

In [28]:

```
# Ejercicio 28
import numpy as np

# Definir un conjunto de vectores en R^4
v1 = np.array([1, 2, 1])
v2 = np.array([4, 5, 4])
v3 = np.array([7, 7, 9])
v4 = np.array([10, 11, 12])

# Matriz formada por los vectores
matrix = np.array([v1, v2, v3, v4])

# Calcular el rango de la matriz
rank = np.linalg.matrix_rank(matrix)

# La dimensión del espacio generado por los vectores es igual al rango
    de la matriz
dimension = rank
print("La dimensión del espacio vectorial generado por los vectores es
    :", dimension)
```

```
La dimension del espacio vectorial generado por los vectores
    es: 3
```

3.8 Coordenadas y cambio de base

En el ámbito del álgebra lineal, los conceptos de coordenadas y cambio de base desempeñan un papel central en la representación de vectores y transformaciones lineales en distintos sistemas de referencia. Estos conceptos son fundamentales tanto desde el punto de vista teórico, para la comprensión profunda de los espacios vectoriales, como desde el punto de vista aplicado, con usos en física, ingeniería, ciencias de la computación, gráficos por computadora y análisis numérico. En esta sección se estudia qué significa expresar un vector en coordenadas respecto de una base, cómo se realiza el cambio de base y cómo se construyen e interpretan las matrices de cambio de base, acompañando la exposición con ejemplos y aplicaciones.[4]

3.8.1 Coordenadas de un vector respecto a una base

Sea V un espacio vectorial de dimensión n sobre un campo F, y sea $B = \{v_1, v_2, \ldots, v_n\}$ una base de V. Todo vector $v \in V$ puede expresarse de manera única como combinación lineal de los vectores de la base:

$$v = a_1 v_1 + a_2 v_2 + \cdots + a_n v_n,$$

Donde $a_1, a_2, \ldots, a_n \in F$.

Los escalares $a_1, a_2, \ldots, a_n$ se denominan las *coordenadas* del vector v respecto a la base B. Estas coordenadas se agrupan en un vector columna que se denota como:

$$[v]_B = \begin{pmatrix} a_1 \\ a_2 \\ \vdots \\ a_n \end{pmatrix}.$$

3.8.2 Cambio de base y transformación de coordenadas

El cambio de base consiste en expresar las coordenadas de un vector (o de una transformación lineal) respecto de una base diferente. Sean $B = \{v_1, \ldots, v_n\}$ y $B' = \{w_1, \ldots, w_n\}$ dos bases, de un mismo espacio V. El cambio de base permite pasar de las coordenadas $[v]_B$ a las coordenadas $[v]_{B'}$.

3.8.2.1 Matriz de cambio de base

La matriz de cambio de base de B a B', denotada por $P_{B \to B'}$, se construye expresando cada vector de la base B' como combinación lineal de los vectores de la base B. En particular, para cada $w_i \in B'$ se tiene:

$$w_i = \sum_{j=1}^{n} [P_{B \to B'}]_{ji} \, v_j.$$

Las columnas de la matriz $P_{B \to B'}$ están formadas por las coordenadas de los vectores de la base B' expresadas en la base B. Esta matriz permite realizar la transformación:

$$[v]_{B'} = P_{B \to B'}^{-1} \, [v]_B.$$

[4] Lipschutz, S., & Lipson, M. (2017). *Schaum's outline of linear algebra* (6th ed.). McGraw-Hill.

3.8.2.2 Propiedades de las matrices de cambio de base

- **Inversibilidad:** Toda matriz de cambio de base es invertible, ya que ambas bases generan el mismo espacio vectorial. La matriz inversa $P_{B' \to B} = P_{B \to B'}^{-1}$ permite transformar coordenadas de la base B' a la base B.
- **Composición:** Si se consideran tres bases B, B' y B'', entonces se cumple:

$$P_{B \to B''} = P_{B' \to B''} P_{B \to B'},$$

Lo que permite realizar cambios de base de forma secuencial.

3.8.3 Aplicaciones en diversos contextos

- **Sistemas de coordenadas:** El cambio de base permite transformar coordenadas entre distintos sistemas, como cartesianas, polares o cilíndricas (cuando la transformación es lineal o localmente lineal).
- **Transformaciones geométricas:** Facilita el análisis de rotaciones, reflexiones y escalados mediante la elección de bases convenientes.
- **Gráficos y visualización 3D:** Es esencial para transformar coordenadas entre sistemas de mundo, cámara y pantalla.
- **Transformaciones lineales:** Permite representar una misma transformación mediante distintas matrices según la base elegida.
- **Simulación numérica:** Simplifica modelos físicos al elegir bases adaptadas a la simetría del problema.
- **Optimización y control:** Ayuda a desacoplar sistemas y a diseñar algoritmos más eficientes.

El dominio del concepto de coordenadas y cambio de base resulta esencial para la representación y manipulación eficiente de vectores y transformaciones lineales en contextos multidisciplinarios. A continuación, se presentan ejemplos implementados en Python que ilustran estos conceptos.

Ejemplo: Cálculo de coordenadas de un vector en una base dada.

In [29]:

```
# Ejercicio 29
import numpy as np

# Definir la base B y el vector v
B = np.array([[1, 2], [1, -1]])
v = np.array([3, 1]) # Vector v

# Calcular las coordenadas de v en la base B
B_inv = np.linalg.inv(B)
coordinates_in_B = B_inv.dot(v)
```

```python

print("Coordenadas de v en la base B:", coordinates_in_B)
```

Out [29]:

```
Coordenadas de v en la base B: [1.66666667 0.66666667]
```

Ejemplo: Cambio de base en $\mathbb{R}^2$.

In [30]:

```python
# Ejercicio 30
import numpy as np

# Definir las bases B y B'
B = np.array([[1, 0], [0, 1]]) # Base estándar
B_prime = np.array([[2, 2], [2, 1]]) # Nueva base

# Definir un vector en la base original
v_B = np.array([3, 2])

# Calcular la matriz de cambio de base de B a B'
P_B_to_B_prime = np.linalg.inv(B_prime).dot(B)

# Transformar las coordenadas del vector a la nueva base
v_B_prime = P_B_to_B_prime.dot(v_B)

print("Coordenadas del vector en la nueva base B':", v_B_prime)
```

Out [30]:

```
Coordenadas del vector en la nueva base B': [0.5 1. ]
```

Ejemplo: Cambio de coordenadas de una base a otra en $\mathbb{R}^3$.

In [31]:

```python
# Ejercicio 31
import numpy as np

# Definir las bases B y B' en R^3
B = np.array([[1, 0, 0], [0, 1, 0], [0, 0, 1]]) # Base estándar
B_prime = np.array([[1, 2, 3], [0, 1, 4], [0, 0, 1]]) # Nueva base

# Definir un vector en la base original
v_B = np.array([1, 3, 3])

```

```
# Calcular la matriz de cambio de base de B a B'
P_B_to_B_prime = np.linalg.inv(B_prime).dot(B)

# Transformar las coordenadas del vector a la nueva base
v_B_prime = P_B_to_B_prime.dot(v_B)

print("Coordenadas del vector en la nueva base B':", v_B_prime)
```

Out [31]:

```
Coordenadas del vector en la nueva base B': [10. -9. 3.]
```

Ejemplo: Verificación de la inversibilidad de una matriz de cambio de base.

In [32]:

```
# Ejercicio 32
import numpy as np

# Definir la base B y la nueva base B'
B = np.array([[1, 0], [0, 1]]) # Base estándar
B_prime = np.array([[2, 1], [1, 2]]) # Nueva base

# Calcular la matriz de cambio de base de B a B'
P_B_to_B_prime = np.linalg.inv(B_prime).dot(B)

# Verificar la inversibilidad
P_B_prime_to_B = np.linalg.inv(P_B_to_B_prime)
print("Matriz de cambio de base de B a B':")
print(P_B_to_B_prime)
print("Matriz inversa (cambio de base de B' a B):")
print(P_B_prime_to_B)

# Verificar la composición de matrices de cambio de base
identity_matrix = P_B_to_B_prime.dot(P_B_prime_to_B)

print("Composición de P_B_to_B_prime y su inversa (debe ser la
    identidad):")
print(identity_matrix)
```

```
Matriz de cambio de base de B a B':
[[ 0.66666667 -0.33333333]
 [-0.33333333 0.66666667]]
Matriz inversa (cambio de base de B' a B):
[[2. 1.]
 [1. 2.]]
Composicion de P_B_to_B_prime y su inversa (debe ser la
    identidad):
```

```
[[1. 0.]
 [0. 1.]]
```

3.9 Aplicaciones y vectores con Python

Los vectores constituyen herramientas matemáticas fundamentales con aplicaciones extensas en disciplinas como la física, la ingeniería, la informática y la economía. Su capacidad para representar magnitudes dotadas de dirección y sentido los convierte en un lenguaje natural para modelar fenómenos reales y abstractos. En esta sección se examinan aplicaciones representativas en distintas áreas, mostrando cómo los conceptos teóricos de los vectores se emplean en la práctica mediante el uso de Python.[2]

3.9.1 Aplicaciones en la física

En física, los vectores se utilizan de manera sistemática para modelar magnitudes fundamentales como fuerzas, velocidades y aceleraciones, ya que estas cantidades poseen tanto magnitud como dirección.

- **Fuerza gravitacional:** Se representa mediante un vector dirigido hacia el centro de la Tierra, cuya magnitud es proporcional a la masa del objeto y a la aceleración de la gravedad.
- **Fuerza eléctrica:** Se modela como un vector que actúa a lo largo de la línea que une dos cargas eléctricas, con magnitud dependiente del valor de las cargas y de la distancia entre ellas, según la ley de Coulomb.[17]

3.9.1.1 Velocidad y aceleración

Las magnitudes cinemáticas se describen de forma natural mediante vectores:

- **Velocidad:** Vector que indica la rapidez de un cuerpo y la dirección de su movimiento en el espacio.
- **Aceleración:** Vector que representa la variación temporal de la velocidad, tanto en magnitud como en dirección.

3.9.2 Aplicaciones en la informática

En ciencias de la computación y gráficos por computadora, los vectores desempeñan un papel central en la representación y manipulación de información geométrica y numérica.

- **Representación de puntos:** En gráficos 2D y 3D, los puntos se modelan como vectores de posición respecto a un origen.
- **Transformaciones geométricas:** Operaciones como traslaciones, rotaciones y escalados se implementan mediante matrices que actúan sobre vectores.

3.9.2.1 Realidad virtual y simulaciones

- **Interacciones físicas:** Los vectores permiten simular colisiones, trayectorias y movimientos de partículas en entornos virtuales.
- **Dinámica de fluidos:** El comportamiento de fluidos se modela mediante campos vectoriales de velocidad y fuerza, fundamentales para la simulación numérica y la visualización científica.

3.9.3 Aplicaciones en economía e ingeniería

Los vectores también son herramientas clave en áreas aplicadas fuera de la física:

- **Modelos de inversión:** En finanzas, los vectores representan carteras de activos, donde cada componente corresponde a la proporción invertida en un activo específico, permitiendo evaluar riesgo y rentabilidad.
- **Análisis de oferta y demanda:** Los vectores se emplean para modelar variables económicas y estudiar equilibrios de mercado.
- **Análisis estructural:** En ingeniería, las fuerzas que actúan sobre estructuras se representan mediante vectores, facilitando el diseño, la optimización y el análisis de estabilidad de sistemas industriales y civiles.

El dominio del concepto de vector y de sus aplicaciones interdisciplinarias potencia la capacidad de modelar sistemas complejos y resolver problemas reales de manera eficiente. El uso de Python, junto con bibliotecas como NumPy y Matplotlib, permite implementar estos modelos de forma precisa y visual. A continuación, se presentan ejemplos ilustrativos en Python que muestran la utilidad práctica de los vectores.

Ejemplo: Representación de fuerzas en física.

In [33]:

```python
# Ejercicio 33
import numpy as np
import matplotlib.pyplot as plt

# Definir las fuerzas como vectores
F1 = np.array([2, 3]) # Fuerza 1
F2 = np.array([-1, 4]) # Fuerza 2

# Plotear las fuerzas
plt.figure()
plt.quiver(0, 0, F1[0], F1[1], angles='xy', scale_units='xy', scale=1,
      color='r', label='F1')
plt.quiver(0, 0, F2[0], F2[1], angles='xy', scale_units='xy', scale=1,
      color='b', label='F2')

```

```
# Configuración del gráfico
plt.xlim(-2, 3)
plt.ylim(-1, 5)
plt.axhline(0, color='black',linewidth=0.5)
plt.axvline(0, color='black',linewidth=0.5)
plt.grid(color = 'gray', linestyle = '--', linewidth = 0.5)
plt.legend()
plt.title('Representación de Fuerzas')
plt.xlabel('X')
plt.ylabel('Y')
plt.show()
```

Out [33]:

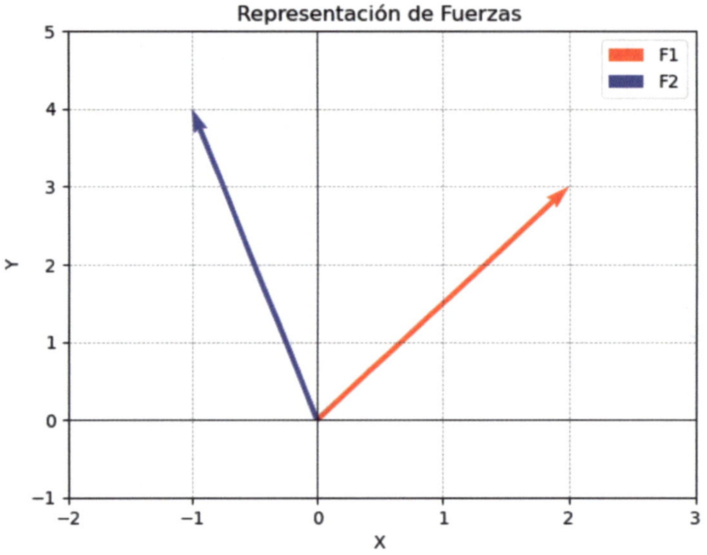

Ejemplo: Velocidad y aceleración en física.

In [34]:

```
# Ejercicio 34
import numpy as np
import matplotlib.pyplot as plt

# Definir la velocidad y la aceleración como vectores
v = np.array([3, 2]) # Velocidad
a = np.array([-2, 2]) # Aceleración

# Plotear la velocidad y la aceleración
plt.figure()
plt.quiver(0, 0, v[0], v[1], angles='xy', scale_units='xy', scale=1,
    color='g', label='Velocidad')
plt.quiver(0, 0, a[0], a[1], angles='xy', scale_units='xy', scale=1,
    color='m', label='Aceleración')
```

```python

# Configuración del gráfico
plt.xlim(-2, 4)
plt.ylim(-1, 3)
plt.axhline(0, color='black',linewidth=0.5)
plt.axvline(0, color='black',linewidth=0.5)
plt.grid(color = 'gray', linestyle = '--', linewidth = 0.5)
plt.legend()
plt.title('Velocidad y Aceleración')
plt.xlabel('X')
plt.ylabel('Y')
plt.show()
```

Out [34]:

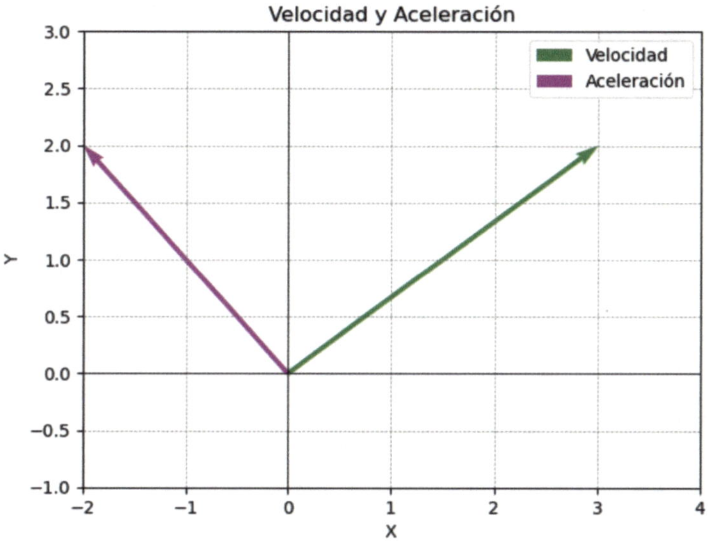

Ejemplo: Transformaciones geométricas en gráficos por computadora.

In [35]:

```python
# Ejercicio 35
import numpy as np
import matplotlib.pyplot as plt
from mpl_toolkits.mplot3d import Axes3D

# Definir el punto original
P = np.array([1, 1, 1])

# Definir la matriz de rotación en torno al eje z
theta = np.pi / 4 # 45 grados
Rz = np.array([[np.cos(theta), -np.sin(theta), 0],
               [np.sin(theta), np.cos(theta), 0],
               [0, 0, 1]])
```

```

# Aplicar la rotación
P_rotated = Rz.dot(P)

# Plotear el punto original y el punto rotado
fig = plt.figure()
ax = fig.add_subplot(111, projection='3d')
ax.scatter(P[0], P[1], P[2], color='b', label='Punto Original')
ax.scatter(P_rotated[0], P_rotated[1], P_rotated[2], color='r', label=
    'Punto Rotado')

# Configuración del gráfico
ax.set_xlim([0, 2])
ax.set_ylim([0, 2])
ax.set_zlim([0, 2])
ax.set_xlabel('X')
ax.set_ylabel('Y')
ax.set_zlabel('Z')
ax.legend()
ax.set_title('Rotación de un Punto en 3D')
plt.show()
```

Out [35]:

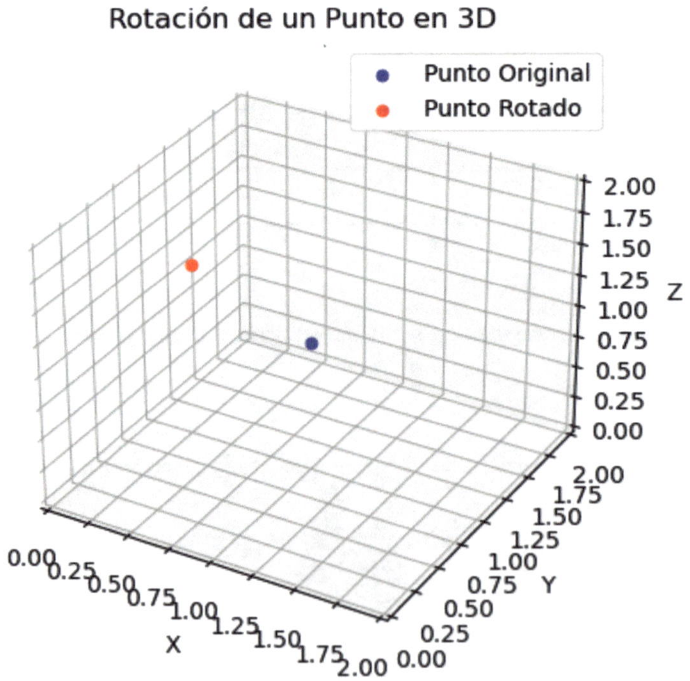

Ejemplo: Simulación de dinámica de fluidos en informática.

In [36]:

```
# Ejercicio 36
import numpy as np
import matplotlib.pyplot as plt

# Definir una malla de puntos
x, y = np.meshgrid(np.linspace(-2, 2, 10), np.linspace(-2, 2, 10))

# Definir el campo vectorial (flujo del fluido)
u = -y
v = x

# Plotear el campo vectorial
plt.figure()
plt.quiver(x, y, u, v, color='b')

# Configuración del gráfico
plt.xlim(-2.5, 2.5)
plt.ylim(-2.5, 2.5)
plt.axhline(0, color='black',linewidth=0.5)
plt.axvline(0, color='black',linewidth=0.5)
plt.grid(color = 'gray', linestyle = '--', linewidth = 0.5)
plt.title('Campo Vectorial del Flujo de un Fluido')
plt.xlabel('X')
plt.ylabel('Y')
plt.show()
```

Out [36]:

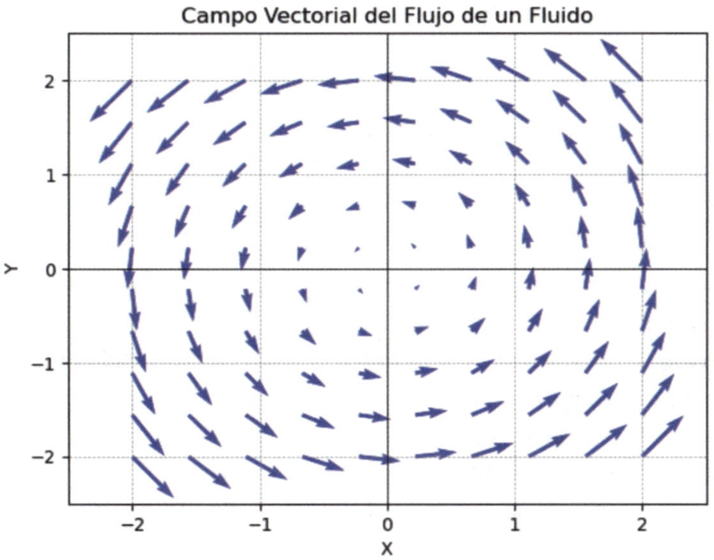

3.10 Resumen

En resumen, se tienen los siguientes puntos relevantes del capítulo:

3.1 Definición y conceptos básicos de los vectores

Un vector se define como una entidad matemática con magnitud y dirección, representada en un espacio vectorial.

- Componentes: Un vector en $\mathbb{R}^n$ se denota como una tupla ordenada (v_1, v_2, ..., v_n).
- Magnitud: Calculada como la raíz cuadrada de la suma de los cuadrados de sus componentes.
- Dirección: Indicada mediante vectores unitarios o ángulos.
- Notación: Vectores se representan con letras en negrita o con una flecha encima.
- Escalares: Diferenciados de los vectores, son solo cantidades numéricas sin dirección.

3.2 Operaciones con vectores

- Suma y Resta: La suma se realiza componente por componente. La resta es la suma del primer vector con el negativo del segundo.
- Multiplicación por un Escalar: Cada componente del vector se multiplica por el escalar.
- Propiedades: Conmutatividad, asociatividad, existencia de elemento neutro (vector cero).

3.3 Magnitud y dirección

- Magnitud: Representa el tamaño del vector, calculada como la raíz cuadrada de la suma de los cuadrados de sus componentes.
- Vectores Unitarios: Tienen una magnitud de 1. Es dividiendo cada componente del vector por su magnitud.
- Normalización: Convertir un vector en un vector unitario.
- Dirección: Línea a lo largo de la cual se extiende el vector.
- Sentido: Dirección en la cual se extiende el vector desde el origen al punto final.

3.4 Producto punto (Producto escalar)

Combinación de dos vectores para obtener un escalar. Es la suma de los productos de las componentes correspondientes.

- Propiedades: Conmutatividad, distributividad, relación con la magnitud y ángulo entre vectores.
- Aplicaciones: Cálculo de trabajo en física, orientación en gráficos por computadora, algoritmos de visión por computadora y finanzas.

3.5 Producto cruz (Producto vectorial)

Combina dos vectores en un tercer vector ortogonal a ambos. Calculado en $\mathbb{R}^3$.

- Propiedades: Antisimetría, distributividad, magnitud representando el área del paralelogramo formado por los vectores, y dirección determinada por la regla de la mano derecha.
- Aplicaciones: Cálculo de momentos, torque, intersecciones de líneas y planos, y simulación de sistemas dinámicos.

3.6 Vectores en el plano y en el espacio

- Plano (2D): Un vector en el plano cartesiano se representa por sus componentes (x, y).
- Espacio (3D): Un vector en el espacio tridimensional se representa por sus componentes (x, y, z).
- Aplicaciones: Representación de fuerzas, desplazamientos, pendientes de rectas y relaciones geométricas.

3.7 Bases y dimensiones

Vectores linealmente independientes que generan un espacio vectorial.

- Cálculo de la Dimensión: Número de vectores en una base.
- Independencia Lineal: Ningún vector en el conjunto puede ser expresado como combinación lineal de los otros.
- Aplicaciones: Representación y manipulación de datos en matemáticas y ciencias.

3.8 Coordenadas y cambios de base

- Coordenadas: Un vector en términos de una base.
- Cambio de Base: Transformación de las coordenadas de un vector de una base a otra.
- Aplicaciones: Transformaciones en geometría y gráficos por computadora.

3.10 Aplicaciones de vectores

- Física: Representación de fuerzas, velocidades y otros fenómenos físicos.
- Ingeniería: Simulación de sistemas dinámicos, diseño de algoritmos.
- Economía y Finanzas: Modelado de flujos de efectivo, análisis de riesgos, y teoría de portafolios.

3.11 Problemas y sus Soluciones

Se tienen los siguientes problemas y soluciones:

1. ¿Qué es un vector?

A) Una cantidad con solo magnitud.
B) Una cantidad con magnitud y dirección.
C) Una cantidad con solo dirección.
D) Una cantidad sin magnitud ni dirección.
E) Un número real.
F) Un punto en un plano.

2. ¿Cómo calcular la magnitud del vector $v = (v_1, v_2, ..., v_n)$?

A) $v_1 + v_2 + ... + v_n$
B) $v_1 \cdot v_2 \cdot ... \cdot v_n$
C) $\sqrt{v_1^2 + v_2^2 + ... + v_n^2}$
D) $v_1^2 + v_2^2 + ... + v_n^2$
E) $v_1 - v_2 - ... - v_n$
F) $\frac{v_1}{v_2} + ... + \frac{v_{n-1}}{v_n}$

3. ¿Cuál de las siguientes es una característica de los vectores?

A) Solo tienen magnitud.
B) Tienen magnitud y dirección.
C) No tienen dirección.
D) No tienen magnitud.
E) Son siempre positivos.
F) Son siempre negativos.

4. ¿Cuál es la diferencia entre un vector y un escalar?

A) Los vectores tienen dirección, los escalares no.
B) Los escalares tienen dirección, los vectores no.
C) Los vectores tienen magnitud, los escalares no.
D) Los escalares tienen magnitud, los vectores no.
E) Los vectores son números enteros, los escalares no.
F) Los escalares son números enteros, los vectores no.

5. ¿Cómo se representa gráficamente un vector?

A) Como una línea recta.
B) Como una flecha.
C) Como un punto.
D) Como un círculo.
E) Como un cuadrado.
F) Como una curva.

6. ¿Cuál es el resultado de la suma de dos vectores $u = (u_1, u_2, ..., u_n)$ y $v = (v_1, v_2, ..., v_n)$?

A) $(u_1 \times v_1, u_2 \times v_2, \ldots, u_n \times v_n)$
B) $(u_1 + v_1, u_2 + v_2, \ldots, u_n + v_n)$
C) $(u_1 - v_1, u_2 - v_2, \ldots, u_n - v_n)$
D) $(u_1/v_1, u_2/v_2, \ldots, u_n/v_n)$
E) $(u_1/v_1, u_2 \cdot v_2, \ldots, u_n + v_n)$
F) $(u_1 - u_2, v_1 - v_2, \ldots, u_n - v_n)$

7. ¿Qué operación vectorial se define como la suma del primer vector con el negativo del segundo vector?

A) Multiplicación de vectores.
B) División de vectores.
C) Suma de vectores.
D) Resta de vectores.
E) Producto escalar.
F) Producto vectorial.

8. ¿Qué propiedad cumple la suma de vectores?

A) Distributiva.
B) Conmutativa.
C) Asociativa.
D) Conmutativa y Asociativa.
E) Distributiva y Conmutativa.
F) Ninguna de las anteriores.

9. ¿Cómo se normaliza un vector?

A) Multiplicando cada componente por su magnitud.
B) Dividiendo cada componente por su magnitud.
C) Sumando una constante a cada componente.
D) Restando una constante a cada componente.

E) Multiplicando cada componente por una constante.
F) Dividiendo cada componente por una constante.

10. ¿Cuál de las siguientes aplicaciones de vectores se encuentra en economía?

A) Representar fuerzas y momentos.
B) Modelar el flujo de fluidos.
C) Simular interacciones físicas.
D) Modelar carteras de inversión.
E) Representar píxeles en imágenes.
F) Diseñar algoritmos de optimización.

3.12 Problemas

Se tienen los siguientes problemas:

1. ¿Cuál de las siguientes opciones describe correctamente la magnitud de un vector $v = (v_1, v_2, ..., v_n)$**?**

A) $v_1 + v_2 + ... + v_n$
B) $\sqrt{v_1^2 + v_2^2 + ... + v_n^2}$
C) $v_1 \cdot v_2 \cdot ... \cdot v_n$
D) $v_1 - v_2 - ... - v_n$
E) $v_1/v_2/.../v_n$
F) Ninguna de las anteriores.

2. ¿Qué propiedad cumple el producto escalar de dos vectores?

A) Conmutatividad.
B) Distributividad sobre la suma.
C) Multiplicación por un escalar.
D) Todas las anteriores.
E) Ninguna de las anteriores.
F) Solo A y B.

3. ¿Cuál es el resultado del producto punto de dos vectores $u = (u_1, u_2, u_3)$ **y** $v = (v_1, v_2, v_3)$**?**

A) $u_1 + u_2 + u_3 + v_1 + v_2 + v_3$
B) $u_1v_1 + u_2v_2 + u_2v_3$
C) $u_1v_2 + u_2v_3 + u_3v_3$
D) $u_1/v_1 + u_2/v_2 + u_2/v_3$
E) $u_1 - v_1 + u_2 - v_2 + u_2 - v_3$
F) Ninguna de las anteriores.

4. ¿Qué indica la dirección de un vector?

A) Solo la magnitud del vector.
B) La línea recta a lo largo de la cual se extiende el vector.
C) La suma de las componentes del vector.
D) La resta de las componentes del vector.
E) La multiplicación de las componentes del vector.
F) Ninguna de las anteriores.

5. ¿Qué es un vector unitario?

A) Un vector con magnitud cero.
B) Un vector con magnitud uno.
C) Un vector con magnitud negativa.
D) Un vector sin dirección.
E) Un vector sin componentes.
F) Ninguna de las anteriores.

6. ¿Cómo se calcula la magnitud de un vector en $\mathbb{R}^3$ con componentes $v = (v_1, v_2, v_3)$?

A) $\sqrt{v_1^2 + v_2^2 + v_3^2}$
B) $v_1 + v_2 + v_3$
C) $v_1 \cdot v_2 \cdot v_3$
D) $v_1 - v_2 + v_3$
E) $v_1/v_2/v_3$
F) Ninguna de las anteriores.

7. ¿Qué representa el producto escalar $u \cdot v$ en términos geométricos?

A) La suma de las magnitudes de u y v.
B) La proyección de uno de los vectores sobre el otro.
C) La diferencia de las magnitudes de u y v.
D) El cociente de las magnitudes de u y v.
E) La suma de los ángulos entre u y v.
F) Ninguna de las anteriores.

8. ¿Qué operación se utiliza para encontrar un vector que tenga la misma dirección pero una magnitud diferente?

A) Suma de vectores.
B) Producto escalar.
C) Multiplicación por un escalar.
D) División por un escalar.
E) Resta de vectores.
F) Ninguna de las anteriores.

9. ¿Cuál es la interpretación geométrica del producto punto de dos vectores perpendiculares?

A) Es la magnitud de uno de los vectores.

B) Es igual a la suma de las magnitudes de los vectores.
C) Es igual a cero.
D) Es igual al producto de las magnitudes de los vectores.
E) Es igual a la resta de las magnitudes de los vectores.
F) Ninguna de las anteriores.

10. ¿Qué aplicación del producto escalar se encuentra en física?

A) Calcular la masa de un objeto.
B) Obtener la velocidad de un objeto.
C) Obtener el trabajo realizado por una fuerza.
D) Encontrar la temperatura de un objeto.
E) Calcular la presión en un fluido.
F) Ninguna de las anteriores.

Capítulo 4 Sistemas de Ecuaciones Lineales

Objetivos

- Analizar el concepto de sistema de ecuaciones lineales como conjunto de ecuaciones que modelan relaciones algebraicas entre múltiples variables.
- Examinar las distintas formas de representación de sistemas de ecuaciones lineales: forma estándar, forma matricial y matriz aumentada.
- Clasificar los sistemas de ecuaciones lineales según el número de soluciones: sistemas compatibles determinados, compatibles indeterminados e incompatibles.
- Aplicar métodos algebraicos clásicos para la resolución de sistemas, tales como sustitución, eliminación de Gauss, Gauss - Jordan y la Regla de Cramer.
- Comprender el empleo de matrices inversas y descomposiciones matriciales (LU, QR, SVD) como herramientas para la resolución eficiente de sistemas lineales.
- Interpretar geométricamente los sistemas de ecuaciones lineales en el plano y el espacio, visualizando soluciones como intersecciones de rectas y planos.
- Analizar la relación entre sistemas de ecuaciones lineales y matrices, enfatizando el rango, la invertibilidad y el determinante.
- Estudiar métodos numéricos iterativos como Jacobi y Gauss - Seidel, evaluando criterios de convergencia, ventajas y limitaciones en sistemas de gran tamaño.
- Aplicar sistemas de ecuaciones lineales en problemas reales de física, ingeniería, economía, informática y ciencia de datos.
- Emplear Python como recurso computacional para resolver, verificar y visualizar sistemas de ecuaciones lineales, articulando la teoría matemática con aplicaciones prácticas.

Buena Práctica

¿Por qué estudiar Sistemas de Ecuaciones Lineales con Python?
El estudio de sistemas de ecuaciones lineales mediante Python permite resolver y verificar soluciones de manera eficiente, comparar métodos como Gauss, Gauss - Jordan y factorizaciones (LU, QR), y analizar casos de solución única, infinitas soluciones o inconsistencia mediante el rango y la matriz aumentada. Además, facilita el trabajo con sistemas extensos, minimiza errores de cálculo y vincula la teoría con aplicaciones reales en circuitos eléctricos, estructuras, redes, optimización, ajuste de datos y modelos en ciencia e ingeniería.

4.1 Introducción a los sistemas de ecuaciones lineales

Un sistema de ecuaciones lineales es un conjunto de dos o más ecuaciones lineales que tienen las mismas variables. La característica principal de estas ecuaciones es que cada término es una constante o el producto de una constante por una variable. En forma general, un sistema de m ecuaciones con n incógnitas se puede escribir como:[10]

$$\begin{aligned} a_{11}x_1 + a_{12}x_2 + \cdots + a_{1n}x_n &= b_1 \\ a_{21}x_1 + a_{22}x_2 + \cdots + a_{2n}x_n &= b_2 \\ &\vdots \\ a_{m1}x_1 + a_{m2}x_2 + \cdots + a_{mn}x_n &= b_m \end{aligned}$$

Aquí, $x_1, x_2, \ldots, x_n$ son las incógnitas, a_{ij} son los coeficientes y b_i son los términos independientes. La solución de un sistema de ecuaciones lineales es el conjunto de valores para las incógnitas que satisface todas las ecuaciones simultáneamente.

4.1.1 Formas estándar y matricial de representación

4.1.1.1 Forma estándar

La forma estándar de un sistema de ecuaciones lineales es la mostrada anteriormente: cada ecuación se escribe en una línea, destacando los coeficientes de cada incógnita y los términos independientes.

4.1.1.2 Forma matricial

La forma matricial es una representación más compacta y poderosa, especialmente útil para la manipulación algebraica y la resolución mediante métodos numéricos. El sistema anterior se representa como:

$$Ax = b$$

Donde:

- A es la matriz de coeficientes:
$$A = \begin{bmatrix} a_{11} & a_{12} & \cdots & a_{1n} \\ a_{21} & a_{22} & \cdots & a_{2n} \\ \vdots & \vdots & \ddots & \vdots \\ a_{m1} & a_{m2} & \cdots & a_{mn} \end{bmatrix}$$
- x es el vector de incógnitas:
$$x = \begin{pmatrix} x_1 \\ x_2 \\ \vdots \\ x_n \end{pmatrix}$$
- b es el vector de términos independientes:
$$b = \begin{pmatrix} b_1 \\ b_2 \\ \vdots \\ b_m \end{pmatrix}$$

4.1.2 Ejemplos de aplicaciones en diferentes campos

En economía, los sistemas de ecuaciones lineales son fundamentales para modelar y analizar distintos aspectos del mercado y la producción. Un ejemplo clásico es el análisis *input-output* desarrollado por Wassily Leontief, que describe cómo las diferentes industrias de una economía están interrelacionadas. Supongamos una economía con dos sectores: agrícola y manufacturero. Se puede plantear el sistema:

$$x_1 = a_{11}x_1 + a_{12}x_2 + d_1$$
$$x_2 = a_{21}x_1 + a_{22}x_2 + d_2$$

Aquí, x_1 y x_2 representan la producción total de los sectores agrícola y manufacturero, respectivamente. Los coeficientes a_{ij} indican la cantidad del producto

i necesaria para producir una unidad del producto j, y d_i representa la demanda final. Resolver este sistema permite analizar la interdependencia entre sectores y planificar la producción de manera coherente.

En física, los sistemas de ecuaciones lineales se usan para resolver problemas relacionados con circuitos eléctricos, mecánica clásica y otras áreas. Por ejemplo, en el análisis de circuitos eléctricos, las leyes de Kirchhoff pueden formularse como un sistema lineal. Consideremos un circuito con tres resistencias R_1, R_2, R_3 y tres corrientes I_1, I_2, I_3. Usando la ley de Ohm y las leyes de Kirchhoff, se obtiene:

$$R_1 I_1 + R_2(I_1 - I_2) = V_1$$
$$R_2(I_2 - I_1) + R_3(I_2 - I_3) = V_2$$
$$R_3(I_3 - I_2) = V_3$$

Donde V_1, V_2, V_3 son los voltajes en diferentes partes del circuito. Resolver este sistema permite determinar las corrientes en cada rama, lo cual es crucial para el diseño y análisis de circuitos.

En ingeniería, los sistemas de ecuaciones lineales aparecen al modelar estructuras y mecanismos. Un ejemplo típico es el análisis estructural mediante el método de elementos finitos. Si una viga se discretiza en nodos, el equilibrio se expresa como:

$$k_{11}u_1 + k_{12}u_2 + \cdots + k_{1n}u_n = f_1$$
$$k_{21}u_1 + k_{22}u_2 + \cdots + k_{2n}u_n = f_2$$
$$\vdots$$
$$k_{m1}u_1 + k_{m2}u_2 + \cdots + k_{mn}u_n = f_m$$

Aquí, u_i son los desplazamientos nodales, k_{ij} son coeficientes de rigidez del sistema, y f_i son fuerzas aplicadas. Resolver el sistema permite estimar desplazamientos y esfuerzos, y con ello analizar la respuesta de la estructura ante cargas.

4.1.3 Métodos de resolución

Existen varios métodos para resolver sistemas de ecuaciones lineales, entre ellos:

- **Eliminación de Gauss:** procedimiento sistemático para reducir el sistema a forma escalonada y resolver por sustitución hacia atrás.
- **Matrices inversas:** si A es invertible, la solución se obtiene mediante $x = A^{-1}b$.
- **Descomposición LU:** descompone A como el producto de una matriz triangular inferior L y una triangular superior U, simplificando la resolución.
- **Métodos iterativos:** para sistemas grandes y dispersos, métodos como Jacobi, Gauss–Seidel y gradientes conjugados suelen ser más eficientes.[14]

Los sistemas de ecuaciones lineales constituyen una herramienta esencial en matemáticas aplicadas y en numerosas disciplinas. La representación matricial y los métodos de solución proporcionan una base sólida para tratar estos sistemas de manera eficiente, tanto en teoría como en práctica. A continuación, se presentan ejemplos ilustrativos.

Ejemplo: Resolución de un sistema de ecuaciones lineales usando el método de eliminación de Gauss.

In [1]:

```
# Ejercicio 1
import numpy as np

# Definimos la matriz de coeficientes y el vector de términos
    independientes
A = np.array([[2, -1, 3],
              [4, 2, -2],
              [1, 2, 1]])
b = np.array([5, 6, 1])

# Resolución del sistema de ecuaciones Ax = b usando la eliminación de
     Gauss
x = np.linalg.solve(A, b)

print("La solución del sistema es:", x)
```

Out [1]:

```
La solucion del sistema es: [ 1.88888889 -0.55555556
    0.22222222]
```

Ejemplo: Resolución de un sistema de ecuaciones lineales mediante matrices inversas.

In [2]:

```
# Ejercicio 2
import numpy as np

# Definimos la matriz de coeficientes y el vector de términos
    independientes
A = np.array([[3, 2],
              [1, 2]])
b = np.array([9, 6])

# Calculamos la matriz inversa de A
```

```
A_inv = np.linalg.inv(A)

# Calculamos la solución del sistema
x = np.dot(A_inv, b)

print("La solución del sistema es:", x)
```

Out [2]:

```
La solucion del sistema es: [1.5 2.25]
```

Ejemplo: Resolución de un sistema de ecuaciones lineales en circuitos eléctricos.

In [3]:

```
# Ejercicio 3
import numpy as np

# Definimos la matriz de coeficientes y el vector de términos
    independientes
R1, R2, R3 = 2, 2, 3
V1, V2, V3 = 10, 7, 2
A = np.array([[R1 + R2, -R2, 0],
              [-R2, R2 + R3, -R3],
              [0, -R3, R3]])
b = np.array([V1, V2, V3])

# Resolución del sistema de ecuaciones Ax = b
I = np.linalg.solve(A, b)

print("Las corrientes en el circuito son:", I)
```

Out [3]:

```
Las corrientes en el circuito son: [ 9.5    14.
    14.66666667]
```

Ejemplo: Análisis estructural de una viga mediante elementos finitos.

In [4]:

```
# Ejercicio 4
import numpy as np

# Definimos la matriz de rigidez y el vector de fuerzas aplicadas
K = np.array([[12, -6, -1],
              [-6, 12, -6],
```

```
              [-6, -7, 12]])
f = np.array([9, 0, -10])

# Resolución del sistema de ecuaciones Ku = f
u = np.linalg.solve(K, f)

print("Los desplazamientos en los nodos son:", u)
```

Out [4]:

```
Los desplazamientos en los nodos son: [ 0.94805195 0.41558442
  -0.11688312]
```

4.2 Métodos de resolución de sistemas de ecuaciones

4.2.1 Método de sustitución

El método de sustitución es una técnica algebraica para resolver sistemas de ecuaciones lineales. Consiste en despejar una variable en una de las ecuaciones y sustituir esa expresión en la(s) otra(s) ecuación(es), reduciendo así el número de incógnitas. El proceso se repite hasta obtener una ecuación con una sola variable; luego se sustituye hacia atrás para hallar las demás variables.

El procedimiento general es:

- **Seleccionar una ecuación:** escoger una ecuación del sistema.
- **Despejar una variable:** resolver esa ecuación para una de las variables.
- **Sustituir:** reemplazar la variable despejada en las otras ecuaciones, reduciendo el número de incógnitas.
- **Repetir:** continuar hasta obtener una ecuación con una sola variable.
- **Resolver:** resolver la ecuación resultante.
- **Sustituir hacia atrás:** usar el valor encontrado para calcular las demás variables.

Ejemplo. Considere el sistema de ecuaciones:

$$\begin{cases} 2x + 3y = 4 \\ 4x - y = 12 \end{cases}$$

Paso 1: Seleccionar una ecuación. Tomemos la segunda ecuación.

Paso 2: Despejar una variable. Despejamos y:

$$4x - y = 12 \quad \Rightarrow \quad -y = 12 - 4x \quad \Rightarrow \quad y = 4x - 12$$

Paso 3: Sustituir. Sustituimos $y = 4x - 12$ en la primera ecuación:

$$2x + 3(4x - 12) = 4$$

$$2x + 12x - 36 = 4$$

$$14x - 36 = 4$$

$$14x = 40 \quad \Rightarrow \quad x = \frac{40}{14} = \frac{20}{7}$$

Paso 4: Sustituir hacia atrás. Sustituimos $x = \frac{20}{7}$ en $y = 4x - 12$:

$$y = 4\left(\frac{20}{7}\right) - 12 = \frac{80}{7} - \frac{84}{7} = -\frac{4}{7}$$

Por lo tanto, la solución del sistema es:

$$(x, y) = \left(\frac{20}{7}, -\frac{4}{7}\right).$$

Ahora, resolvamos el mismo sistema con código en Python.

In [5]:

```
# Ejercicio 5
import numpy as np
import matplotlib.pyplot as plt

# Definimos las funciones correspondientes a las ecuaciones
def eq1(x):
    return (4 - 2*x) / 3

def eq2(x):
    return 4*x - 12

x_solution = 20 / 7
y_solution = 4 * (20 / 7) - 12

# Imprimimos las soluciones
print("La solución del sistema es: x =", x_solution, ", y =",
    y_solution)

# Generación de datos para las gráficas
x_values = np.linspace(-5, 5, 400)
y_values_eq1 = eq1(x_values)
y_values_eq2 = eq2(x_values)

# Gráfica de las ecuaciones
plt.figure(figsize=(10, 6))
plt.plot(x_values, y_values_eq1, label=r'$2x + 3y = 4$')
plt.plot(x_values, y_values_eq2, label=r'$4x - y = 12$')

# Marcamos la solución en la gráfica
```

```
plt.plot(x_solution, y_solution, 'ro') # punto de solución
plt.text(x_solution, y_solution, f'({x_solution:.2f}, {y_solution:.2f
    })', fontsize=12, verticalalignment='bottom')

# Configuramos la gráfica
plt.axhline(0, color='black',linewidth=0.5)
plt.axvline(0, color='black',linewidth=0.5)
plt.grid(color = 'gray', linestyle = '--', linewidth = 0.5)
plt.legend()
plt.title('Resolución del Sistema de Ecuaciones Lineales por el Método
    de Sustitución')
plt.xlabel('x')
plt.ylabel('y')
plt.ylim(-10, 10)
plt.xlim(-5, 5)
plt.show()
```

Out [5]:

```
La solucion del sistema es: x = 2.857142857142857 , y =
    -0.5714285714285712
```

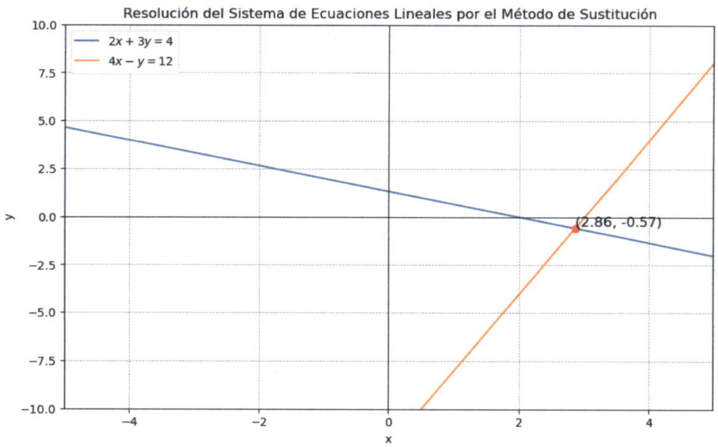

4.2.2 Método de eliminación (Gauss-Jordan)

El método de Gauss-Jordan es una técnica para resolver sistemas de ecuaciones lineales transformando la **matriz aumentada** del sistema hasta obtener su **forma escalonada reducida por filas** (RREF, por sus siglas en inglés). En esta forma, las soluciones del sistema se leen directamente, ya que la matriz de coeficientes queda (cuando el sistema tiene solución única) como la matriz identidad.

El procedimiento general es:

- **Formar la matriz aumentada:** escribir el sistema como una matriz de coeficientes con la columna de términos independientes.

- **Transformar la matriz:** aplicar **operaciones elementales de fila**:
    - Intercambiar dos filas.
    - Multiplicar una fila por una constante.
    - Sumar (o restar) a una fila un múltiplo de otra fila.

  hasta llevar la matriz a forma escalonada reducida.
- **Leer las soluciones:** una vez en forma reducida, las incógnitas se obtienen directamente.

Ejemplo. Considere el sistema:

$$\begin{cases} x + 2y + z = 9 \\ 2x + 3y + 3z = 21 \\ x + y + 4z = 8 \end{cases}$$

Paso 1: Matriz aumentada.

$$\left[\begin{array}{ccc|c} 1 & 2 & 1 & 9 \\ 2 & 3 & 3 & 21 \\ 1 & 1 & 4 & 8 \end{array}\right]$$

Paso 2: Eliminación en la primera columna.

Hacemos ceros debajo del pivote de la primera fila:

$$R_2 \leftarrow R_2 - 2R_1, \qquad R_3 \leftarrow R_3 - R_1$$

$$\left[\begin{array}{ccc|c} 1 & 2 & 1 & 9 \\ 0 & -1 & 1 & 3 \\ 0 & -1 & 3 & -1 \end{array}\right]$$

Paso 3: Pivote en la segunda columna.

Volvemos el pivote de la segunda fila en 1:

$$R_2 \leftarrow -R_2$$

$$\left[\begin{array}{ccc|c} 1 & 2 & 1 & 9 \\ 0 & 1 & -1 & -3 \\ 0 & -1 & 3 & -1 \end{array}\right]$$

Paso 4: Eliminación en la segunda columna. Hacemos cero el elemento de la tercera fila en la segunda columna:

$$R_3 \leftarrow R_3 + R_2$$

$$\left[\begin{array}{ccc|c} 1 & 2 & 1 & 9 \\ 0 & 1 & -1 & -3 \\ 0 & 0 & 2 & -4 \end{array}\right]$$

Paso 5: Pivote en la tercera columna. Volvemos el pivote de la tercera fila en 1:

$$R_3 \leftarrow \frac{1}{2}R_3$$

$$\left[\begin{array}{ccc|c} 1 & 2 & 1 & 9 \\ 0 & 1 & -1 & -3 \\ 0 & 0 & 1 & -2 \end{array}\right]$$

Paso 6: Gauss–Jordan (ceros arriba del pivote). Eliminamos el tercer coeficiente en las filas 1 y 2:

$$R_2 \leftarrow R_2 + R_3, \qquad R_1 \leftarrow R_1 - R_3$$

$$\left[\begin{array}{ccc|c} 1 & 2 & 0 & 11 \\ 0 & 1 & 0 & -5 \\ 0 & 0 & 1 & -2 \end{array}\right]$$

Paso 7: Eliminación final en la segunda columna. Hacemos cero el segundo coeficiente de la fila 1:

$$R_1 \leftarrow R_1 - 2R_2$$

$$\left[\begin{array}{ccc|c} 1 & 0 & 0 & 21 \\ 0 & 1 & 0 & -5 \\ 0 & 0 & 1 & -2 \end{array}\right]$$

Por lo tanto, las soluciones del sistema son:

$$x = 21, \qquad y = -5, \qquad z = -2.$$

Ahora, resolvamos el mismo sistema con código en Python.

In [6]:

```
# Ejercicio 6
import numpy as np
import matplotlib.pyplot as plt
```

```

# Definimos la matriz aumentada del sistema de ecuaciones
A = np.array([[1, 2, 1, 9],
              [2, 3, 3, 21],
              [1, 1, 4, 8]], dtype=float)

# Función para realizar la eliminación de Gauss-Jordan
def gauss_jordan(A):
    rows, cols = A.shape
    for i in range(rows):
        # Hacer que el elemento diagonal sea 1
        A[i] = A[i] / A[i, i]
        for j in range(rows):
            if i != j:
                A[j] = A[j] - A[j, i] * A[i]
    return A

# Aplicamos el método de Gauss-Jordan
A_reduced = gauss_jordan(A)

# Leer las soluciones
x = A_reduced[0, -1]
y = A_reduced[1, -1]
z = A_reduced[2, -1]
print("La matriz reducida es:")
print(A_reduced)
print("\nLas soluciones del sistema son:")
print(f"x = {x}, y = {y}, z = {z}")

# Definir valores de z fijos para cada ecuación
z1, z2, z3 = 1, 1, 1

# Funciones de y en términos de x con z fijos
y_values_eq1 = (9 - x_values - z1) / 2
y_values_eq2 = (21 - 2*x_values - 3*z2) / 3
y_values_eq3 = (8 - x_values - 4*z3) / 1

# Gráfica de las ecuaciones
plt.figure(figsize=(10, 6))
plt.plot(x_values, y_values_eq1, label=r'$x + 2y + z = 9$')
plt.plot(x_values, y_values_eq2, label=r'$2x + 3y + 3z = 21$')
plt.plot(x_values, y_values_eq3, label=r'$x + y + 4z = 8$')

# Configuramos la gráfica
plt.axhline(0, color='black', linewidth=0.5)
plt.axvline(0, color='black', linewidth=0.5)
plt.grid(color='gray', linestyle='--', linewidth=0.5)
plt.legend()
plt.title('Sistema de Ecuaciones Lineales')
plt.xlabel('x')
plt.ylabel('y')
```

```
plt.ylim(-10, 10)
plt.xlim(-10, 10)
plt.show()
```

Out [6]:

```
La matriz reducida es:
[[ 1.  0.  0. 21.]
 [ 0.  1.  0. -5.]
 [ 0.  0.  1. -2.]]

Las soluciones del sistema son:
x = 21.0, y = -5.0, z = -2.0
```

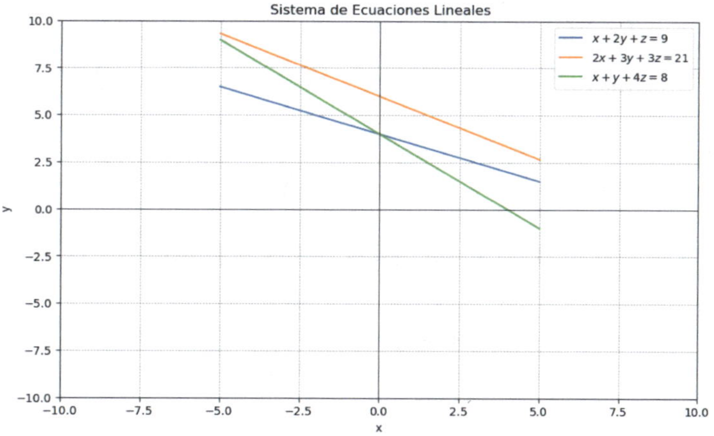

4.2.3 Método de la matriz inversa

El método de la matriz inversa se basa en la propiedad de que, si una matriz cuadrada A es invertible (es decir, $\det(A) \neq 0$), entonces el sistema lineal:

$$Ax = b$$

Tiene una única solución dada por:

$$x = A^{-1}b.$$

Procedimiento.

- **Formar la matriz de coeficientes A:** extraer la matriz de coeficientes del sistema.
- **Calcular la inversa A^{-1}:** determinar la inversa de A (si existe).
- **Multiplicar:** calcular $x = A^{-1}b$.

Ejemplo. Considere el sistema de ecuaciones:

$$\begin{cases} x + 2y = 5 \\ 3x + 4y = 6 \end{cases}$$

Paso 1: Matriz de coeficientes y vector independiente.

$$A = \begin{pmatrix} 1 & 2 \\ 3 & 4 \end{pmatrix}, \qquad b = \begin{pmatrix} 5 \\ 6 \end{pmatrix}$$

Paso 2: Cálculo de A^{-1}.

Para una matriz 2×2,

$$A = \begin{pmatrix} a & b \\ c & d \end{pmatrix} \quad \Rightarrow \quad A^{-1} = \frac{1}{ad - bc} \begin{pmatrix} d & -b \\ -c & a \end{pmatrix}.$$

En este caso:

$$\det(A) = 1 \cdot 4 - 2 \cdot 3 = 4 - 6 = -2 \neq 0,$$

Por lo tanto A es invertible. La adjunta (en el caso 2×2) es:

$$\operatorname{adj}(A) = \begin{pmatrix} 4 & -2 \\ -3 & 1 \end{pmatrix}.$$

Así,

$$A^{-1} = \frac{1}{-2} \begin{pmatrix} 4 & -2 \\ -3 & 1 \end{pmatrix} = \begin{pmatrix} -2 & 1 \\ \frac{3}{2} & -\frac{1}{2} \end{pmatrix}.$$

Paso 3: Multiplicación $x = A^{-1}b$.

$$x = \begin{pmatrix} -2 & 1 \\ \frac{3}{2} & -\frac{1}{2} \end{pmatrix} \begin{pmatrix} 5 \\ 6 \end{pmatrix} = \begin{pmatrix} -2 \cdot 5 + 1 \cdot 6 \\ \frac{3}{2} \cdot 5 - \frac{1}{2} \cdot 6 \end{pmatrix} = \begin{pmatrix} -10 + 6 \\ \frac{15}{2} - 3 \end{pmatrix} = \begin{pmatrix} -4 \\ \frac{9}{2} \end{pmatrix}.$$

Por lo tanto, la solución del sistema es:

$$x = -4, \qquad y = \frac{9}{2} = 4{,}5.$$

Ahora, resolvamos el mismo sistema con código en Python.

In [7]:

```
# Ejercicio 7
```

```
import numpy as np
import matplotlib.pyplot as plt

# Definimos la matriz de coeficientes y el vector de términos
    independientes
A = np.array([[1, 2],
              [3, 4]])
b = np.array([5, 6])

# Calcular la inversa de A
A_inv = np.linalg.inv(A)

# Multiplicar A_inv por b para obtener la solución
x = np.dot(A_inv, b)
print("La solución del sistema es: x =", x[0], ", y =", x[1])

# Funciones correspondientes a las ecuaciones para la gráfica
def eq1(x):
    return (5 - x) / 2

def eq2(x):
    return (6 - 3*x) / 4

# Generación de datos para las gráficas
x_values = np.linspace(-10, 10, 400)
y_values_eq1 = eq1(x_values)
y_values_eq2 = eq2(x_values)

# Gráfica de las ecuaciones
plt.figure(figsize=(10, 6))
plt.plot(x_values, y_values_eq1, label=r'$x + 2y = 5$')
plt.plot(x_values, y_values_eq2, label=r'$3x + 4y = 6$')

# Marcamos la solución en la gráfica
plt.plot(x[0], x[1], 'ro') # punto de solución
plt.text(x[0], x[1], f'({x[0]:.2f}, {x[1]:.2f})', fontsize=12,
    verticalalignment='bottom')

# Configuramos la gráfica
plt.axhline(0, color='black', linewidth=0.5)
plt.axvline(0, color='black', linewidth=0.5)
plt.grid(color='gray', linestyle='--', linewidth=0.5)
plt.legend()
plt.title('Resolución del Sistema de Ecuaciones Lineales por el Método
    de la Matriz Inversa')
plt.xlabel('x')
plt.ylabel('y')
plt.ylim(-10, 10)
plt.xlim(-10, 10)
plt.show()
```

Out [7]:

```
La solucion del sistema es: x = -3.9999999999999982 , y = 4.5
```

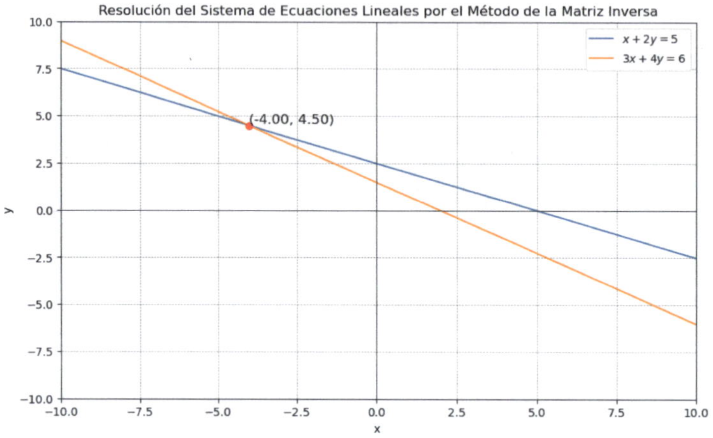

4.2.4 Método de Cramer

Es una técnica para resolver sistemas de ecuaciones lineales utilizando determinantes. Es aplicable únicamente a sistemas cuadrados (mismo número de ecuaciones e incógnitas) cuya matriz de coeficientes A es no singular, es decir, $\det(A) \neq 0$.

Procedimiento.

- **Formar la matriz de coeficientes A:** extraer la matriz de coeficientes del sistema.
- **Calcular $\det(A)$:** obtener el determinante de A.
- **Formar las matrices A_i:** para cada variable x_i, construir A_i reemplazando la columna i de A por el vector de términos independientes b.
- **Calcular $\det(A_i)$:** obtener el determinante de cada matriz A_i.
- **Resolver:** usar la fórmula de Cramer:

$$x_i = \frac{\det(A_i)}{\det(A)}.$$

Ejemplo. Considere el sistema:

$$\begin{cases} 2x + 3y = 5 \\ 4x + y = 6 \end{cases}$$

Paso 1: Matriz de coeficientes y vector independiente.

$$A = \begin{pmatrix} 2 & 3 \\ 4 & 1 \end{pmatrix}, \qquad b = \begin{pmatrix} 5 \\ 6 \end{pmatrix}$$

Paso 2: Determinante de A.

$$\det(A) = 2 \cdot 1 - 3 \cdot 4 = 2 - 12 = -10 \neq 0$$

Por tanto, el sistema tiene solución única y se puede aplicar Cramer.

Paso 3: Construcción de A_1 y A_2.

$$A_1 = \begin{pmatrix} 5 & 3 \\ 6 & 1 \end{pmatrix}, \qquad A_2 = \begin{pmatrix} 2 & 5 \\ 4 & 6 \end{pmatrix}$$

Paso 4: Determinantes de A_1 y A_2.

$$\det(A_1) = 5 \cdot 1 - 3 \cdot 6 = 5 - 18 = -13$$
$$\det(A_2) = 2 \cdot 6 - 5 \cdot 4 = 12 - 20 = -8$$

Paso 5: Aplicación de la regla de Cramer.

$$x = \frac{\det(A_1)}{\det(A)} = \frac{-13}{-10} = \frac{13}{10} = 1{,}3, \qquad y = \frac{\det(A_2)}{\det(A)} = \frac{-8}{-10} = \frac{4}{5} = 0{,}8$$

Por lo tanto, la solución del sistema es:

$$x = 1{,}3, \qquad y = 0{,}8.$$

Los métodos de resolución de sistemas de ecuaciones lineales, como sustitución, Gauss–Jordan, matriz inversa y Cramer, son herramientas poderosas para abordar problemas en diversos campos. Resolvemos este sistema con código en Python.

In [8]:

```
# Ejercicio 8
import numpy as np

# Definir la matriz de coeficientes
A = np.array([[2, 3],
              [4, 1]])

```

```
# Definir las matrices A1 y A2
A1 = np.array([[5, 3],
               [6, 1]])
A2 = np.array([[2, 5],
               [4, 6]])

# Calcular los determinantes
det_A = np.linalg.det(A)
det_A1 = np.linalg.det(A1)
det_A2 = np.linalg.det(A2)

# Resolver para x y y
x = det_A1 / det_A
y = det_A2 / det_A

# Imprimir los resultados
print(f"Determinante de A: {det_A}")
print(f"Determinante de A1: {det_A1}")
print(f"Determinante de A2: {det_A2}")
print(f"Solución: x = {x}, y = {y}")
```

Out [8]:

```
Determinante de A: -10.000000000000002
Determinante de A1: -13.0
Determinante de A2: -7.999999999999998
Solucion: x = 1.2999999999999998, y = 0.7999999999999997
```

Cada método tiene sus ventajas y limitaciones, y la elección del método más adecuado depende de la naturaleza y el tamaño del sistema a resolver. Estos métodos no solo facilitan la resolución de sistemas de ecuaciones, sino que también proporcionan una comprensión más profunda de la estructura y propiedades de los sistemas lineales.

4.3 Interpretación geométrica de los sistemas de ecuaciones

La interpretación geométrica de un sistema de ecuaciones lineales consiste en visualizar sus soluciones en el espacio asociado al número de variables. Cada ecuación lineal representa un objeto geométrico:

- **En dos variables** (x, y), cada ecuación lineal representa una **recta** en el plano.
- **En tres variables** (x, y, z), cada ecuación lineal representa un **plano** en el espacio tridimensional.
- **La solución** del sistema se interpreta como la intersección de estos objetos geométricos.

4.3.1 Sistemas de dos ecuaciones lineales con dos incógnitas

Considere el sistema con incógnitas x y y:

$$\begin{cases} a_1x + b_1y = c_1 \\ a_2x + b_2y = c_2 \end{cases}$$

Cada ecuación describe una recta en el plano xy. La intersección de ambas rectas representa:

- un **punto** (solución única),
- una **recta completa** si son coincidentes (infinitas soluciones),
- o **ningún punto** si son paralelas distintas (sin solución).

4.3.1.1 Sistemas de tres ecuaciones lineales con tres incógnitas

Considere el sistema con incógnitas x, y y z:

$$\begin{cases} a_1x + b_1y + c_1z = d_1 \\ a_2x + b_2y + c_2z = d_2 \\ a_3x + b_3y + c_3z = d_3 \end{cases}$$

Cada ecuación describe un plano en el espacio tridimensional. La intersección de los planos puede ser:

- un **punto** (solución única),
- una **recta** (infinitas soluciones),
- o **vacía** (sin solución),

Dependiendo de la posición relativa de los planos.

4.3.2 Número de soluciones

El número de soluciones de un sistema depende de la relación geométrica entre las rectas (en 2D) o los planos (en 3D).

Sistemas compatibles determinados (solución única).

Un sistema compatible determinado tiene una única solución. En 2D, las rectas se cortan en un único punto; en 3D, los planos pueden intersectarse en un único punto (caso típico de solución única).

Ejemplo (2D).

$$\begin{cases} x + y = 2 \\ 2x - y = 1 \end{cases}$$

Las dos rectas se intersectan en el punto $(1, 1)$.

Sistemas compatibles indeterminados (infinitas soluciones).

Un sistema compatible indeterminado tiene infinitas soluciones. En 2D, ocurre cuando las rectas son coincidentes (misma recta). En 3D, puede ocurrir si los planos se cortan en una recta o son coincidentes.

Ejemplo (2D).

$$\begin{cases} x + y = 2 \\ 2x + 2y = 4 \end{cases}$$

Ambas ecuaciones representan la misma recta; por tanto, hay infinitas soluciones sobre esa recta.

Sistemas incompatibles (sin solución).

Un sistema incompatible no tiene solución. En 2D, ocurre cuando las rectas son paralelas distintas. En 3D, puede ocurrir cuando los planos no comparten ningún punto común.

Ejemplo (2D).

$$\begin{cases} x + y = 2 \\ x + y = 3 \end{cases}$$

Las rectas son paralelas y no se intersectan, por lo que no existe solución. La interpretación geométrica proporciona una manera intuitiva de comprender la naturaleza de las soluciones: al representar las ecuaciones como rectas o planos, se puede determinar si el sistema posee una solución única, infinitas soluciones o ninguna solución. Esta perspectiva es especialmente útil en aplicaciones donde la visualización ayuda a comprender y comunicar resultados.

Ahora, realizaremos una visualización con código en Python.

Ejemplo: Sistema compatible determinado en 2D.

```
In [9]:
```

```
# Ejercicio 9
import numpy as np
import matplotlib.pyplot as plt

# Coeficientes de las ecuaciones
a1, b1, c1 = 1, 1, 2
a2, b2, c2 = 2, -1, 1

# Crear una figura y un eje
fig, ax = plt.subplots()

# Generar puntos para las líneas
x = np.linspace(-1, 3, 400)
y1 = (c1 - a1 * x) / b1
y2 = (c2 - a2 * x) / b2

# Dibujar las líneas
ax.plot(x, y1, label=f'{a1}x + {b1}y = {c1}')
ax.plot(x, y2, label=f'{a2}x + {b2}y = {c2}')

# Solución del sistema
x_sol = 1
y_sol = 1
ax.plot(x_sol, y_sol, 'ro', label=f'Solución ({x_sol}, {y_sol})')

# Etiquetas y leyenda
ax.set_xlabel('x')
ax.set_ylabel('y')
ax.legend()
ax.axhline(0, color='black',linewidth=0.5)
ax.axvline(0, color='black',linewidth=0.5)
ax.grid(color = 'gray', linestyle = '--', linewidth = 0.5)

# Mostrar gráfico
plt.title('Sistema Compatible Determinado en 2D')
plt.show()
```

Out [9]:

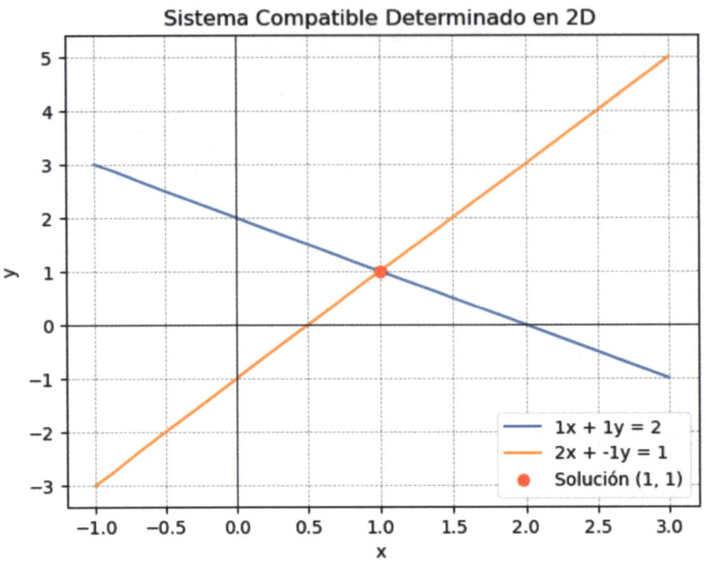

Ejemplo: Sistemas compatibles indeterminados en 2D.

In [10]:

```
# Ejercicio 10
import numpy as np
import matplotlib.pyplot as plt

# Coeficientes de las ecuaciones
a1, b1, c1 = 1, 1, 2
a2, b2, c2 = 2, 2, 4

# Crear una figura y un eje
fig, ax = plt.subplots()

# Generar puntos para las líneas
x = np.linspace(-1, 3, 400)
y1 = (c1 - a1 * x) / b1
y2 = (c2 - a2 * x) / b2

# Dibujar las líneas
ax.plot(x, y1, label=f'{a1}x + {b1}y = {c1}')
ax.plot(x, y2, label=f'{a2}x + {b2}y = {c2}', linestyle='--')

# Etiquetas y leyenda
ax.set_xlabel('x')
ax.set_ylabel('y')
ax.legend()
ax.axhline(0, color='black',linewidth=0.5)
ax.axvline(0, color='black',linewidth=0.5)
ax.grid(color = 'gray', linestyle = '--', linewidth = 0.5)
```

```

# Mostrar gráfico
plt.title('Sistema Compatible Indeterminado en 2D')
plt.show()
```

Out [10]:

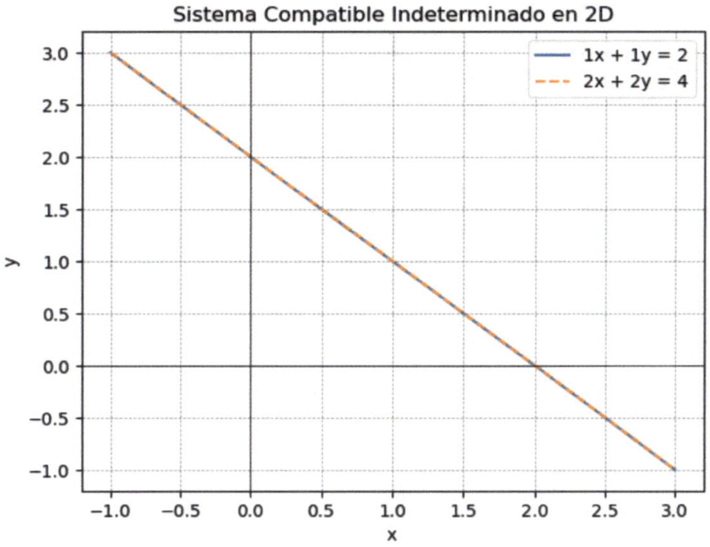

Ejemplo: Sistemas incompatibles en 2D.

In [11]:

```
# Ejercicio 11
import numpy as np
import matplotlib.pyplot as plt

# Coeficientes de las ecuaciones
a1, b1, c1 = 1, 1, 2
a2, b2, c2 = 1, 1, 3

# Crear una figura y un eje
fig, ax = plt.subplots()

# Generar puntos para las líneas
x = np.linspace(-1, 3, 400)
y1 = (c1 - a1 * x) / b1
y2 = (c2 - a2 * x) / b2

# Dibujar las líneas
ax.plot(x, y1, label=f'{a1}x + {b1}y = {c1}')
ax.plot(x, y2, label=f'{a2}x + {b2}y = {c2}', linestyle='--')

# Etiquetas y leyenda
```

```
ax.set_xlabel('x')
ax.set_ylabel('y')
ax.legend()
ax.axhline(0, color='black',linewidth=0.5)
ax.axvline(0, color='black',linewidth=0.5)
ax.grid(color = 'gray', linestyle = '--', linewidth = 0.5)

# Mostrar gráfico
plt.title('Sistema Incompatible en 2D')
plt.show()
```

Out [11]:

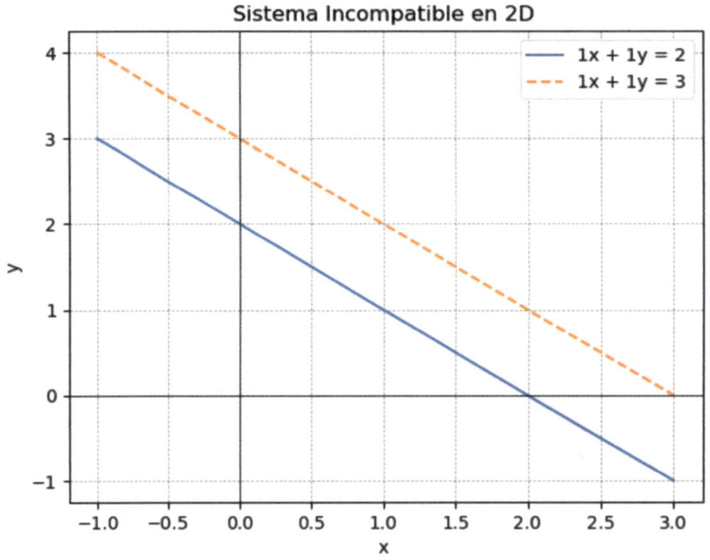

Ejemplo: Sistemas de tres ecuaciones lineales con tres incógnitas en 3D.

In [12]:

```
# Ejercicio 12
import numpy as np
import matplotlib.pyplot as plt
from mpl_toolkits.mplot3d import Axes3D

# Coeficientes de las ecuaciones
a1, b1, c1, d1 = 1, 2, 3, 6
a2, b2, c2, d2 = 4, 5, 6, 15
a3, b3, c3, d3 = 7, 8, 9, 24

# Crear una figura 3D
fig = plt.figure()
ax = fig.add_subplot(111, projection='3d')

# Generar puntos para los planos
```

```
x = np.linspace(-1, 1, 10)
y = np.linspace(-1, 1, 10)
x, y = np.meshgrid(x, y)

# Planos
z1 = (d1 - a1*x - b1*y) / c1
z2 = (d2 - a2*x - b2*y) / c2
z3 = (d3 - a3*x - b3*y) / c3

# Dibujar los planos
ax.plot_surface(x, y, z1, alpha=0.5, rstride=100, cstride=100)
ax.plot_surface(x, y, z2, alpha=0.5, rstride=100, cstride=100)
ax.plot_surface(x, y, z3, alpha=0.5, rstride=100, cstride=100)

# Etiquetas y título
ax.set_xlabel('X')
ax.set_ylabel('Y')
ax.set_zlabel('Z')
plt.title('Sistema de Tres Ecuaciones Lineales con Tres Incógnitas en
    3D')

# Mostrar gráfico
plt.show()
```

Out [12]:

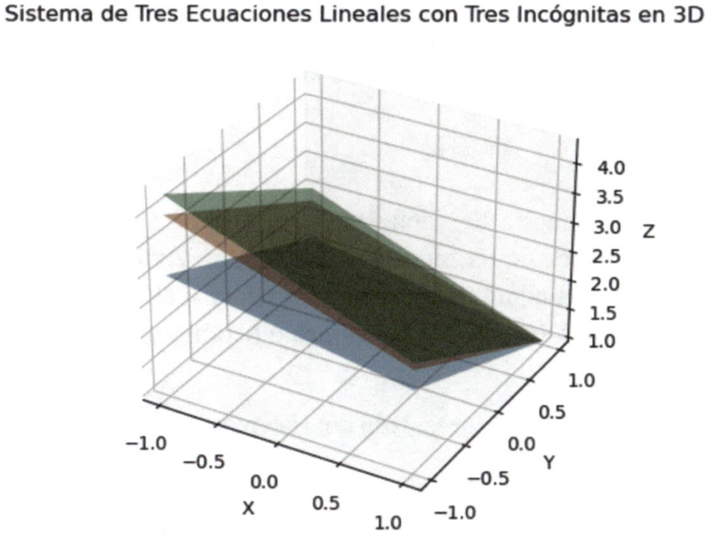

4.4 Matrices y sistemas de ecuaciones

El sistema de ecuaciones lineales se representa de manera compacta usando matrices. Consideremos un sistema de m ecuaciones lineales con n incógnitas:

$$\begin{aligned} a_{11}x_1 + a_{12}x_2 + \cdots + a_{1n}x_n &= b_1 \\ a_{21}x_1 + a_{22}x_2 + \cdots + a_{2n}x_n &= b_2 \\ &\vdots \\ a_{m1}x_1 + a_{m2}x_2 + \cdots + a_{mn}x_n &= b_m \end{aligned}$$

Se puede escribir en forma matricial como:

$$Ax = b$$

Donde:

- A matriz de coeficientes, de tamaño $m \times n$,
- x vector de incógnitas, de tamaño $n \times 1$,
- b vector de términos independientes, de tamaño $m \times 1$.

En términos explícitos:

$$A = \begin{bmatrix} a_{11} & a_{12} & \cdots & a_{1n} \\ a_{21} & a_{22} & \cdots & a_{2n} \\ \vdots & \vdots & \ddots & \vdots \\ a_{m1} & a_{m2} & \cdots & a_{mn} \end{bmatrix}, \qquad x = \begin{pmatrix} x_1 \\ x_2 \\ \vdots \\ x_n \end{pmatrix}, \qquad b = \begin{pmatrix} b_1 \\ b_2 \\ \vdots \\ b_m \end{pmatrix}.$$

4.4.1 Existencia, unicidad y estructura del conjunto solución

Consideremos un sistema de m ecuaciones lineales con n incógnitas escrito en forma matricial como

$$Ax = b,$$

Donde $A \in \mathbb{R}^{m\times n}$ es la matriz de coeficientes, $x \in \mathbb{R}^n$ es el vector de incógnitas y $b \in \mathbb{R}^m$ es el vector de términos independientes. Antes de aplicar cualquier método de resolución, resulta fundamental determinar si el sistema posee solución y, en caso afirmativo, establecer si esta es única o pertenece a una familia infinita de soluciones.

Para este análisis se introduce la matriz aumentada del sistema:

$$[A \mid b],$$

Obtenida al añadir el vector b como una columna adicional de la matriz de coeficientes A.

El concepto central es el **rango** de una matriz. El rango de A, denotado por $\operatorname{rang}(A)$, corresponde al número máximo de filas o columnas linealmente independientes de A. Desde el punto de vista de un sistema lineal, el rango mide el número de ecuaciones independientes que realmente imponen restricciones distintas sobre las incógnitas.

4.4.1.1 Teorema de Rouché–Capelli

El criterio fundamental para determinar la compatibilidad de un sistema lineal es el teorema de Rouché–Capelli. El sistema

$$Ax = b$$

Es compatible, es decir, posee al menos una solución, si y solo si

$$\operatorname{rang}(A) = \operatorname{rang}([A \mid b]).$$

Si se cumple esta igualdad, el número de soluciones depende de la relación entre el rango común y el número n de incógnitas.

Si

$$\operatorname{rang}(A) = \operatorname{rang}([A \mid b]) = n,$$

Entonces el sistema posee una única solución.

Por el contrario, si

$$\operatorname{rang}(A) = \operatorname{rang}([A \mid b]) < n,$$

El sistema posee infinitas soluciones. En este caso existen

$$n - \operatorname{rang}(A)$$

Grados de libertad, es decir, variables que pueden elegirse como parámetros libres.

Finalmente, si

$$\operatorname{rang}(A) < \operatorname{rang}([A \mid b]),$$

El sistema es incompatible y no posee solución. Esta desigualdad indica que la incorporación del vector b introduce una restricción que no puede obtenerse a partir de las columnas de A. De manera resumida:

$$\begin{cases} \operatorname{rang}(A) = \operatorname{rang}([A \mid b]) = n & \Longrightarrow \text{solución única}, \\ \operatorname{rang}(A) = \operatorname{rang}([A \mid b]) < n & \Longrightarrow \text{infinitas soluciones}, \\ \operatorname{rang}(A) < \operatorname{rang}([A \mid b]) & \Longrightarrow \text{sin solución}. \end{cases}$$

4.4.1.2 Sistemas homogéneos

Un caso especialmente importante es el sistema homogéneo

$$Ax = 0.$$

Todo sistema homogéneo posee al menos una solución, denominada **solución trivial**:

$$x = 0.$$

Si

$$\operatorname{rang}(A) = n,$$

Entonces la solución trivial es la única solución posible. En cambio, si

$$\operatorname{rang}(A) < n,$$

El sistema posee infinitas soluciones, puesto que existen variables libres.

El conjunto de todas las soluciones del sistema homogéneo se denomina **espacio nulo** o núcleo de A:

$$\mathcal{N}(A) = \{x \in \mathbb{R}^n : Ax = 0\}.$$

Su dimensión está relacionada directamente con el rango mediante

$$\dim \mathcal{N}(A) = n - \operatorname{rang}(A).$$

Esta relación permite interpretar $n - \operatorname{rang}(A)$ como el número de parámetros independientes necesarios para describir todas las soluciones del sistema homogéneo.

4.4.1.3 Estructura de las soluciones de un sistema no homogéneo

Considérese ahora un sistema compatible no homogéneo

$$Ax = b, \qquad b \neq 0.$$

Sea x_p una solución particular, de modo que

$$Ax_p = b.$$

Si z es cualquier solución del sistema homogéneo asociado,

$$Az = 0,$$

Entonces

$$A(x_p + z) = Ax_p + Az = b + 0 = b.$$

Por tanto, $x_p + z$ también es solución del sistema original. Recíprocamente, si x_1 y x_2 son dos soluciones de $Ax = b$, entonces

$$Ax_1 = b, \qquad Ax_2 = b.$$

Restando ambas expresiones se obtiene

$$A(x_1 - x_2) = 0,$$

por lo que la diferencia $x_1 - x_2$ pertenece al espacio nulo de A.

En consecuencia, el conjunto completo de soluciones de un sistema compatible puede expresarse como

$$\boxed{x = x_p + z, \qquad z \in \mathcal{N}(A)}.$$

Esta expresión muestra que toda solución de un sistema no homogéneo se obtiene sumando una solución particular y una solución arbitraria del sistema homogéneo asociado.

4.4.1.4 Interpretación geométrica del conjunto solución

Cada ecuación lineal con n incógnitas representa un hiperplano en $\mathbb{R}^n$. Resolver un sistema equivale, por tanto, a determinar la intersección común de esos hiperplanos. Cuando el sistema es compatible y

$$\text{rang}(A) = r,$$

El conjunto solución posee

$$n - r$$

grados de libertad. Geométricamente, si existe una solución particular x_p, el conjunto solución es una traslación del espacio nulo:

$$x_p + \mathcal{N}(A).$$

Por ejemplo, en $\mathbb{R}^3$, si $r = 3$, el conjunto solución consta de un único punto; si $r = 2$, puede describirse mediante un parámetro libre y corresponde geométricamente a una recta; y si $r = 1$, puede describirse mediante dos parámetros libres y corresponde a un plano.

Esta caracterización permite comprender que resolver un sistema lineal no consiste únicamente en calcular valores para las incógnitas. También implica determinar la estructura matemática del conjunto de soluciones, identificar las restricciones independientes del sistema y establecer los grados de libertad que permanecen después de imponer dichas restricciones.

4.4.2 Resolución utilizando métodos matriciales

Los métodos matriciales ofrecen formas eficientes y elegantes de resolver sistemas de ecuaciones lineales, especialmente cuando se trata de sistemas grandes y complejos. Entre los más comunes se encuentran la inversión de matrices, la descomposición LU y otros métodos de descomposición.

Inversión de matrices.

Si la matriz A es cuadrada ($m = n$) y no singular (es decir, $\det(A) \neq 0$), el sistema puede resolverse usando la inversa de A. La solución se expresa como:

$$x = A^{-1}b.$$

El proceso implica:

- **Calcular la inversa de A:** puede hacerse mediante eliminación de Gauss–Jordan, usando adjunta y determinante (en casos pequeños), o mediante métodos numéricos.
- **Multiplicar A^{-1} por b:** se obtiene directamente el vector solución x.

Ejemplo. Considere el sistema:

$$\begin{cases} 2x + 3y = 5 \\ 4x + y = 6 \end{cases}$$

La representación matricial es:

$$\begin{pmatrix} 2 & 3 \\ 4 & 1 \end{pmatrix} \begin{pmatrix} x \\ y \end{pmatrix} = \begin{pmatrix} 5 \\ 6 \end{pmatrix}.$$

Aquí,

$$A = \begin{pmatrix} 2 & 3 \\ 4 & 1 \end{pmatrix}, \qquad b = \begin{pmatrix} 5 \\ 6 \end{pmatrix}.$$

Como $\det(A) = 2 \cdot 1 - 3 \cdot 4 = -10 \neq 0$, la matriz es invertible. Su inversa es:

$$A^{-1} = \frac{1}{-10} \begin{pmatrix} 1 & -3 \\ -4 & 2 \end{pmatrix} = \begin{pmatrix} -0{,}1 & 0{,}3 \\ 0{,}4 & -0{,}2 \end{pmatrix}.$$

Multiplicamos A^{-1} por b:

$$x = A^{-1}b = \begin{pmatrix} -0{,}1 & 0{,}3 \\ 0{,}4 & -0{,}2 \end{pmatrix} \begin{pmatrix} 5 \\ 6 \end{pmatrix} = \begin{pmatrix} -0{,}1 \cdot 5 + 0{,}3 \cdot 6 \\ 0{,}4 \cdot 5 - 0{,}2 \cdot 6 \end{pmatrix} = \begin{pmatrix} 1{,}3 \\ 0{,}8 \end{pmatrix}.$$

Por lo tanto, se tiene quote $x = 1{,}3$ y $y = 0{,}8$.

Ahora, resolvemos el mismo sistema con código en Python.

In [13]:

```
# Ejercicio 13
import numpy as np

```

```
# Definir la matriz A y el vector b
A = np.array([[2, 3],
              [4, 1]])
b = np.array([5, 6])

# Calcular la inversa de A
A_inv = np.linalg.inv(A)

# Resolver el sistema de ecuaciones utilizando la matriz inversa
x = np.dot(A_inv, b)
print("La solución del sistema es:")
print(f"x = {x[0]}")
print(f"y = {x[1]}")

# Verificar la solución multiplicando A por x
b_calculado = np.dot(A, x)
print("\nVerificación (Ax = b):")
print(b_calculado)
```

Out [13]:

```
La solucion del sistema es:
x = 1.2999999999999998
y = 0.7999999999999998

Verificacion (Ax = b):
[5. 6.]
```

Descomposición LU y otros métodos de descomposición.

La descomposición LU (Lower - Upper) es una técnica que factoriza una matriz A como el producto de una matriz triangular inferior L y una matriz triangular superior U:

$$A = LU.$$

Este método es ampliamente utilizado para resolver sistemas de ecuaciones lineales, calcular determinantes y obtener inversas de matrices, especialmente cuando se trabaja con sistemas grandes. Para resolver el sistema $Ax = b$ mediante descomposición LU, se siguen los pasos:

- **Descomponer A en L y U.**
- **Resolver** $Ly = b$ para el vector intermedio y mediante sustitución hacia adelante.
- **Resolver** $Ux = y$ para el vector solución x mediante sustitución hacia atrás.

Otros métodos de descomposición

Descomposición QR.

La descomposición QR factoriza una matriz A como:

$$A = QR,$$

Donde Q es una matriz ortogonal ($Q^T Q = I$) y R es una matriz triangular superior. Esto es útil en problemas de regresión y en la resolución de sistemas sobredeterminados.

Para resolver $Ax = b$ usando QR:

- Descomponer A en Q y R.
- Multiplicar ambos lados por Q^T:

$$Rx = Q^T b.$$

- Resolver el sistema triangular $Rx = Q^T b$ mediante sustitución hacia atrás.

Descomposición en valores singulares (SVD). La descomposición en valores singulares (*Singular Value Decomposition*, SVD) factoriza una matriz A como:

$$A = U\Sigma V^T,$$

Donde U y V son matrices ortogonales y Σ es una matriz diagonal que contiene los valores singulares de A. La SVD es una herramienta fundamental en análisis de datos, reducción de dimensionalidad y resolución de sistemas sobredeterminados o mal condicionados.

4.4.3 Aplicaciones del álgebra lineal en sistemas grandes y complejos

El álgebra lineal es esencial para resolver sistemas de ecuaciones grandes y complejos que aparecen en numerosas aplicaciones científicas y tecnológicas. Algunas de las más relevantes son:

- **Ingeniería eléctrica:** análisis de circuitos mediante las leyes de Kirchhoff (KCL y KVL), donde el análisis nodal y de mallas se resuelve usando métodos matriciales como LU.
- **Ingeniería civil y mecánica:** análisis estructural mediante el método de los elementos finitos (FEM), donde la matriz de rigidez conduce a grandes sistemas lineales.
- **Optimización:** formulación y resolución de problemas de programación lineal mediante métodos como el simplex, basados en técnicas de álgebra lineal.
- **Procesamiento de señales e imágenes:** filtrado, reconstrucción y compresión usando transformadas (DFT, wavelets) y operaciones matriciales.
- **Economía:** modelos *input–output* de Leontief para describir interdependen-

cias sectoriales.

- **Machine Learning:** regresión lineal, reducción de dimensionalidad (PCA), sistemas de recomendación y ajuste de modelos a grandes volúmenes de datos.
- **Teoría de redes:** problemas de flujo máximo y asignación de recursos, resueltos mediante modelos lineales y algoritmos basados en álgebra lineal.

Las matrices y los sistemas de ecuaciones lineales constituyen herramientas fundamentales en matemáticas aplicadas y ciencias de la computación. Métodos como la inversión de matrices, la descomposición LU, QR y SVD permiten abordar de manera eficiente sistemas grandes y complejos en ingeniería, economía, procesamiento de señales, optimización y aprendizaje automático. La comprensión y correcta aplicación de estas técnicas es esencial para enfrentar los desafíos modernos de la ciencia y la tecnología.

Se presentan ejemplos ilustrativos utilizando código en Python.

Ejemplo: Descomposición LU.

In [14]:

```
# Ejercicio 14
import numpy as np
import scipy.linalg

# Definir la matriz A y el vector b
A = np.array([[2, 7],
              [9, 1]])
b = np.array([5, 10])

# Realizar la descomposición LU
P, L, U = scipy.linalg.lu(A)
print("Matriz L:")
print(L)
print("\nMatriz U:")
print(U)

# Resolver Ly = b
y = scipy.linalg.solve(L, b)

# Resolver Ux = y
x = scipy.linalg.solve(U, y)
print("\nLa solución del sistema es:")
print(f"x = {x[0]}")
print(f"y = {x[1]}")
```

Out [14]:

```
Matriz L:
[[1.         0.        ]
 [0.22222222 1.        ]]

Matriz U:
[[9.         1.        ]
 [0.         6.77777778]]

La solucion del sistema es:
x = 0.4098360655737705
y = 1.3114754098360657
```

Ejemplo: Descomposición QR.

In [15]:

```python
# Ejercicio 15
import numpy as np
import scipy.linalg

# Definir la matriz A y el vector b
A = np.array([[2, 7],
              [9, 1]])
b = np.array([5, 10])

# Realizar la descomposición QR
Q, R = np.linalg.qr(A)
print("Matriz Q:")
print(Q)
print("\nMatriz R:")
print(R)

# Multiplicar ambos lados por Q^T
b_t = np.dot(Q.T, b)

# Resolver Rx = Q^T b
x = scipy.linalg.solve_triangular(R, b_t)
print("\nLa solución del sistema es:")
print(f"x = {x[0]}")
print(f"y = {x[1]}")
```

Out [15]:

```
Matriz Q:
[[-0.21693046 -0.97618706]
 [-0.97618706  0.21693046]]
```

```
Matriz R:
[[-9.21954446 -2.49470026]
 [ 0.         -6.61637896]]

La solucion del sistema es:
x = 1.0655737704918031
y = 0.40983606557377006
```

Ejemplo: Descomposición SVD.

In [16]:

```python
# Ejercicio 16
import numpy as np

# Definir la matriz A y el vector b
A = np.array([[2, 7],
              [9, 1]])
b = np.array([5, 10])

# Realizar la descomposición SVD
U, s, Vt = np.linalg.svd(A)
S = np.diag(s)
print("Matriz U:")
print(U)
print("\nMatriz Sumatoria:")
print(S)
print("\nMatriz V^T:")
print(Vt)

# Resolver Ax = b usando SVD
# x = V (Sumatoria)^(-1) U^T b
S_inv = np.linalg.inv(S)
x = np.dot(Vt.T, np.dot(S_inv, np.dot(U.T, b)))

print("\nLa solución del sistema es:")
print(f"x = {x[0]}")
print(f"y = {x[1]}")
```

Out [16]:

```
Matriz U:
[[-0.49914022 -0.86652123]
 [-0.86652123 0.49914022]]

Matriz Sumatoria:
[[9.81838541 0.        ]
 [0.         6.21283413]]
```

```
Matriz V^T:
[[-0.89596926 -0.44411607]
 [ 0.44411607 -0.89596926]]

La solucion del sistema es:
x = 1.065573770491803
y = 0.4098360655737698
```

Ejemplo: Aplicación en un sistema sobredeterminado usando descomposición QR.

In [17]:

```python
# Ejercicio 17
import numpy as np
import scipy.linalg

# Definir la matriz A (3x2) y el vector b (3x1)
A = np.array([[2, 3],
              [4, 2],
              [2, 5]])
b = np.array([5, 6, 5])

# Realizar la descomposición QR
Q, R = np.linalg.qr(A, mode='reduced')
print("Matriz Q:")
print(Q)
print("\nMatriz R:")
print(R)

# Multiplicar ambos lados por Q^T
b_t = np.dot(Q.T, b)

# Resolver Rx = Q^T b (usando sólo la parte necesaria de R y b_t)
x = scipy.linalg.solve_triangular(R, b_t[:R.shape[0]])
print("\nLa solución del sistema sobredeterminado es:")
print(f"x = {x[0]}")
print(f"y = {x[1]}")
```

Out [17]:

```
Matriz Q:
[[-0.40824829 0.26726124]
 [-0.81649658 -0.53452248]
 [-0.40824829 0.80178373]]

Matriz R:
[[-4.89897949 -4.89897949]
```

```
 [ 0.          3.74165739]]

La solucion del sistema sobredeterminado es:
x = 1.2619047619047619
y = 0.5714285714285714
```

4.5 Algoritmos numéricos

En muchas aplicaciones prácticas, especialmente cuando se trabaja con sistemas de ecuaciones lineales de gran tamaño, resulta impráctico o incluso imposible obtener soluciones exactas mediante métodos algebraicos directos. En estos casos, los métodos numéricos iterativos proporcionan aproximaciones sucesivas que convergen hacia la solución verdadera. Se describen dos de los métodos más utilizados: el método de Gauss–Seidel y el método de Jacobi.

4.5.1 Métodos numéricos para resolver sistemas de ecuaciones lineales

4.5.1.1 Método de Gauss-Seidel

El método de Gauss-Seidel es un método iterativo para resolver sistemas de ecuaciones lineales de la forma:

$$Ax = b.$$

Es especialmente útil para sistemas de gran dimensión y se basa en la idea de mejorar progresivamente una aproximación inicial a la solución.

Descripción del método.

El procedimiento del método de Gauss–Seidel es el siguiente:

- **Inicialización:** se elige una aproximación inicial $x^{(0)}$ del vector solución.
- **Iteración:** para cada iteración $k+1$, se actualiza cada componente $x_i^{(k+1)}$ utilizando los valores más recientes disponibles:

$$x_i^{(k+1)} = \frac{1}{a_{ii}} \left(b_i - \sum_{j=1}^{i-1} a_{ij} x_j^{(k+1)} - \sum_{j=i+1}^{n} a_{ij} x_j^{(k)} \right).$$

- **Criterio de convergencia:** el proceso se repite hasta que la diferencia entre dos iteraciones consecutivas sea menor que un umbral predefinido ε, es decir:

$$\|x^{(k+1)} - x^{(k)}\| < \varepsilon.$$

4.5.1.2 Ventajas y desventajas.

Ventajas:

- Convergencia rápida para matrices diagonalmente dominantes.
- Implementación sencilla y fácil comprensión.
- Menor requerimiento de memoria en comparación con métodos directos.

Desventajas:

- La convergencia no está garantizada para todas las matrices.
- Puede ser lento para sistemas mal condicionados o no diagonalmente dominantes.

4.5.2 Método de Jacobi

El método de Jacobi es otro método iterativo para resolver sistemas de ecuaciones lineales. Al igual que Gauss-Seidel, mejora progresivamente las aproximaciones de la solución, pero difiere en la forma en que se actualizan las incógnitas.

Descripción del método.

El procedimiento del método de Jacobi es:

- **Inicialización:** se selecciona una aproximación inicial $x^{(0)}$.
- **Iteración:** para cada iteración $k+1$, cada componente $x_i^{(k+1)}$ se calcula usando exclusivamente los valores de la iteración anterior:

$$x_i^{(k+1)} = \frac{1}{a_{ii}} \left(b_i - \sum_{\substack{j=1 \\ j \neq i}}^{n} a_{ij} x_j^{(k)} \right).$$

- **Criterio de convergencia:** el proceso se detiene cuando:

$$\|x^{(k+1)} - x^{(k)}\| < \varepsilon.$$

Ventajas:

- Paralelización natural, ya que cada $x_i^{(k+1)}$ puede calcularse de forma independiente.
- Implementación simple.

Desventajas:

- Convergencia generalmente más lenta que el método de Gauss-Seidel.
- Convergencia no garantizada para todas las matrices.

Los métodos iterativos como Gauss-Seidel y Jacobi son herramientas fundamentales en el análisis numérico y el cómputo científico, especialmente cuando se trabaja con sistemas de gran escala. La elección del método adecuado depende de las propiedades de la matriz del sistema y de los requisitos computacionales del problema.

Se presenta un ejemplo de implementación numérica.

Ejemplo: Método de Gauss-Seidel.

In [18]:

```
# Ejercicio 18
import numpy as np

def gauss_seidel(A, b, x0=None, tol=1e-10, max_iter=1000):
    n = len(b)
    x = np.copy(x0) if x0 is not None else np.zeros(n)
    for _ in range(max_iter):
        x_old = np.copy(x)
        for i in range(n):
            sigma1 = np.dot(A[i, :i], x[:i])
            sigma2 = np.dot(A[i, i+1:], x_old[i+1:])
            x[i] = (b[i] - sigma1 - sigma2) / A[i, i]
        if np.linalg.norm(x - x_old, ord=np.inf) < tol:
            break
    return x

# Ejemplo de uso
A = np.array([[4, -1, 0, 1], [-1, 4, -1, 1], [1, -1, 4, -1], [1, 0,
    -1, 3]], dtype=float)
b = np.array([15, 10, 10, 10], dtype=float)
x0 = np.zeros(len(b))
x = gauss_seidel(A, b, x0)

print("Solución Gauss-Seidel:", x)
```

Out [18]:

```
Solucion Gauss-Seidel: [3.84057971 3.47826087 3.1884058
    3.11594203]
```

Ejemplo: Método de Jacobi.

In [19]:

```
# Ejercicio 19
import numpy as np

def jacobi(A, b, x0=None, tol=1e-10, max_iter=1000):
    n = len(b)
    x = np.copy(x0) if x0 is not None else np.zeros(n)
    for _ in range(max_iter):
        x_old = np.copy(x)
        for i in range(n):
            sigma = np.dot(A[i, :], x_old) - A[i, i] * x_old[i]
            x[i] = (b[i] - sigma) / A[i, i]
        if np.linalg.norm(x - x_old, ord=np.inf) < tol:
            break
    return x

# Ejemplo de uso
A = np.array([[4, -1, 0, 1], [-1, 4, -1, 1], [1, -1, 4, -1], [1, 0,
    -1, 3]], dtype=float)
b = np.array([15, 10, 10, 10], dtype=float)
x0 = np.zeros(len(b))
x = jacobi(A, b, x0)

print("Solución Jacobi:", x)
```

Out [19]:

```
Solucion Jacobi: [3.84057971 3.47826087 3.1884058 3.11594203]
```

Ejemplo: Método de Gauss-Seidel con tolerancia personalizada.

In [20]:

```
# Ejercicio 20
import numpy as np

def gauss_seidel_custom_tol(A, b, x0=None, tol=1e-6, max_iter=500):
    n = len(b)
    x = np.copy(x0) if x0 is not None else np.zeros(n)
    for _ in range(max_iter):
        x_old = np.copy(x)
        for i in range(n):
            sigma1 = np.dot(A[i, :i], x[:i])
            sigma2 = np.dot(A[i, i+1:], x_old[i+1:])
            x[i] = (b[i] - sigma1 - sigma2) / A[i, i]
        if np.linalg.norm(x - x_old, ord=np.inf) < tol:
            break
```

```
    return x

# Ejemplo de uso
A = np.array([[10, -1, 2, 1], [-1, 11, -1, 4], [2, -7, 10, -1], [4, 3,
    -1, 8]], dtype=float)
b = np.array([6, 25, -11, 15], dtype=float)
x0 = np.zeros(len(b))
x = gauss_seidel_custom_tol(A, b, x0, tol=1e-8)

print("Solución Gauss-Seidel con tolerancia personalizada:", x)
```

Out [20]:

```
Solucion Gauss-Seidel con tolerancia personalizada:
    [0.66769231 2.06846154 0.29461539 0.80230769]
```

Ejemplo: Método de Jacobi con tolerancia personalizada.

In [21]:

```
# Ejercicio 21
import numpy as np

def jacobi_custom_tol(A, b, x0=None, tol=1e-6, max_iter=500):
    n = len(b)
    x = np.copy(x0) if x0 is not None else np.zeros(n)
    for _ in range(max_iter):
        x_old = np.copy(x)
        for i in range(n):
            sigma = np.dot(A[i, :], x_old) - A[i, i] * x_old[i]
            x[i] = (b[i] - sigma) / A[i, i]
        if np.linalg.norm(x - x_old, ord=np.inf) < tol:
            break
    return x

# Ejemplo de uso
A = np.array([[10, -1, 2, 1], [-1, 11, -1, 4], [2, -7, 10, -1], [4, 3,
    -1, 8]], dtype=float)
b = np.array([6, 25, -11, 15], dtype=float)
x0 = np.zeros(len(b))
x = jacobi_custom_tol(A, b, x0, tol=1e-8)

print("Solución Jacobi con tolerancia personalizada:", x)
```

Out [21]:

```
Solucion Jacobi con tolerancia personalizada: [0.66769231
    2.06846154 0.29461539 0.80230769]
```

Ahora que sabemos cómo los sismas de ecuaciones se transforman y utilizan para el álgebra lineal, pasamos a analizar y aprender sobre las matrices.

4.6 Resumen

En resumen, se tienen los siguientes puntos relevantes del capítulo:

4.1. Introducción a los sistemas de ecuaciones lineales

Un sistema de ecuaciones lineales es un conjunto de ecuaciones que involucran las mismas variables. La característica principal es que cada término es una constante o el producto de una constante y una variable. La forma estándar de un sistema de n ecuaciones con n incógnitas es:

$$a_{11}x_1 + a_{12}x_2 + \ldots + a_{1n}x_n = b_1$$

$$a_{21}x_1 + a_{22}x_2 + \ldots + a_{2n}x_n = b_2$$

$$\vdots$$

$$a_{m1}x_1 + a_{m2}x_2 + \ldots + a_{mn}x_n = b_m$$

La solución es el conjunto de valores para las incógnitas que satisfacen todas las ecuaciones simultáneamente. Se puede representar de manera matricial como $Ax = b$, donde A es la matriz de coeficientes, x la de vector de desconocidas y b es el vector de independientes.[1]

4.2. Métodos de resolución de sistemas de ecuaciones

Hay muchos métodos para resolver sistemas de ecuaciones:

- **Método de sustitución:** Se resuelve una ecuación para una variable y se sustituye en las demás ecuaciones, repitiendo el proceso hasta resolver todas las variables.
- **Método de eliminación de Gauss:** Reducción de un sistema de ecuaciones a una forma escalonada, que luego se resuelve mediante sustitución hacia atrás.
- **Método de matrices inversas:** Si la matriz de coeficientes A es invertible, se puede encontrar la solución utilizando $A^{-1} : x = A^{-1}b$
- **Descomposición LU:** Factoriza una matriz A en el producto de una matriz triangular inferior L y una matriz triangular superior U. Resuelve $Ly = b$ y

[1] Golub, G. H., & Van Loan, C. F. (2013). Matrix computations (4th ed.). Johns Hopkins University Press.

luego $Ux = y$.

- **Métodos iterativos:** Para sistemas grandes y dispersos, como el método de Jacobi y el método de Gauss-Seidel.

4.3. Interpretación geométrica de los sistemas de ecuaciones

Cada ecuación lineal puede representarse geométricamente como una línea en el plano (2D) o como un plano en el espacio tridimensional (3D):

- **Sistemas de dos ecuaciones lineales con dos incógnitas:** Las ecuaciones se representan como líneas rectas en el plano. La intersección de estas líneas representa las soluciones del sistema.
- **Sistemas de tres ecuaciones lineales con tres incógnitas:** Representadas como planos en el espacio tridimensional. La intersección de estos planos representa las soluciones del sistema.[2]

4.4. Matrices y sistemas de ecuaciones

Los sistemas de ecuaciones lineales pueden representarse de manera compacta utilizando matrices. Para un sistema de m ecuaciones con n incógnitas, se usa la forma $Ax = b$. Algunos métodos de Resolución usando Matrices:

- **Inversión de matrices:** Si A es cuadrada y no singular, la solución se obtiene como $x = A^{-1}b$.
- **Descomposición LU y QR:** Factorización de A en L y U, o en Q y R para resolver sistemas sobredeterminados o mal condicionados.

4.5. Algoritmos numéricos

Para sistemas grandes, los métodos numéricos proporcionan aproximaciones iterativas:

- **Método de Gauss-Seidel:** Iterativo, basado en mejorar gradualmente las aproximaciones de las soluciones.
- **Método de Jacobi:** Similar al de Gauss-Seidel, pero las actualizaciones de las variables se realizan de manera simultánea utilizando valores de la iteración anterior.

Estos métodos son esenciales para resolver sistemas complejos en campos como la ingeniería, la economía, el procesamiento de señales, y el aprendizaje automático.

[2]Greub, W. (1975). Linear algebra (4th ed.). Springer.

4.7 Problemas y sus Soluciones

Se tienen los siguientes problemas y soluciones:

1. ¿Cuál de las siguientes no es una forma de representar un sistema de ecuaciones lineales?

A) Forma estándar.
B) Forma matricial.
C) Forma gráfica.
D) Forma polinómica.
E) Forma canónica.
F) Forma inversa.

2. En la representación matricial de un sistema de ecuaciones lineales, ¿qué representa el vector x?

A) Matriz de coeficientes.
B) Vector de términos independientes.
C) Vector de incógnitas.
D) Solución del sistema.
E) Determinante de la matriz.
F) Matriz inversa.

3. ¿Cuál es el propósito principal del método de eliminación de Gauss?

A) Simplificar la matriz a una forma escalonada.
B) Encontrar la inversa de una matriz.
C) Descomponer la matriz en factores.
D) Maximizar una función objetivo.
E) Representar gráficamente las soluciones.
F) Determinar la compatibilidad del sistema.

4. En el método de sustitución, ¿qué se hace después de despejar una variable?

A) Se forma la matriz aumentada.
B) Se aplica el método de Gauss-Seidel.
C) Se sustituye la expresión en las otras ecuaciones.
D) Se obtiene el determinante de la matriz.
E) Se encuentra la inversa de la matriz.
F) Se realiza una descomposición LU.

5. ¿Qué método utiliza operaciones elementales de fila para transformar la matriz aumentada en una matriz escalonada reducida?

A) Método de sustitución.
B) Método de matrices inversas.
C) Método de eliminación de Gauss-Jordan.
D) Método de Cramer.
E) Método de Jacobi.
F) Método de gradientes conjugados.

6. ¿Cuál de las siguientes es una ventaja del método de Gauss-Seidel?

A) Convergencia garantizada para todas las matrices.
B) Implementación compleja.
C) Requiere más almacenamiento.
D) Convergencia rápida para matrices diagonalmente dominantes.
E) Menor número de iteraciones.
F) Fácil solución para matrices no cuadradas.

7. ¿Qué representa la matriz A en la forma matricial de un sistema de ecuaciones lineales?

A) Vector de incógnitas.
B) Vector de términos independientes.
C) Matriz de coeficientes.
D) Solución del sistema.
E) Matriz inversa.
F) Determinante de la matriz.

8. En un sistema compatible determinado, geométricamente, las líneas en el plano se intersectan en:

A) Un único punto.
B) Una línea.
C) Un plano.
D) Infinitos puntos.
E) No se intersectan.
F) Una curva.

9. ¿Qué técnica descompone una matriz en el producto de una matriz triangular inferior y una matriz triangular superior?

A) Descomposición LU.
B) Descomposición QR.
C) Descomposición SVD.
D) Método de Cramer.
E) Método de matrices inversas.
F) Método de gradientes conjugados.

10. En el método de Cramer, ¿qué se utiliza para encontrar cada variable?

A) Inversa de la matriz.
B) Determinantes de matrices.
C) Descomposición LU.
D) Eliminación de Gauss-Jordan.
E) Suma de vectores.
F) Integración numérica.

4.8 Problemas

Se tienen los siguientes problemas:

1. ¿Cuál es una desventaja del método de Jacobi?

A) Convergencia rápida.
B) Implementación sencilla.
C) Convergencia no garantizada para todas las matrices.
D) Requiere menos almacenamiento.
E) Uso de operaciones elementales.
F) Aplicable a cualquier sistema de ecuaciones.

2. ¿Cuál de los siguientes métodos es más adecuado para sistemas grandes y dispersos?

A) Método de eliminación de Gauss.
B) Método de matrices inversas.
C) Método de descomposición LU.
D) Métodos iterativos.
E) Método de Cramer.
F) Método de sustitución.

3. ¿Cuál es la forma estándar de una ecuación lineal?

A) $ax + by = c$
B) $ax^2 + by = c$
C) $ax + by^2 = c$
D) $ax + b = c$
E) $axy = c$
F) $ax - by = c$

4. ¿Cuál de los siguientes no es un método para resolver sistemas de ecuaciones lineales?

A) Método de sustitución.
B) Método de matrices inversas.
C) Método de eliminación de Gauss-Jordan.
D) Método de integración por partes.
E) Método de Cramer.
F) Método de gradientes conjugados.

5. ¿Cuál es una característica de un sistema incompatible?

A) Tiene una única solución.
B) Tiene infinitas soluciones.
C) No tiene solución.
D) Las ecuaciones son linealmente dependientes.
E) Las líneas son coincidentes.
F) Las soluciones son complejas.

6. ¿Qué método utiliza operaciones elementales de fila para transformar la matriz aumentada en una matriz escalonada reducida?

A) Método de sustitución.
B) Método de matrices inversas.
C) Método de eliminación de Gauss-Jordan.
D) Método de Cramer.
E) Método de Jacobi.
F) Método de gradientes conjugados.

7. En el método de Gauss-Seidel, ¿qué se hace en cada iteración?

A) Se calcula la inversa de la matriz.
B) Se actualiza cada componente del vector solución usando los valores más recientes disponibles.
C) Se descompone la matriz en factores.
D) Se representa gráficamente el sistema.
E) Se obtieneel determinante de la matriz.
F) Se aplica el método de Cramer.

8. ¿Cuál es una ventaja del método de Jacobi?

A) Convergencia rápida para todas las matrices.
B) Fácil implementación.
C) Convergencia garantizada para todas las matrices.
D) Menos almacenamiento requerido.
E) Fácil solución para matrices no cuadradas.
F) Requiere menos iteraciones.

9. En la descomposición QR, la matriz R es:

A) Una matriz diagonal.
B) Una matriz ortogonal.

C) Una matriz triangular superior.
D) Una matriz triangular inferior.
E) Una matriz simétrica.
F) Una matriz identidad.

10. ¿Qué método es más eficiente para resolver sistemas grandes y dispersos?

A) Método de eliminación de Gauss.
B) Método de matrices inversas.
C) Método de descomposición LU.
D) Métodos iterativos.
E) Método de Cramer.
F) Método de sustitución.

Capítulo 5 Matrices

Objetivos

- Analizar rigurosamente el concepto de matriz como estructura matemática que permite la organización sistemática de elementos en filas y columnas, identificando con precisión su dimensión $m \times n$ y empleando la notación estándar a_{ij} para denotar sus componentes.
- Examinar la vinculación entre matrices y sistemas de ecuaciones lineales, interpretando la expresión matricial $Ax = b$ como una formulación algebraica que modela relaciones lineales en contextos científicos y de ingeniería.
- Clasificar las matrices atendiendo a su estructura y propiedades distintivas: cuadradas, rectangulares, fila, columna, nulas, diagonales e identidad, enfatizando el impacto de cada tipo en el análisis matemático.
- Dominar la terminología fundamental asociada al estudio de matrices, incluyendo filas, columnas, entradas, diagonal principal, transpuesta, simetría y antisimetría, para favorecer la precisión conceptual y comunicativa.
- Aplicar con solvencia las operaciones elementales sobre matrices (suma, resta, multiplicación por escalar y producto matricial), comprendiendo las condiciones de aplicabilidad y las propiedades algebraicas que rigen cada operación.
- Analizar los tipos especiales de matrices (identidad, diagonal, simétrica, antisimétrica y triangulares), valorando su relevancia en el cálculo de determinantes, la obtención de inversas y la resolución eficiente de sistemas lineales.
- Estudiar el cálculo de la inversa de una matriz y las condiciones para su existencia, en función del determinante, empleando métodos formales como Gauss - Jordan, la matriz adjunta y la factorización LU.
- Comprender el concepto de rango como indicador de la independencia lineal de filas o columnas, utilizando técnicas de reducción por filas y el análisis de determinantes de submatrices para su determinación rigurosa.

Buena Práctica

¿Por qué estudiar Matrices con Python? El estudio de matrices mediante Python permite crear, manipular y calcular con matrices de manera eficiente, aplicando operaciones como suma, producto, inversa, determinante y transpuesta sin errores manuales. Facilita la exploración de conceptos clave como rango, traza, descomposiciones (LU/QR/SVD) y autovalores, además de visualizar transformaciones lineales en 2D y 3D. Esto vincula la teoría con aplicaciones reales en ingeniería, gráficos computacionales, ciencia de datos, aprendizaje automático, optimización y modelado, fortaleciendo la comprensión matemática y las habilidades computacionales.

5.1 Introducción a las matrices

Las matrices constituyen estructuras matemáticas fundamentales empleadas para organizar datos y modelar relaciones en diversas disciplinas, tales como las matemáticas, la física, la informática y las ciencias aplicadas. Formalmente, una matriz es un arreglo rectangular de números, dispuestos en filas y columnas. Habitualmente se denotan mediante letras mayúsculas, por ejemplo, A, B, C.[26]

Si m y n son enteros positivos, una matriz A de dimensiones $m \times n$ es una colección ordenada de elementos a_{ij} organizados en m filas y n columnas, donde cada elemento a_{ij} ocupa la fila i-ésima y la columna j-ésima.

Por ejemplo, una matriz A de dimensiones 3×2 se representa como:

$$A = \begin{pmatrix} a_{11} & a_{12} \\ a_{21} & a_{22} \\ a_{31} & a_{32} \end{pmatrix}$$

Aquí, $a_{11}, a_{12}, a_{21}, a_{22}, a_{31}$ y a_{32} son las entradas o elementos de la matriz.

5.1.1 Notación y tipos de matrices

5.1.1.1 Notación

La notación estándar utiliza letras mayúsculas para designar matrices y subíndices dobles para identificar sus elementos individuales: a_{ij}, donde i indica la fila y j la columna correspondiente.

5.1.1.2 Tipos de matrices

Las matrices se clasifican de acuerdo con sus dimensiones y propiedades algebraicas. Se describen los tipos más relevantes:

1. **Matriz cuadrada:** Aquella en la que $m = n$. Ejemplo:
$$B = \begin{pmatrix} b_{11} & b_{12} & b_{13} \\ b_{21} & b_{22} & b_{23} \\ b_{31} & b_{32} & b_{33} \end{pmatrix}$$
2. **Matriz rectangular:** Aquella en la que $m \neq n$. Ejemplo:
$$C = \begin{pmatrix} c_{11} & c_{12} & c_{13} \\ c_{21} & c_{22} & c_{23} \end{pmatrix}$$
3. **Matriz fila:** Matriz con una sola fila ($m = 1$). Ejemplo:
$$D = \begin{pmatrix} d_{11} & d_{12} & \dots & d_{1n} \end{pmatrix}$$
4. **Matriz columna:** Matriz con una sola columna ($n = 1$). Ejemplo:
$$E = \begin{pmatrix} e_{11} \\ e_{21} \\ \vdots \\ e_{m1} \end{pmatrix}$$
5. **Matriz diagonal:** Matriz cuadrada cuyos elementos fuera de la diagonal principal son cero. Ejemplo:
$$F = \begin{pmatrix} f_{11} & 0 & 0 \\ 0 & f_{22} & 0 \\ 0 & 0 & f_{33} \end{pmatrix}$$
6. **Matriz identidad:** Matriz diagonal cuyos elementos de la diagonal principal son iguales a uno. Ejemplo:
$$I_3 = \begin{pmatrix} 1 & 0 & 0 \\ 0 & 1 & 0 \\ 0 & 0 & 1 \end{pmatrix}$$
7. **Matriz nula o matriz cero:** Matriz cuyos elementos son todos cero. Ejemplo:
$$O_{2\times 3} = \begin{pmatrix} 0 & 0 & 0 \\ 0 & 0 & 0 \end{pmatrix}$$

5.1.2 Elementos de una matriz y terminología

5.1.2.1 Filas y columnas

Las filas y columnas constituyen las dos dimensiones fundamentales de una matriz. En una matriz A de dimensiones $m \times n$:

- Las filas se indexan mediante $i = 1, 2, \ldots, m$.
- Las columnas se indexan mediante $j = 1, 2, \ldots, n$.

Por ejemplo, para una matriz A de dimensiones 3×4:

$$A = \begin{pmatrix} a_{11} & a_{12} & a_{13} & a_{14} \\ a_{21} & a_{22} & a_{23} & a_{24} \\ a_{31} & a_{32} & a_{33} & a_{34} \end{pmatrix}$$

- Primera fila: $(a_{11}, a_{12}, a_{13}, a_{14})$
- Segunda fila: $(a_{21}, a_{22}, a_{23}, a_{24})$
- Tercera fila: $(a_{31}, a_{32}, a_{33}, a_{34})$
- Primera columna: $\begin{pmatrix} a_{11} \\ a_{21} \\ a_{31} \end{pmatrix}$
- Segunda columna: $\begin{pmatrix} a_{12} \\ a_{22} \\ a_{32} \end{pmatrix}$

5.1.2.2 Entradas de la matriz

Las entradas o elementos de una matriz son los valores individuales situados en la intersección de una fila y una columna, y se denotan como a_{ij}. Terminología adicional:

- **Diagonal principal:** En una matriz cuadrada, es el conjunto de elementos $a_{11}, a_{22}, a_{33}, \ldots, a_{nn}$.
- **Transpuesta:** La transpuesta de una matriz A de dimensiones $m \times n$ es la matriz A^T de dimensiones $n \times m$, definida por $(A^T)_{ij} = a_{ji}$.
- **Matriz simétrica:** Una matriz cuadrada A es simétrica si $A = A^T$, es decir, $a_{ij} = a_{ji}$ para todo i, j.
- **Matriz antisimétrica:** Una matriz cuadrada A es antisimétrica si $A^T = -A$, lo que implica $a_{ij} = -a_{ji}$ para todo i, j, y en particular $a_{ii} = 0$.

Las matrices constituyen herramientas matemáticas poderosas y versátiles que permiten representar y manipular información en múltiples dimensiones. Son esenciales en la resolución de sistemas de ecuaciones lineales, el estudio de transformaciones lineales, el análisis de datos, la computación gráfica y numerosas aplicaciones científicas e ingenieriles. La comprensión rigurosa de su notación, clasificación y terminología es un paso fundamental para el estudio avanzado del álgebra lineal y sus aplicaciones prácticas.

Ahora se presentan algunos ejemplos donde se interpreta una imagen digital como una matriz de valores, en particular utilizando el modelo de color RGB.

Ejemplo: Definición y creación de una matriz a partir de la imagen con colores RGB.

In [1]:

```
# Ejercicio 1
import numpy as np
from PIL import Image
import matplotlib.pyplot as plt

# Cargar la imagen y convertirla a una matriz de datos
img = Image.open('image1.jpg')
img_data = np.array(img)

# Mostrar la matriz de datos RGB
print("Matriz de datos de la imagen (Canales RGB):")
print(img_data)

# Función para mostrar un canal individual
def show_channel(channel_data, title, cmap):
    plt.imshow(channel_data, cmap=cmap)
    plt.title(title)
    plt.axis('off')
    plt.show()

# Extraer cada canal de color
red_channel = img_data[:, :, 0]
green_channel = img_data[:, :, 1]
blue_channel = img_data[:, :, 2]

# Imprimir los datos de cada canal
print("Matriz de datos del canal Rojo:")
print(red_channel)
print("Matriz de datos del canal Verde:")
print(green_channel)
print("Matriz de datos del canal Azul:")
print(blue_channel)

# Visualizar la imagen original
plt.imshow(img_data)
```

```
plt.title('Imagen Original')
plt.axis('off')
plt.show()

# Visualizar cada canal por separado
show_channel(red_channel, 'Canal Rojo', 'Reds')
show_channel(green_channel, 'Canal Verde', 'Greens')
show_channel(blue_channel, 'Canal Azul', 'Blues')
```

Out [1]:

```
Matriz de datos de la imagen (Canales RGB):
[[[ 95 104  11]
  [ 88  99   3]
  [110 127  25]
  ...
  [174 203  53]
  [154 181  26]
  [140 168   6]]

 [[112 130  12]
  [ 88 106   0]
  [ 73  95   0]
  ...
  [133 161  16]
  [126 155   3]
  [125 152   0]]

 [[152 178  27]
  [120 146  10]
  [104 129   9]
  ...
  [120 147   8]
  [129 157  12]
  [134 163  13]]

 ...

 [[ 10  63  19]
  [ 11  64  20]
  [ 16  72  23]
  ...
  [ 28  69  11]
  [ 21  61   8]
  [ 14  57   4]]

 [[  9  67  16]
```

```
  [ 3  61  13]
  [ 11 68  23]
  ...
  [ 23 66  10]
  [ 16 56   3]
  [ 11 52   0]]

 [[ 9  64   6]
  [ 15 72  21]
  [ 13 68  26]
  ...
  [ 16 59   3]
  [ 24 63   8]
  [ 81 121 61]]]
Matriz de datos del canal Rojo:
[[ 95 88 110 ... 174 154 140]
 [112 88  73 ... 133 126 125]
 [152 120 104 ... 120 129 134]
 ...
 [ 10 11  16 ... 28  21  14]
 [  9  3  11 ... 23  16  11]
 [  9 15  13 ... 16  24  81]]
Matriz de datos del canal Verde:
[[104 99 127 ... 203 181 168]
 [130 106 95 ... 161 155 152]
 [178 146 129 ... 147 157 163]
 ...
 [ 63 64  72 ... 69  61  57]
 [ 67 61  68 ... 66  56  52]
 [ 64 72  68 ... 59  63 121]]
Matriz de datos del canal Azul:
[[11  3 25 ... 53 26  6]
 [12  0  0 ... 16  3  0]
 [27 10  9 ...  8 12 13]
 ...
 [19 20 23 ... 11  8  4]
 [16 13 23 ... 10  3  0]
 [ 6 21 26 ...  3  8 61]]
```

Imagen Original

Canal Rojo

Canal Verde

Canal Azul

Ejemplo: Tipos de matrices a partir de la imagen con colores RGB

In [2]:

```
# Ejercicio 2
import numpy as np
from PIL import Image
import matplotlib.pyplot as plt

# Cargar la imagen y convertirla a una matriz de datos
img = Image.open('image1.jpg')
img_data = np.array(img)

# Función para mostrar una matriz con un título específico
def print_and_show_matrix(matrix, title, cmap='gray'):
    print(f"{title}:")
    print(matrix)
    plt.imshow(matrix, cmap=cmap)
    plt.title(title)
    plt.axis('off')
    plt.show()

# Crear diferentes tipos de matrices usando submatrices de la imagen
# Matriz cuadrada
B_R = img_data[:600, :600, 0] # Canal rojo
B_G = img_data[:600, :600, 1] # Canal verde
B_B = img_data[:600, :600, 2] # Canal azul

# Matriz rectangular
C_R = img_data[:400, :600, 0]
C_G = img_data[:400, :600, 1]
C_B = img_data[:400, :600, 2]

# Matriz fila 1x400
D_R = img_data[0, :400, 0].reshape(1, 400)
D_G = img_data[0, :400, 1].reshape(1, 400)
D_B = img_data[0, :400, 2].reshape(1, 400)

# Matriz columna 400x1
E_R = img_data[:400, 0, 0].reshape(400, 1)
E_G = img_data[:400, 0, 1].reshape(400, 1)
E_B = img_data[:400, 0, 2].reshape(400, 1)

# Matriz diagonal 500x500
F_R = np.diag(img_data[:500, 0, 0])
F_G = np.diag(img_data[:500, 0, 1])
F_B = np.diag(img_data[:500, 0, 2])

# Matriz identidad 300x300
I_3 = np.eye(300)

# Matriz nula 200x300
O_2x3 = np.zeros((200, 300))
```

```

# Mostrar las matrices con visualización
print_and_show_matrix(B_R, "Matriz cuadrada (Canal Rojo)", cmap='Reds')
print_and_show_matrix(B_G, "Matriz cuadrada (Canal Verde)", cmap='Greens')
print_and_show_matrix(B_B, "Matriz cuadrada (Canal Azul)", cmap='Blues')
print_and_show_matrix(C_R, "Matriz rectangular (Canal Rojo)", cmap='Reds')
print_and_show_matrix(C_G, "Matriz rectangular (Canal Verde)", cmap='Greens')
print_and_show_matrix(C_B, "Matriz rectangular (Canal Azul)", cmap='Blues')
print_and_show_matrix(D_R, "Matriz fila 1x400 (Canal Rojo)", cmap='Reds')
print_and_show_matrix(D_G, "Matriz fila 1x400 (Canal Verde)", cmap='Greens')
print_and_show_matrix(D_B, "Matriz fila 1x400 (Canal Azul)", cmap='Blues')
print_and_show_matrix(I_3, "Matriz identidad 300x300", cmap='gray')
print_and_show_matrix(O_2x3, "Matriz nula 200x300", cmap='gray')
```

Out [2]:

```
Matriz cuadrada (Canal Rojo):
[[ 95  88 110 ...  90  94  94]
 [112  88  73 ...  91  94  94]
 [152 120 104 ...  93  96  95]
 ...
 [197 177 182 ... 218 221 219]
 [196 177 182 ... 220 224 229]
 [197 181 184 ... 211 208 214]]
```

```
Matriz cuadrada (Canal Verde):
[[104  99 127 ... 166 167 167]
 [130 106  95 ... 167 167 167]
 [178 146 129 ... 169 169 168]
 ...
 [108  79  77 ... 218 219 219]
 [105  79  77 ... 227 230 234]
 [106  81  79 ... 229 225 230]]
```

```
Matriz cuadrada (Canal Azul):
[[ 11   3  25 ... 218 220 220]
 [ 12   0   0 ... 219 220 220]
 [ 27  10   9 ... 221 222 221]
 ...
 [ 24   4  12 ... 166 178 185]
 [ 22   4  12 ... 159 170 180]
 [ 23   6  14 ... 129 131 142]]
```

```
Matriz rectangular (Canal Rojo):
[[ 95  88 110 ...  90  94  94]
 [112  88  73 ...  91  94  94]
 [152 120 104 ...  93  96  95]
 ...
 [220 221 220 ... 102  79  83]
 [222 222 222 ...  84  86  95]
 [222 222 221 ...  73  94  97]]
```

```
Matriz rectangular (Canal Verde):
[[104  99 127 ... 166 167 167]
 [130 106  95 ... 167 167 167]
 [178 146 129 ... 169 169 168]
 ...
 [241 242 241 ... 153 130 132]
 [243 243 243 ... 136 136 146]
 [245 245 244 ... 125 145 148]]
```

```
Matriz rectangular (Canal Azul):
[[ 11   3  25 ... 218 220 220]
 [ 12   0   0 ... 219 220 220]
 [ 27  10   9 ... 221 222 221]
 ...
 [236 237 236 ...  86  63  66]
```

```
[238 238 238 ... 62 63 71]
[239 239 238 ... 50 68 71]]
```

Matriz rectangular (Canal Azul)

```
Matriz fila 1x400 (Canal Rojo):
[[ 95 88 110 146 157 152 147 173 191 187 169 173 190 218 209
   131 127 169
  186 190 177 130 67 93 113 158 180 121 112 131 149 164 129 79
    84 95
  82 77 76 74 96 117 106 98 95 84 72 100 113 117 120 127
    115 120
  118 110 116 108 87 81 73 74 77 83 84 85 101 99 81 80 99
    121
  118 102 94 100 79 64 75 89 99 117 119 108 102 99 80 60 64
    63
  82 83 109 148 174 166 138 106 73 89 141 166 170 160 154 152
    120 117
  151 165 163 165 169 117 101 119 116 97 108 121 135 108 84 88
    76 80
  104 117 88 71 72 83 107 129 105 86 89 106 127 130 96 70 81
    128
  123 114 118 126 126 109 149 166 129 94 92 99 118 113 93 114
    108 145
  140 125 123 111 113 137 160 162 170 166 167 164 164 158 134
    129 133 151
  175 196 209 213 222 224 215 210 186 151 115 130 141 151 149
    154 160 170
  165 154 142 127 123 120 116 120 125 126 126 124 121 118 117
    115 116 118
  116 116 115 117 118 121 121 120 117 118 119 120 117 113 112
    113 114 114
  115 117 116 116 117 118 118 117 117 117 114 115 115 113 113
```

```
    113 112 113
 112 110 109 111 113 111 111 114 114 114 113 114 113 109 111
    112 110 111
 109 105 112 109 109 111 111 110 110 111 107 110 108 107 109
    107 106 111
 107 109 107 106 106 109 108 105 105 105 106 108 107 105 105
    108 105 106
 105 105 108 110 108 109 112 110 109 108 109 108 106 105 103
    103 105 109
 109 106 104 105 105 107 104 104 110 109 105 105 104 103 104
    108 108 105
 105 109 106 104 105 106 104 102 101 99 101 104 104 103 104
    100 98 98
  96 100 98  97 101 101 97  98 100  98 100  99 100 102 100 102
    101 101
 102 101 98  96  99 103 102 98  95  97  98  98  98 100 94  97  99
    98
  96  97  98 100]]
```

Matriz fila 1x400 (Canal Rojo)

```
Matriz fila 1x400 (Canal Verde):
[[104 99 127 169 183 182 177 201 216 211 191 193 207 233 222
   143 158 199
  213 214 199 151 87 115 135 177 199 138 129 150 170 189 149
    100 103 112
   98  92  90  93 120 146 141 133 128 112 93 119 142 144 146 150
    137 144
  141 137 143 135 114 110 106 110 120 127 132 133 147 142 123
    122 138 160
  157 141 133 138 115 98 106 120 143 160 159 144 135 126 105 84
    91 91
  108 109 130 165 189 178 158 124 90 110 164 196 199 187 176
    170 137 136
  174 192 192 197 189 140 126 144 142 121 132 146 160 134 113
    118 109 109
  132 144 121 103 100 111 133 156 136 119 125 143 168 173 142
    115 124 172
  172 158 161 172 172 150 185 200 167 144 150 159 172 163 144
    168 183 211
  194 172 173 167 172 195 213 211 215 212 212 211 211 204 190
    184 181 190
  206 222 230 234 241 242 230 227 212 189 167 189 197 205 200
    198 198 209
  210 205 200 191 189 191 190 191 194 195 189 187 185 186 187
    190 192 195
  193 193 190 187 186 186 184 181 186 187 188 187 184 181 180
```

```
    181 182 182
183 182 181 181 182 183 183 182 182 182 179 180 180 178 178
    178 180 181
180 178 178 180 181 179 179 182 182 179 178 179 180 176 178
    181 179 180
181 177 179 176 176 178 178 177 177 178 176 179 177 176 178
    176 175 180
178 180 178 175 175 178 177 172 172 172 173 175 174 172 172
    175 172 173
172 172 176 175 173 174 177 175 174 176 177 176 174 173 172
    172 174 176
176 173 171 172 172 174 171 171 177 178 174 174 173 172 173
    175 175 172
172 176 173 171 172 173 171 170 169 167 170 173 172 171 172
    171 169 169
167 171 169 168 172 172 168 169 171 169 171 170 171 173 171
    173 172 172
173 172 169 167 170 174 175 171 168 170 171 171 171 173 167
    170 172 171
169 170 171 173]]
```

Matriz fila 1x400 (Canal Verde)

```
Matriz fila 1x400 (Canal Azul):
[[ 11   3  25  53  56  48  43  65  72  51  18  18  41  82  82   9  18
    51
   58  58  54  24   0   7  24  59  73  10   1  22  41  59  52   0   0
     8
    0   1   3   3  22  36  25  17  15   2   0  12  23  31  39  46  28
    22
    7   0  12  20  19  28  25  20  15  12  23  23  38  34  13  12  29
    51
   50  34  27  35  15   1  12  26  32  44  36  20  22  29  22   8  12
     6
   17  10  25  50  62  44  37  16   0  17  56  66  55  46  49  58  31
    21
   44  53  48  52  66  26  24  52  55  33  38  45  59  37  21  30  20
    17
   32  41  17   6  13  26  44  59  32  12  19  38  62  66  34  14  34
    87
   80  60  53  64  84  90 147 165 118  73  63  63  76  64  41  57  82
   113
   98  70  62  60  88 145 197 216 234 238 241 231 217 201 191
   165 143 143
 162 177 174 159 152 160 165 182 173 148 121 141 152 155 157
   181 207 226
 216 209 214 218 221 219 219 223 227 224 224 222 220 221 221
```

```
    222 224 225
223 223 221 221 223 228 228 228 227 228 229 229 226 220 219
    220 221 221
222 222 221 221 222 223 223 222 222 222 219 220 220 218 218
    218 219 220
219 217 217 219 220 218 218 221 221 221 220 221 222 218 220
    222 220 221
221 217 222 219 219 221 221 220 220 221 218 221 219 218 220
    218 217 222
220 222 220 217 217 220 219 215 215 214 215 217 216 214 214
    217 214 215
214 214 215 215 213 214 217 215 214 215 216 215 213 212 213
    213 215 218
218 215 213 214 214 216 213 213 219 219 215 215 215 214 215
    218 218 215
215 219 216 214 215 216 216 215 214 212 212 215 217 216 217
    215 213 213
211 215 215 214 218 218 214 215 217 215 217 216 217 219 215
    217 216 216
217 214 211 209 212 216 220 216 213 215 216 216 216 218 212
    215 217 216
214 215 216 218]]
```

Matriz fila 1x400 (Canal Azul)

```
Matriz identidad 300x300:
[[1. 0. 0. ... 0. 0. 0.]
 [0. 1. 0. ... 0. 0. 0.]
 [0. 0. 1. ... 0. 0. 0.]
 ...
 [0. 0. 0. ... 1. 0. 0.]
 [0. 0. 0. ... 0. 1. 0.]
 [0. 0. 0. ... 0. 0. 1.]]
```

```
Matriz nula 200x300:
[[0. 0. 0. ... 0. 0. 0.]
 [0. 0. 0. ... 0. 0. 0.]
 [0. 0. 0. ... 0. 0. 0.]
 ...
 [0. 0. 0. ... 0. 0. 0.]
 [0. 0. 0. ... 0. 0. 0.]
 [0. 0. 0. ... 0. 0. 0.]]
```

5.2 Operaciones con matrices

Las matrices son estructuras matemáticas que permiten representar y manipular datos organizados en tablas bidimensionales. Las operaciones matriciales tienen aplicaciones en álgebra lineal, gráficos por computadora, ingeniería y muchas otras áreas. En este apartado se presenta un desarrollo teórico de las operaciones básicas con matrices, incluyendo suma y resta, multiplicación por un escalar, producto matricial y las propiedades asociadas.[19]

5.2.1 Suma y resta de matrices

5.2.1.1 Suma de matrices

La suma de matrices se realiza elemento a elemento. Dadas dos matrices A y B de dimensiones $m \times n$, la suma $C = A + B$ se define por:

$$C_{ij} = A_{ij} + B_{ij}.$$

Aquí, C_{ij} es el elemento en la fila i y la columna j de la matriz C, mientras que A_{ij} y B_{ij} son los elementos correspondientes en A y B.

5.2.1.2 Propiedades de la suma de matrices

- **Conmutatividad:** $A + B = B + A$.
- **Asociatividad:** $(A + B) + C = A + (B + C)$.
- **Elemento neutro:** Existe una matriz cero 0 (de dimensiones $m \times n$) tal que $A + 0 = A$.
- **Elemento inverso aditivo:** Para cada matriz A, existe $-A$ tal que $A+(-A) =$

0.

5.2.1.3 Resta de matrices

La resta de matrices se define como la suma de una matriz con el opuesto aditivo de otra. Si A y B son matrices de dimensiones $m \times n$, entonces $C = A - B$ se calcula como:

$$C_{ij} = A_{ij} - B_{ij}.$$

Es importante notar que, a diferencia de la suma, la resta de matrices **no** es conmutativa ni asociativa en general.[1]

5.2.2 Multiplicación de matrices por un escalar

La multiplicación de una matriz por un escalar consiste en multiplicar cada entrada por un número (real o, más generalmente, un elemento del campo subyacente). Dada una matriz A de dimensiones $m \times n$ y un escalar k, el producto kA se define por:

$$(kA)_{ij} = k\, A_{ij}.$$

Propiedades:

- **Distributividad respecto a la suma de escalares:** $(k + l)A = kA + lA$.
- **Distributividad de la suma de matrices:** $k(A + B) = kA + kB$.
- **Compatibilidad con la multiplicación de escalares:** $(kl)A = k(lA)$.
- **Elemento neutro:** $1 \cdot A = A$.

5.2.3 Multiplicación de matrices (producto matricial)

El producto matricial combina dos matrices para formar una nueva matriz. Si A es de dimensión $m \times n$ y B es de dimensión $n \times p$, entonces el producto $C = AB$ es una matriz de dimensión $m \times p$, definida por:

$$C_{ij} = \sum_{k=1}^{n} A_{ik}\, B_{kj}.$$

Propiedades:

- **No conmutatividad:** En general, $AB \neq BA$ (cuando ambos productos están definidos).
- **Asociatividad:** $(AB)C = A(BC)$, siempre que las dimensiones sean compatibles.
- **Distributividad respecto a la suma:** $A(B+C) = AB+AC$ y $(A+B)C =$

$AC + BC$.

- **Elemento neutro:** $AI = IA = A$, donde I es la matriz identidad del tamaño correspondiente.

5.2.4 Propiedades de las operaciones con matrices

Para consolidar las ideas, se resumen las propiedades más importantes.

5.2.4.1 Propiedades de la suma

- **Conmutativa:** $A + B = B + A$.
- **Asociativa:** $(A + B) + C = A + (B + C)$.
- **El neutro:** $A + 0 = A$.
- **El inverso:** $A + (-A) = 0$.

5.2.4.2 Propiedades de la resta

- **No conmutatividad:** $A - B \neq B - A$.
- **No asociatividad:** $(A - B) - C \neq A - (B - C)$.

5.2.4.3 Propiedades de la multiplicación por un escalar

- **Distributividad sobre la suma de escalares:** $(k + l)A = kA + lA$.
- **Distributividad sobre la suma de matrices:** $k(A + B) = kA + kB$.
- **Compatibilidad con la multiplicación de escalares:** $(kl)A = k(lA)$.

5.2.4.4 Propiedades del producto matricial

- **Asociatividad:** $(AB)C = A(BC)$.
- **Distributividad:** $A(B + C) = AB + AC$ y $(A + B)C = AC + BC$.
- **No conmutatividad:** $AB \neq BA$ en general.
- **Elemento neutro:** $AI = IA = A$.

Estas propiedades son esenciales para la resolución de problemas y la aplicación de matrices en matemáticas y ciencias. Consideremos los siguientes ejemplos ilustrativos:

Ejemplo: Suma de matrices.

In [3]:

```
# Ejercicio 3
import numpy as np
import matplotlib.pyplot as plt

# Definir las matrices
A = np.array([[1, 2], [3, 4]])
B = np.array([[5, 6], [7, 8]])
```

```

# Realizar la suma
C = A + B

# Crear las gráficas
fig, axs = plt.subplots(1, 3, figsize=(15, 5))
cmap = 'viridis'

# Matriz A
img = axs[0].imshow(A, cmap=cmap, interpolation='none')
axs[0].set_title('Matriz A')
fig.colorbar(img, ax=axs[0])

# Matriz B
img = axs[1].imshow(B, cmap=cmap, interpolation='none')
axs[1].set_title('Matriz B')
fig.colorbar(img, ax=axs[1])

# Matriz C (A + B)
img = axs[2].imshow(C, cmap=cmap, interpolation='none')
axs[2].set_title('Matriz C (A + B)')
fig.colorbar(img, ax=axs[2])
plt.show()

C
```

Out [3]:

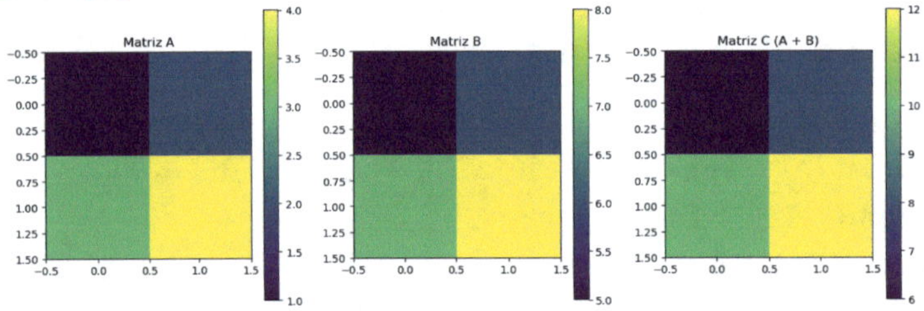


```
array([[ 6, 8],
       [10, 12]])
```

Ejemplo: Resta de matrices.

In [4]:

```
# Ejercicio 4
import numpy as np
import matplotlib.pyplot as plt

# Definir las matrices
A = np.array([[1, 8], [7, 2]])
B = np.array([[1, 2], [3, 4]])
```

```

# Realizar la resta
C = A - B

# Crear las gráficas
fig, axs = plt.subplots(1, 3, figsize=(15, 5))
cmap = 'viridis'

# Matriz A
img = axs[0].imshow(A, cmap=cmap, interpolation='none')
axs[0].set_title('Matriz A')
fig.colorbar(img, ax=axs[0])

# Matriz B
img = axs[1].imshow(B, cmap=cmap, interpolation='none')
axs[1].set_title('Matriz B')
fig.colorbar(img, ax=axs[1])

# Matriz C (A - B)
img = axs[2].imshow(C, cmap=cmap, interpolation='none')
axs[2].set_title('Matriz C (A - B)')
fig.colorbar(img, ax=axs[2])
plt.show()

C
```

Out [4]:

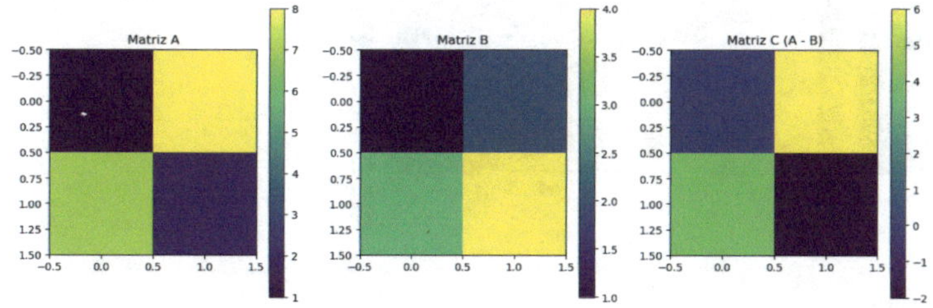


```
array([[ 0,  6],
       [ 4, -2]])
```

Ejemplo: Multiplicación por un escalar.

In [5]:

```
# Ejercicio 5
import numpy as np
import matplotlib.pyplot as plt

# Definir la matriz y el escalar
A = np.array([[2, 2], [8, 5]])
k = 3
```

```

# Realizar la multiplicación por un escalar
B = k * A

# Crear las gráficas
fig, axs = plt.subplots(1, 2, figsize=(10, 5))
cmap = 'viridis'

# Matriz A
img = axs[0].imshow(A, cmap=cmap, interpolation='none')
axs[0].set_title('Matriz A')
fig.colorbar(img, ax=axs[0])

# Matriz B (kA)
img = axs[1].imshow(B, cmap=cmap, interpolation='none')
axs[1].set_title('Matriz B (3A)')
fig.colorbar(img, ax=axs[1])
plt.show()

B
```

Out [5]:

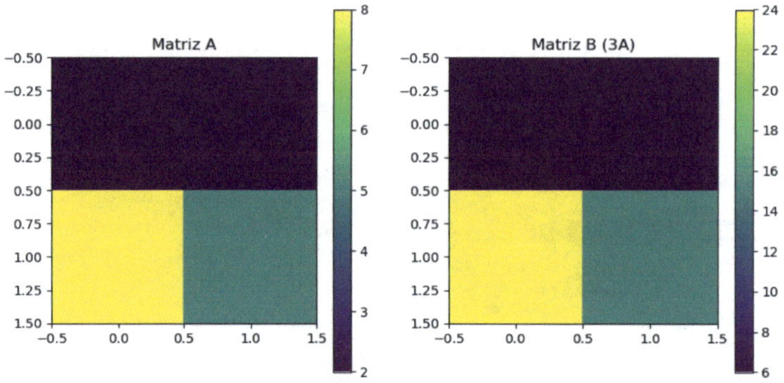


```
array([[ 6, 6],
       [24, 15]])
```

Ejemplo: Producto matricial.

In [6]:

```
# Ejercicio 6
import numpy as np
import matplotlib.pyplot as plt

# Definir las matrices
A = np.array([[1, 2], [3, 4]])
B = np.array([[5, 6], [7, 8]])

# Realizar el producto matricial
```

```
C = np.dot(A, B)

# Crear las gráficas
fig, axs = plt.subplots(1, 3, figsize=(15, 5))
cmap = 'viridis'

# Matriz A
img = axs[0].imshow(A, cmap=cmap, interpolation='none')
axs[0].set_title('Matriz A')
fig.colorbar(img, ax=axs[0])

# Matriz B
img = axs[1].imshow(B, cmap=cmap, interpolation='none')
axs[1].set_title('Matriz B')
fig.colorbar(img, ax=axs[1])

# Matriz C (A * B)
img = axs[2].imshow(C, cmap=cmap, interpolation='none')
axs[2].set_title('Matriz C (A * B)')
fig.colorbar(img, ax=axs[2])
plt.show()

C
```

Out [6]:

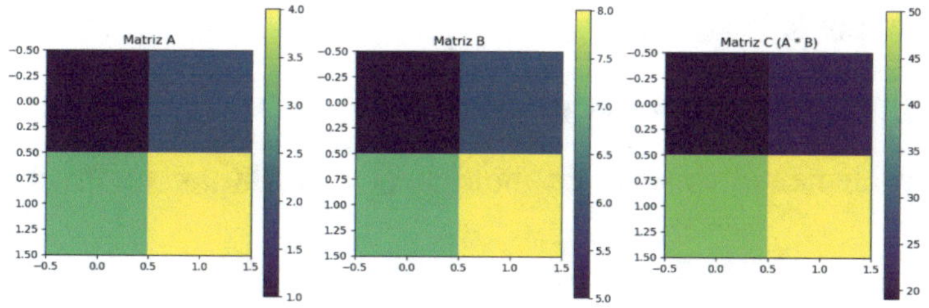


```
array([[19, 22],
       [43, 50]])
```

5.2.5 Matrices elementales y equivalencia por filas

Las operaciones elementales de fila constituyen una herramienta fundamental para transformar matrices sin alterar ciertas propiedades estructurales esenciales. Estas operaciones aparecen de manera natural en procedimientos como la eliminación gaussiana, el método de Gauss–Jordan, el cálculo del rango y la obtención de matrices inversas. Desde un punto de vista estrictamente matricial, cada operación elemental de fila puede representarse mediante la multiplicación por una matriz especial denominada **matriz elemental**.

Una matriz elemental se obtiene al aplicar una única operación elemental de fila a la matriz identidad I_n. Existen tres tipos fundamentales de operaciones elementales.

5.2.5.1 Intercambio de dos filas

La primera operación consiste en intercambiar dos filas de una matriz:

$$R_i \leftrightarrow R_j.$$

Si esta operación se aplica a I_n, se obtiene una matriz elemental de permutación. Por ejemplo, al intercambiar las dos filas de I_2,

$$I_2 = \begin{pmatrix} 1 & 0 \\ 0 & 1 \end{pmatrix},$$

Se obtiene

$$E = \begin{pmatrix} 0 & 1 \\ 1 & 0 \end{pmatrix}.$$

Para cualquier matriz A con dos filas, el producto

$$EA$$

Produce una matriz cuyas filas aparecen intercambiadas respecto de A. Por tanto, la operación elemental de intercambio de filas puede entenderse como una multiplicación matricial por la izquierda.

5.2.5.2 Multiplicación de una fila por un escalar no nulo

La segunda operación elemental consiste en multiplicar una fila por un escalar $\alpha \neq 0$:

$$R_i \leftarrow \alpha R_i.$$

Por ejemplo, si se multiplica la segunda fila de I_2 por α, se obtiene

$$E = \begin{pmatrix} 1 & 0 \\ 0 & \alpha \end{pmatrix}.$$

Entonces, para una matriz compatible A, el producto

$$EA$$

Multiplica únicamente la segunda fila de A por α.

La condición $\alpha \neq 0$ es esencial, ya que permite revertir la operación multiplicando posteriormente por $1/\alpha$.

5.2.5.3 Suma de un múltiplo de una fila a otra

La tercera operación elemental tiene la forma

$$R_i \leftarrow R_i + \alpha R_j, \qquad i \neq j.$$

Por ejemplo, para sumar α veces la segunda fila a la primera en una matriz de orden 2, se utiliza la matriz elemental

$$E = \begin{pmatrix} 1 & \alpha \\ 0 & 1 \end{pmatrix}.$$

Al multiplicar una matriz A por E a la izquierda, se obtiene precisamente la transformación

$$R_1 \leftarrow R_1 + \alpha R_2.$$

Este tipo de matriz elemental constituye la base algebraica de los pasos de eliminación empleados para generar ceros por debajo o por encima de los pivotes.

5.2.5.4 Invertibilidad de las matrices elementales

Toda matriz elemental es invertible. Además, su inversa también es una matriz elemental correspondiente a la operación que deshace la transformación original.

Si E intercambia dos filas, entonces

$$E^{-1} = E,$$

Porque intercambiar nuevamente las mismas filas recupera la matriz original.

Si E multiplica una fila por $\alpha \neq 0$, entonces su inversa multiplica esa misma fila por $1/\alpha$. Finalmente, si

$$R_i \leftarrow R_i + \alpha R_j,$$

La operación inversa es

$$R_i \leftarrow R_i - \alpha R_j.$$

Esta propiedad explica por qué las operaciones elementales de fila son reversibles y permiten transformar una matriz sin perder la información algebraica necesaria para recuperar su forma original.

5.2.5.5 Equivalencia por filas

Dos matrices A y B se denominan **equivalentes por filas** si B puede obtenerse a partir de A mediante una sucesión finita de operaciones elementales de fila. Si las matrices elementales correspondientes a dichas operaciones son

$$E_1, E_2, \ldots, E_k,$$

Entonces puede escribirse

$$B = E_k E_{k-1} \cdots E_2 E_1 A.$$

Esta igualdad muestra que el proceso de reducción por filas puede interpretarse completamente mediante productos matriciales.

La equivalencia por filas es una relación de equivalencia, pues satisface las propiedades de reflexividad, simetría y transitividad. En particular, una matriz es equivalente por filas a sí misma; si A es equivalente por filas a B, entonces B también lo es a A; y si A es equivalente a B y B a C, entonces A es equivalente a C.

5.2.5.6 Matrices elementales e inversa

Existe una relación fundamental entre las matrices elementales y la invertibilidad. Sea $A \in \mathbb{R}^{n \times n}$. Si mediante operaciones elementales de fila puede reducirse A hasta la identidad, entonces existen matrices elementales $E_1, \ldots, E_k$ tales que

$$E_k E_{k-1} \cdots E_1 A = I_n.$$

Por definición de matriz inversa, se deduce que

$$A^{-1} = E_k E_{k-1} \cdots E_1.$$

Por tanto, toda matriz cuadrada invertible puede expresarse como producto de matrices elementales. Recíprocamente, cualquier producto de matrices elementales es invertible, puesto que cada uno de sus factores lo es.

Este resultado proporciona el fundamento matricial del método de Gauss–Jordan para obtener A^{-1}: transformar el bloque izquierdo de

$$[A \mid I_n]$$

En I_n equivale a aplicar exactamente la misma sucesión de matrices elementales tanto a A como a la identidad.

5.2.5.7 Relación con el rango

Las operaciones elementales de fila no modifican el rango de una matriz. Si

$$B = EA,$$

Donde E es elemental, entonces E es invertible y, por tanto,

$$\text{rango}(B) = \text{rango}(A).$$

En consecuencia, si una matriz se transforma mediante operaciones elementales hasta una forma escalonada R, se conserva la igualdad

$$\text{rango}(A) = \text{rango}(R).$$

Esta propiedad justifica matemáticamente el procedimiento de calcular el rango contando los pivotes o las filas no nulas de una forma escalonada.

Las matrices elementales permiten así interpretar las operaciones de fila no como simples reglas de cálculo, sino como verdaderas operaciones matriciales invertibles. Esta perspectiva conecta de manera natural el producto matricial, la reducción por filas, la invertibilidad y el rango, proporcionando una estructura algebraica unificada para varios de los procedimientos desarrollados en este capítulo.

5.3 Tipos especiales de matrices

Algunas matrices poseen estructuras especiales que simplifican cálculos y exhiben propiedades relevantes en teoría y aplicaciones. Entre ellas destacan la matriz identidad, la matriz diagonal, las matrices simétricas y antisimétricas, y las matrices triangulares. A continuación se describen sus definiciones, propiedades y usos típicos.

5.3.1 Matriz identidad

Definición:

La matriz identidad de orden n, denotada por I_n, es una matriz cuadrada con unos en la diagonal principal y ceros en el resto. Formalmente:

$$(I_n)_{ij} = \begin{cases} 1, & \text{si } i = j, \\ 0, & \text{si } i \neq j. \end{cases}$$

Propiedades:

- **Elemento neutro en la multiplicación:** Si A es una matriz $m \times n$, entonces $AI_n = A$ y $I_m A = A$ (cuando los productos están definidos).
- **Invertibilidad:** Una matriz cuadrada A es invertible si y solo si existe A^{-1} tal que $AA^{-1} = A^{-1}A = I$.
- **Potencias:** $I_n^k = I_n$ para todo entero $k \geq 1$.

Aplicaciones:

- **Sistemas de ecuaciones:** Aparece en métodos de eliminación y factorizaciones, y en la formulación $Ax = b$.
- **Transformaciones lineales:** Representa la transformación identidad (no altera los vectores).

5.3.2 Matriz diagonal

Definición:

Una matriz diagonal $D \in \mathbb{R}^{n\times n}$ (o sobre un campo F) es una matriz cuadrada con ceros fuera de la diagonal principal. Equivalentemente:

$$D_{ij} = \begin{cases} d_i, & \text{si } i = j, \\ 0, & \text{si } i \neq j. \end{cases}$$

(En particular, $D = \operatorname{diag}(d_1, \ldots, d_n)$.)

Propiedades:

- **Conmutatividad entre diagonales:** Si D_1 y D_2 son diagonales del mismo tamaño, entonces $D_1 D_2 = D_2 D_1$.
- **Potencias:** D^k es diagonal y sus entradas diagonales son d_i^k.
- **Invertibilidad:** D es invertible si y solo si $d_i \neq 0$ para todo i; entonces $D^{-1} = \operatorname{diag}(1/d_1, \ldots, 1/d_n)$.

Aplicaciones:

- **Diagonalización y espectro:** En diagonalización, una matriz semejante a una diagonal permite simplificar potencias, exponenciales y otros cálculos.
- **Transformaciones lineales:** Modela escalados independientes por coordenada.

5.3.3 Matriz simétrica

Definición:

Una matriz $A \in \mathbb{R}^{n\times n}$ es simétrica si es igual a su transpuesta:[1]

$$A = A^T.$$

Equivalente a $A_{ij} = A_{ji}$ para todo i, j. (En particular, $(A^T)_{ij} = A_{ji}$.)

Propiedades:[2]

- **Simetría por entradas:** Los elementos fuera de la diagonal aparecen en pares A_{ij} y A_{ji}.
- **Autovalores reales:** Toda matriz simétrica real tiene autovalores reales.

[1] DeFranza, J., & Gagliardi, D. (2015). Introduction to linear algebra with applications. Waveland Press.

- **Diagonalización ortogonal (teorema espectral):** Existe una matriz ortogonal P tal que $P^T AP$ es diagonal.

Aplicaciones:

- **Optimización:** La matriz Hessiana de una función C^2 es simétrica; su espectro se usa para clasificar puntos críticos.
- **Física e ingeniería:** Modela sistemas conservativos, rigidez, energía y vibraciones (por ejemplo, matrices de rigidez y masa en modelos lineales).

5.3.4 Matriz antisimétrica

Definición:

Una matriz $A \in \mathbb{R}^{n\times n}$ es antisimétrica (o *skew-simétrica*) si es igual a menos su transpuesta:[2]

$$A = -A^T.$$

Equivalente a $A_{ij} = -A_{ji}$ para todo i, j.

Propiedades:

- **Diagonal principal nula:** $A_{ii} = 0$ para todo i.
- **Autovalores:** En matrices reales antisimétricas, los autovalores son *puramente imaginarios* o cero (aparecen en pares conjugados).
- **Cierre bajo suma y escalares:** Si A y B son antisimétricas y α es un escalar, entonces $A + B$ y αA son antisimétricas.
- **Producto:** El producto de dos matrices antisimétricas no es necesariamente antisimétrico.

Aplicaciones:

- **Geometría y física:** Relacionadas con generadores de rotaciones e infinitesimales en $\mathbb{R}^n$, y con estructuras asociadas a simetrías.
- **Álgebra lineal y grupos:** Aparecen en el estudio de álgebras de Lie (por ejemplo, $\mathfrak{so}(n)$).

5.3.5 Matrices triangulares

5.3.5.1 Matriz triangular superior

Una matriz $U \in \mathbb{R}^{n\times n}$ es triangular superior si todos los elementos por debajo de la diagonal principal son cero, es decir, $U_{ij} = 0$ para todo $i > j$.

[2] Beezer, R. A. (2020). A first course in linear algebra (3rd ed.). Congruent Press.

5.3.5.2 Matriz triangular inferior

Una matriz $L \in \mathbb{R}^{n\times n}$ es triangular inferior si todos los elementos por encima de la diagonal principal son cero, es decir, $L_{ij} = 0$ para todo $i < j$.

Propiedades:

- **Producto e inversa:** El producto de dos matrices triangulares del mismo tipo es triangular del mismo tipo. Si una triangular es invertible, su inversa también es triangular del mismo tipo.
- **Determinante:** El determinante de una triangular es el producto de sus elementos diagonales.
- **Factorización LU:** Bajo condiciones adecuadas (y, en general, con pivoteo), una matriz cuadrada puede factorizarse como $PA = LU$, donde P es una de permutación.

Aplicaciones:

- **Resolución de sistemas:** Permiten resolver $Ux = b$ o $Lx = b$ mediante sustitución regresiva o progresiva, respectivamente.
- **Cálculo de determinantes:** La triangularización reduce el cálculo del determinante al producto de la diagonal.

Los tipos especiales de matrices (identidad, diagonal, simétrica, antisimétrica y triangular) son fundamentales en álgebra lineal y en numerosas aplicaciones. Sus propiedades estructurales simplifican cálculos, permiten diseñar algoritmos eficientes y facilitan el análisis teórico. Consideremos ejemplos en Python:

In [7]:

```python
# Ejercicio 7
import numpy as np

# MATRIZ IDENTIDAD
def matriz_identidad(n):
    return np.eye(n)

# Ejemplo de uso
I = matriz_identidad(4)
print("Matriz Identidad:")
print(I)

# MATRIZ DIAGONAL
def matriz_diagonal(diagonal):
    return np.diag(diagonal)

# Ejemplo de uso
D = matriz_diagonal([1, 2, 3, 4])
print("\nMatriz Diagonal:")
```

```
print(D)

# MATRIZ SIMÉTRICA
def matriz_simetrica(A):
    return (A + A.T) / 2

# Ejemplo de uso
A = np.array([[1, 2, 3], [2, 5, 6], [3, 6, 9]])
S = matriz_simetrica(A)
print("\nMatriz Simétrica:")
print(S)

# MATRIZ ANTISIMÉTRICA
def matriz_antisimetrica(A):
    return (A - A.T) / 2

# Ejemplo de uso
A = np.array([[0, 2, -1], [-2, 0, -4], [1, 4, 0]])
AS = matriz_antisimetrica(A)
print("\nMatriz Antisimétrica:")
print(AS)

# MATRIZ TRIANGULAR SUPERIOR
def matriz_triangular_superior(A):
    return np.triu(A)

# Ejemplo de uso
A = np.array([[1, 2, 3], [3, 5, 6], [4, 8, 7]])
U = matriz_triangular_superior(A)
print("\nMatriz Triangular Superior:")
print(U)

# MATRIZ TRIANGULAR INFERIOR
def matriz_triangular_inferior(A):
    return np.tril(A)

# Ejemplo de uso
L = matriz_triangular_inferior(A)
print("\nMatriz Triangular Inferior:")
print(L)
```

Out [7]:

```
Matriz Identidad:
[[1. 0. 0. 0.]
 [0. 1. 0. 0.]
 [0. 0. 1. 0.]
 [0. 0. 0. 1.]]

Matriz Diagonal:
```

```
[[1 0 0 0]
 [0 2 0 0]
 [0 0 3 0]
 [0 0 0 4]]

Matriz Simetrica:
[[1. 2. 3.]
 [2. 5. 6.]
 [3. 6. 9.]]

Matriz Antisimetrica:
[[ 0.  2. -1.]
 [-2.  0. -4.]
 [ 1.  4.  0.]]

Matriz Triangular Superior:
[[1 2 3]
 [0 5 6]
 [0 0 7]]

Matriz Triangular Inferior:
[[1 0 0]
 [3 5 0]
 [4 8 7]]
```

5.4 Cálculo de inversas y rango de la matriz

Las matrices son herramientas fundamentales del álgebra lineal y desempeñan un papel central en la resolución de sistemas de ecuaciones lineales, el estudio de transformaciones lineales y el modelado matemático en ciencias e ingeniería. Dos conceptos esenciales asociados a las matrices son la *matriz inversa* y el *rango*. En esta sección se presentan sus definiciones formales, los principales métodos de cálculo y sus aplicaciones teóricas y prácticas, incluyendo el Teorema de Rouché–Capelli.

5.4.1 Definición de la matriz inversa

Sea A una matriz cuadrada de orden n. Se dice que A es *invertible* si existe una matriz A^{-1} de orden n tal que:

$$A\,A^{-1} = A^{-1}A = I_n,$$

Donde I_n es la matriz identidad de orden n.

No todas las matrices cuadradas son invertibles. Una condición necesaria y suficiente para que A sea invertible es que su determinante sea distinto de cero:

$$\det(A) \neq 0.$$

Cuando existe, la matriz inversa es única.

5.4.2 Métodos para calcular la inversa

Existen diversos métodos para calcular la inversa de una matriz invertible:

Método de Gauss-Jordan: Consiste en ampliar la matriz A con la identidad I, formando la matriz aumentada $[A \mid I]$, y aplicar operaciones elementales de fila hasta transformar A en I. El bloque derecho resultante será entonces A^{-1}.

Método adjunta - determinante: Si A es invertible, su inversa puede calcularse mediante la matriz adjunta (transpuesta de la matriz de cofactores):

$$A^{-1} = \frac{1}{\det(A)} \operatorname{adj}(A).$$

Este método es teóricamente importante, aunque poco eficiente para matrices de gran tamaño.

Factorización LU:

Si A admite una factorización $A = LU$, donde L es triangular inferior y U triangular superior, y ambas son invertibles, entonces:

$$A^{-1} = U^{-1}L^{-1}.$$

Este enfoque es especialmente útil en cálculos numéricos y computacionales.

5.4.2.1 Propiedades de la matriz inversa

- **Unicidad:** Si A^{-1} existe, es única.
- **Producto de inversas:** Si A y B son matrices invertibles del mismo orden, entonces $(AB)^{-1} = B^{-1}A^{-1}$.
- **Transpuesta:** $(A^{-1})^T = (A^T)^{-1}$.
- **Inversa de la inversa:** $(A^{-1})^{-1} = A$.
- **Escalar:** Si $c \neq 0$, entonces $(cA)^{-1} = \frac{1}{c}A^{-1}$.

5.4.3 Definición y métodos para determinar el rango

El rango de una matriz A, denotado por $\operatorname{rango}(A)$, es el número máximo de filas (o columnas) linealmente independientes. Equivalentemente, es la dimensión del subespacio generado por sus filas o por sus columnas (ambas coinciden).

Los métodos más comunes para determinar el rango son:

Reducción a forma escalonada por filas:

Mediante operaciones elementales de fila se transforma la matriz en forma escalonada (o escalonada reducida). El rango es el número de filas no nulas de la matriz resultante.

Determinantes de submatrices:

El rango es el mayor orden de una submatriz cuadrada con determinante distinto de cero. Este criterio es principalmente teórico.

Teorema de Rouché-Capelli

Sea $AX = B$ un sistema de ecuaciones lineales, donde A es la matriz de coeficientes y $[A|B]$ la matriz aumentada. Es compatible si y solo si:

$$\text{rango}(A) = \text{rango}([A|B]).$$

- **Sistema compatible:** Si $\text{rango}(A) = \text{rango}([A|B])$, el sistema tiene una solución.
  - Si $\text{rango}(A) = n$ (número de incógnitas), la solución es única.
  - Si $\text{rango}(A) < n$, existen infinitas soluciones.
- **Sistema incompatible:** Si $\text{rango}(A) \neq \text{rango}([A|B])$, no tiene solución.

Ejemplos en Python:

Ejemplo: Método de Gauss-Jordan para calcular la inversa:

In [8]:

```
# Ejercicio 8
import numpy as np

def inversa_gauss_jordan(A):
    n = A.shape[0]

    # Crear una matriz aumentada [A | I]
    A_aug = np.hstack((A, np.eye(n)))

    # Aplicar operaciones elementales de fila
    for i in range(n):
        if A_aug[i, i] == 0:
```

```
            for j in range(i + 1, n):
                if A_aug[j, i] != 0:
                    A_aug[[i, j]] = A_aug[[j, i]]
                    break
        A_aug[i] = A_aug[i] / A_aug[i, i]
        for j in range(n):
            if i != j:
                A_aug[j] = A_aug[j] - A_aug[j, i] * A_aug[i]

    # La parte derecha de la matriz aumentada es la inversa
    A_inv = A_aug[:, n:]
    return A_inv

# Ejemplo de uso
A = np.array([[2, 7], [6, 3]])
A_inv = inversa_gauss_jordan(A)

print("Inversa usando el método de Gauss-Jordan:")
print(A_inv)
```

Out [8]:

```
Inversa usando el metodo de Gauss-Jordan:
[[-0.08333333 0.19444444]
 [ 0.16666667 -0.05555556]]
```

Ejemplo: Método de adjunto y determinantes:

In [9]:

```
# Ejercicio 9
def inversa_adjunta(A):
    det_A = np.linalg.det(A)
    if det_A == 0:
        return None
    cof_A = np.linalg.inv(A).T * det_A # Obtener cofactores
    adj_A = cof_A.T # Transponer los cofactores para obtener la adjunta
    A_inv = adj_A / det_A
    return A_inv

# Ejemplo de uso
A = np.array([[2, 7], [6, 3]])
A_inv = inversa_adjunta(A)

print("\nInversa usando el método de adjunto y determinantes:")
print(A_inv)
```

Out [9]:

```
Inversa usando el metodo de adjunto y determinantes:
[[-0.08333333 0.19444444]
 [ 0.16666667 -0.05555556]]
```

Ejemplo: Factorización LU:

In [10]:

```python
# Ejercicio 10
from scipy.linalg import lu
import numpy as np

def inversa_LU(A):
    P, L, U = lu(A)
    U_inv = np.linalg.inv(U)
    L_inv = np.linalg.inv(L)
    P_inv = np.linalg.inv(P)
    A_inv = np.dot(U_inv, np.dot(L_inv, P_inv))
    return A_inv

# Ejemplo de uso
A = np.array([[2, 7], [6, 3]])
A_inv = inversa_LU(A)

print("\nInversa usando la factorización LU:")
print(A_inv)
```

Out [10]:

```
Inversa usando la factorizacion LU:
[[-0.08333333 0.19444444]
 [ 0.16666667 -0.05555556]]
```

Ejemplo: Cálculo del rango de una matriz - reducción a forma escalonada fila:

In [11]:

```python
# Ejercicio 11
import numpy as np
import sympy

def rango_escalonada(A):
    A_sympy = sympy.Matrix(A)
```

```
    rref, pivots = A_sympy.rref()
    return len(pivots)

# Ejemplo de uso
A = np.array([[1, 2, 7], [4, 6, 6], [1, 8, 9]])
rango_A = rango_escalonada(A)

print("\nRango usando reducción a forma escalonada fila:")
print(rango_A)
```

Out [11]:

```
Rango usando reduccion a forma escalonada fila:
3
```

Ejemplo: Teorema de Rouché-Capelli y sistemas de ecuaciones lineales

In [12]:

```
# Ejercicio 12
def teorema_rouche_capelli(A, B):
    AB = np.hstack((A, B))
    rango_A = np.linalg.matrix_rank(A)
    rango_AB = np.linalg.matrix_rank(AB)
    if rango_A == rango_AB:
        if rango_A == A.shape[1]:
            return "Sistema compatible determinado (una única solución)"
        else:
            return "Sistema compatible indeterminado (infinitas soluciones)"
    else:
        return "Sistema incompatible (sin solución)"

# Ejemplo de uso
A = np.array([[2, 1, 1], [3, 1, -4], [1, 2, -1]])
B = np.array([[2], [5], [0]])
resultado = teorema_rouche_capelli(A, B)

print("\nResultado del Teorema de Rouché-Capelli:")
print(resultado)
```

Out [12]:

```
Resultado del Teorema de Rouche-Capelli:
Sistema compatible determinado (una unica solucion)
```

5.5 Matriz transpuesta

La matriz transpuesta es un concepto fundamental del álgebra lineal con numerosas aplicaciones en matemáticas, física, ingeniería, estadística y ciencias de la computación. En esta sección se presentan la definición formal de la transpuesta de una matriz, su método de cálculo, sus propiedades algebraicas y su relación directa con la simetría y las matrices simétricas.

5.5.1 Definición y cálculo de la transpuesta de una matriz

5.5.1.1 Definición

Sea A una matriz de tamaño $m \times n$. La *matriz transpuesta* de A, denotada por A^T, es la matriz de tamaño $n \times m$ que se obtiene al intercambiar las filas de A por sus columnas. Formalmente:

$$(A^T)_{ij} = A_{ji}.$$

Es decir, el elemento ubicado en la fila i y la columna j de A^T coincide con el elemento de la fila j y la columna i de la matriz original A.

5.5.1.2 Cálculo de la transpuesta

El cálculo de la transpuesta es un procedimiento directo que consiste en reorganizar los elementos de la matriz original. Consideremos el siguiente ejemplo ilustrativo.

Ejemplo: Dada la matriz.

$$A = \begin{pmatrix} 1 & 4 & 8 \\ 2 & 5 & 9 \end{pmatrix},$$

Su transpuesta se obtiene intercambiando filas por columnas:

$$A^T = \begin{pmatrix} 1 & 2 \\ 4 & 5 \\ 8 & 9 \end{pmatrix}.$$

En este proceso, cada elemento A_{ij} de la matriz original pasa a ocupar la posición (j, i) en la matriz transpuesta.

5.5.2 Propiedades de la matriz transpuesta

La operación de transposición satisface una serie de propiedades algebraicas fundamentales que se emplean ampliamente en el análisis matricial y en aplicaciones científicas.[31]

5.5.2.1 Doble transposición

La transposición es una operación involutiva, lo que significa que al aplicarla dos veces se recupera la matriz original:

$$(A^T)^T = A.$$

5.5.2.2 Transpuesta de una suma

La transposición es una operación lineal es si A y B son matrices de igual tamaño, entonces:

$$(A + B)^T = A^T + B^T.$$

5.5.2.3 Transpuesta de un producto por un escalar

Si c es un escalar y A es una matriz, se cumple:

$$(cA)^T = cA^T.$$

5.5.2.4 Transpuesta de un producto de matrices

Si A es una matriz de tamaño $m \times n$ y B es una matriz de tamaño $n \times p$, entonces:

$$(AB)^T = B^T A^T.$$

Esta propiedad es esencial en el estudio de transformaciones lineales y en la simplificación de expresiones matriciales.

5.5.2.5 Transpuesta de la matriz inversa

Si A es una matriz cuadrada invertible, entonces la transpuesta de su inversa coincide con la inversa de su transpuesta:[8]

$$(A^{-1})^T = (A^T)^{-1}.$$

5.5.3 Simetría y relación con matrices simétricas

Una matriz cuadrada A se denomina *simétrica* si es igual a su transpuesta:

$$A = A^T.$$

Equivalentemente, una matriz es simétrica si sus elementos satisfacen $A_{ij} = A_{ji}$ para todo par de índices i, j.

Ejemplo: La matriz.

$$A = \begin{pmatrix} 1 & 2 & 3 \\ 2 & 5 & 4 \\ 3 & 4 & 7 \end{pmatrix}$$

Es simétrica, ya que los elementos situados a ambos lados de la diagonal principal coinciden.

5.5.3.1 Propiedades de las matrices simétricas

Las matrices simétricas presentan propiedades teóricas y prácticas de gran relevancia:

- **Autovalores reales:** Todos los autovalores de una matriz simétrica real son reales.
- **Diagonalización ortogonal:** Toda matriz simétrica real puede diagonalizarse mediante una matriz ortogonal. Es decir, existe una matriz ortogonal P y una matriz diagonal D tales que:

  $$A = PDP^T,$$

  Donde $P^{-1} = P^T$.
- **Formas cuadráticas:** Las matrices simétricas aparecen de forma natural en expresiones del tipo $x^T Ax$, fundamentales en optimización, mecánica y teoría de estabilidad.

5.5.3.2 Simetría y transposición por bloques

La noción de simetría también puede extenderse a matrices por bloques. Considérese una matriz por bloques:

$$A = \begin{pmatrix} A_{11} & A_{12} \\ A_{21} & A_{22} \end{pmatrix}.$$

Si A_{11} y A_{22} son matrices cuadradas y $A_{12} = A_{21}^T$, entonces la matriz A presenta una estructura de simetría en bloques.

Las matrices simétricas tienen aplicaciones destacadas en múltiples disciplinas:

- **Mecánica y física:** Las matrices de inercia y rigidez son simétricas, lo que simplifica el análisis de sistemas físicos.
- **Ingeniería estructural:** Las matrices de masa y rigidez utilizadas en el análisis de estructuras son simétricas, lo que mejora la estabilidad numérica de los cálculos.
- **Estadística:** Las matrices de covarianza son simétricas y describen la dependencia entre variables aleatorias.

La matriz transpuesta constituye una herramienta esencial en el álgebra lineal moderna. Su comprensión permite analizar propiedades estructurales de las matrices, simplificar cálculos y establecer conexiones profundas con la simetría, la diagonalización y el análisis espectral. Desde la doble transposición hasta la diagonalización ortogonal de matrices simétricas, las propiedades de la transpuesta desempeñan un papel central en la resolución de problemas matemáticos y en aplicaciones científicas y tecnológicas avanzadas.[22]

Ejemplo en Python:

In [13]:

```python
# Ejercicio 13
import numpy as np

# Definición de la matriz A
A = np.array([[1, 7, 8],
              [1, 5, 10]])

# Cálculo de la transpuesta de A
A_T = A.T
print("Matriz A:")
print(A)
print("\nTranspuesta de A:")
print(A_T)

# Propiedades de la matriz transpuesta
# Doble transposición
A_T_T = A_T.T
print("\nDoble transposición (debería ser igual a A):")
print(A_T_T)

# Transpuesta de una suma
B = np.array([[4, 3, 1],
              [6, 2, 7]])
sum_transpose = (A + B).T
```

```
transpose_sum = A.T + B.T
print("\nTranspuesta de la suma (A + B)^T:")
print(sum_transpose)
print("Suma de las transpuestas A^T + B^T:")
print(transpose_sum)

# Transpuesta de un producto escalar
c = 3
scalar_transpose = (c * A).T
transpose_scalar = c * A.T
print("\nTranspuesta del producto escalar (cA)^T:")
print(scalar_transpose)
print("Producto del escalar y la transpuesta cA^T:")
print(transpose_scalar)

# Transpuesta de un producto de matrices
C = np.array([[1, 2],
              [7, 4],
              [5, 7]])
product_transpose = (A.dot(C)).T
transpose_product = C.T.dot(A.T)
print("\nTranspuesta del producto de matrices (AC)^T:")
print(product_transpose)
print("Producto de las transpuestas C^T A^T:")
print(transpose_product)

# Ejemplo de matriz simétrica
D = np.array([[1, 2, 3],
              [2, 5, 1],
              [3, 1, 7]])
D_T = D.T
is_symmetric = np.array_equal(D, D_T)
print("\nMatriz D:")
print(D)
print("Transpuesta de D:")
print(D_T)
print(f"Es D una matriz simétrica? {is_symmetric}")

# Propiedades de matrices simétricas
# Diagonalización ortogonal
eigvals, eigvecs = np.linalg.eigh(D)
D_diag = eigvecs @ np.diag(eigvals) @ eigvecs.T
print("\nAutovalores de D:")
print(eigvals)
print("Autovectores de D:")
print(eigvecs)
print("Diagonalización ortogonal de D (debería ser igual a D):")
print(D_diag)
```

Out [13]:

```
Matriz A:
[[ 1  7  8]
 [ 1  5 10]]

Transpuesta de A:
[[ 1  1]
 [ 7  5]
 [ 8 10]]

Doble transposicion (deberia ser igual a A):
[[ 1  7  8]
 [ 1  5 10]]

Transpuesta de la suma (A + B)^T:
[[ 5  7]
 [10  7]
 [ 9 17]]
Suma de las transpuestas A^T + B^T:
[[ 5  7]
 [10  7]
 [ 9 17]]

Transpuesta del producto escalar (cA)^T:
[[ 3  3]
 [21 15]
 [24 30]]
Producto del escalar y la transpuesta cA^T:
[[ 3  3]
 [21 15]
 [24 30]]

Transpuesta del producto de matrices (AC)^T:
[[90 86]
 [86 92]]
Producto de las transpuestas C^T A^T:
[[90 86]
 [86 92]]

Matriz D:
[[1 2 3]
 [2 5 1]
 [3 1 7]]
Transpuesta de D:
[[1 2 3]
 [2 5 1]
 [3 1 7]]
Es D una matriz simetrica? True
```

```
Autovalores de D:
[-0.64575131 4.64575131 9.        ]
Autovectores de D:
[[ 0.90891594 0.08488318 0.40824829]
 [-0.26495138 0.87357547 0.40824829]
 [-0.32198228 -0.47922932 0.81649658]]
Diagonalizacion ortogonal de D (deberia ser igual a D):
[[1. 2. 3.]
 [2. 5. 1.]
 [3. 1. 7.]]
```

5.6 Casos de descomposición de matrices

La descomposición (o factorización) de matrices es una herramienta fundamental del álgebra lineal con aplicaciones extensas en ciencia, ingeniería y computación. La idea central consiste en expresar una matriz, potencialmente compleja, como el producto de matrices con estructura más simple. Esto facilita tareas como la resolución de sistemas lineales, el cálculo de inversas (cuando existen), la estimación del rango, el análisis espectral y el planteamiento eficiente de algoritmos numéricos. En esta sección se presentan, de manera teórica, varios tipos de descomposición de matrices.[20]

5.6.1 Descomposición LU (Factorización de matrices)

5.6.1.1 Definición

La descomposición LU factoriza una matriz cuadrada A como el producto de una matriz triangular inferior L y una matriz triangular superior U:

$$A = LU.$$

En muchos contextos numéricos se incorpora pivoteo mediante una matriz de permutación P, obteniendo la forma más general:

$$PA = LU.$$

Donde:

- L es triangular inferior, típicamente con diagonal unitaria ($L_{ii} = 1$) en la convención de Doolittle, o con diagonal no necesariamente unitaria en otras convenciones.
- U es triangular superior.

- P es una matriz de permutación que codifica los intercambios de filas (pivoteo).

5.6.1.2 Método

Se obtiene a partir de la eliminación de Gauss. En la práctica computacional, el pivoteo parcial es habitual para mejorar la estabilidad numérica.

5.6.1.3 Propiedades

- **Unicidad condicionada:** Si se fija una convención (por ejemplo, L con diagonal unitaria) y no se requiere pivoteo, la factorización puede ser única. En general, con pivoteo $PA = LU$ no es única sin convenciones adicionales.
- **Solución de sistemas:** Si $Ax = b$ y $PA = LU$, entonces:
    - Resolver $Ly = Pb$ por sustitución hacia adelante.
    - Solucionar $Ux = y$ por sustitución hacia atrás.

5.6.2 Descomposición QR

5.6.2.1 Definición

La descomposición QR factoriza una matriz A como el producto de una matriz ortogonal (o unitaria, en el caso complejo) Q y una matriz triangular superior R:

$$A = QR.$$

Donde:

- Q es ortogonal si A es real ($Q^T Q = I$) y unitaria si A es compleja ($Q^* Q = I$).
- R es triangular superior (o trapezoidal superior si A no es cuadrada).

5.6.2.2 Método

Puede calcularse mediante Gram-Schmidt (clásico o modificado), reflexiones de Householder o rotaciones de Givens. En cómputo numérico, Householder y Givens suelen preferirse por su mayor estabilidad.

5.6.2.3 Propiedades

- **Ortonormalidad:** Las columnas de Q forman un conjunto ortonormal.
- **Mínimos cuadrados:** QR es especialmente útil para resolver problemas de mínimos cuadrados lineales de forma estable.

5.6.3 Descomposición en valores singulares (SVD)

5.6.3.1 Definición

La descomposición en valores singulares (SVD) de una matriz $A \in \mathbb{R}^{m \times n}$ (o compleja) se expresa como:

$$A = U\Sigma V^T \quad \text{(caso real)}, \qquad A = U\Sigma V^* \quad \text{(caso complejo)}.$$

Donde:

- U es ortogonal (unitaria) de tamaño $m \times m$.
- V es ortogonal (unitaria) de tamaño $n \times n$.
- Σ es diagonal rectangular $m \times n$ con valores singulares $\sigma_1 \geq \sigma_2 \geq \cdots \geq 0$ en su diagonal.

5.6.3.2 Método

Se calcula mediante algoritmos numéricos como la reducción bidiagonal (por Householder) y luego métodos iterativos (por ejemplo, Golub–Kahan).

5.6.3.3 Propiedades

- **Valores singulares:** Los σ_i son las raíces cuadradas de los autovalores de $A^T A$ (o $A^* A$ en el caso complejo).
- **Aplicabilidad:** La SVD existe para toda matriz (cuadrada o rectangular).

5.6.4 Descomposición de Cholesky

5.6.4.1 Definición

La descomposición de Cholesky factoriza una matriz hermitiana (o simétrica real) y definida positiva A como:

$$A = LL^*,$$

Donde L es triangular inferior y L^* es la transpuesta conjugada de L (en el caso real, $L^* = L^T$).

5.6.4.2 Método

El algoritmo de Cholesky construye L de manera eficiente y, para este tipo de matrices, suele ser más rápido y estable que LU.

5.6.4.3 Propiedades

- **Condiciones de aplicabilidad:** Requiere que A sea hermitiana (simétrica real) y definida positiva.
- **Eficiencia:** Reduce costo computacional y mejora estabilidad en muchos problemas numéricos.

5.6.5 Descomposición espectral (Eigen)

5.6.5.1 Definición

Si una matriz cuadrada A es diagonalizable, su descomposición espectral (o eigen-descomposición) puede escribirse como:

$$A = PDP^{-1},$$

Donde P contiene autovectores (en columnas) y D es diagonal con los autovalores correspondientes.

En el caso especial de matrices simétricas reales, existe una diagonalización ortogonal:

$$A = QDQ^T,$$

Donde Q es ortogonal ($Q^TQ = I$).

5.6.5.2 Método

Se emplean métodos numéricos como Jacobi (para casos simétricos), iteración de la potencia (para el autovalor dominante) y, de manera más general, algoritmos basados en QR.

5.6.5.3 Propiedades

- **Autovalores reales (caso simétrico real):** Si A es simétrica real, todos sus autovalores son reales.
- **Ortogonalidad (caso simétrico real):** Autovectores asociados a autovalores distintos son ortogonales.

5.6.6 Descomposición de Schur

5.6.6.1 Definición

La descomposición de Schur expresa una matriz cuadrada A como:

$$A = QTQ^*,$$

Donde Q es unitaria ($Q^*Q = I$) y T es triangular superior.

5.6.6.2 Método

Se basa en una reducción previa a forma de Hessenberg, seguida de iteraciones unitarias (típicamente un algoritmo QR).

5.6.6.3 Propiedades

- **Existencia general:** Toda matriz cuadrada compleja admite descomposición de Schur. En el caso real, existe una forma de Schur real con bloques 1×1 y 2×2.
- **Autovalores:** Los autovalores de A aparecen en la diagonal de T (o en los bloques 2×2 en la forma real).[28]

5.6.7 Reducción a forma de Hessenberg

5.6.7.1 Definición

La reducción a Hessenberg transforma una matriz cuadrada A en una matriz de Hessenberg H mediante una transformación unitaria:

$$A = QHQ^*,$$

Donde Q es unitaria y H es *Hessenberg superior*, es decir, $H_{ij} = 0$ para $i > j + 1$.

5.6.7.2 Método

Se obtiene mediante una secuencia de transformaciones de Householder.

5.6.7.3 Propiedades

- **Preservación espectral:** A y H son semejantes; por tanto, tienen los mismos autovalores.
- **Eficiencia:** Es un paso clave para algoritmos QR de autovalores eficientes.

5.6.8 Descomposición de Jordan

5.6.8.1 Definición

Si A admite forma canónica de Jordan, entonces:

$$A = PJP^{-1},$$

Donde J es una matriz por bloques de Jordan (casi diagonal) y P contiene autovectores y autovectores generalizados.

5.6.8.2 Método

Requiere determinar autovalores y cadenas de vectores generalizados, lo cual es un procedimiento teórico útil pero numéricamente muy sensible.

5.6.8.3 Propiedades

- **Forma canónica:** Describe la estructura algebraica de A bajo semejanza.
- **Sensibilidad numérica:** Pequeñas perturbaciones pueden cambiar drásticamente la estructura de bloques, por lo que rara vez se calcula en práctica numérica.

5.6.9 Descomposición polar

5.6.9.1 Definición

La descomposición polar factoriza una matriz A como:

$$A = UP,$$

Donde U es unitaria (ortogonal en el caso real) y P es hermitiana positiva semidefinida.

5.6.9.2 Método

Puede obtenerse a partir de la SVD. Si $A = W\Sigma V^*$, entonces:

$$U = WV^*, \qquad P = V\Sigma V^*.$$

En el caso real, se reemplaza $(\cdot)^*$ por $(\cdot)^T$.

5.6.9.3 Propiedades

- **Existencia:** La descomposición polar existe para toda matriz.
- **Unicidad:** Es única si A es invertible. Si A no es invertible, P sigue siendo único y U puede no serlo.[10]
- **Preservación de normas:** U preserva normas y productos internos (matriz unitaria).

5.6.10 Reducción bidiagonal

5.6.10.1 Definición

La reducción bidiagonal transforma $A \in \mathbb{R}^{m\times n}$ en una matriz bidiagonal B mediante matrices ortogonales Q y P:

$$A = QBP^T \quad \text{(caso real)}, \qquad A = QBP^* \quad \text{(caso complejo)}.$$

Donde B tiene elementos no nulos solo en la diagonal principal y en una diagonal adyacente (superdiagonal o subdiagonal).

5.6.10.2 Método

Se obtiene típicamente mediante transformaciones de Householder.

5.6.10.3 Propiedades

- **Reducción de complejidad:** Es un paso estándar para calcular la SVD de forma eficiente.
- **Preservación espectral adecuada:** Aunque B no preserva autovalores de A (en general A no es cuadrada), sí preserva los valores singulares, pues la transformación es ortogonal/unitaria a izquierda y derecha.

Las descomposiciones de matrices son herramientas centrales del álgebra lineal aplicada: permiten simplificar problemas, mejorar estabilidad numérica y diseñar algoritmos eficientes. La elección de una descomposición depende de la estructura de la matriz (simétrica, definida positiva, rectangular, etc.) y del objetivo (resolver sistemas, mínimos cuadrados, espectro, compresión, etc.). Desde LU y Cholesky para sistemas lineales, hasta SVD y polar para análisis y reducción de dimensionalidad, estas técnicas constituyen una base esencial en ciencia, ingeniería y computación. Ahora, veamos su implementación en código Python.

In [14]:

```
# Ejercicio 14
import numpy as np
from scipy.linalg import lu, qr, svd, cholesky, eig, schur, hessenberg
    , polar

# Matriz de ejemplo
A = np.array([[7, 3], [5, 3]])

# DESCOMPOSICIÓN LU
P, L, U = lu(A)
print("Descomposición LU:")
```

```
print("P:\n", P)
print("L:\n", L)
print("U:\n", U)

# DESCOMPOSICIÓN QR
Q, R = qr(A)
print("\nDescomposición QR:")
print("Q:\n", Q)
print("R:\n", R)

# DESCOMPOSICIÓN EN VALORES SINGULARES (SVD)
U, S, Vt = svd(A)
print("\nDescomposición SVD:")
print("U:\n", U)
print("S:\n", S)
print("Vt:\n", Vt)

# DESCOMPOSICIÓN DE CHOLESKY (Sólo para matrices positivas definidas)
A_positive = np.dot(A.T, A)
L = cholesky(A_positive)
print("\nDescomposición de Cholesky:")
print("L:\n", L)

# DESCOMPOSICIÓN EIGEN (Autovalores y Autovectores)
vals, vecs = eig(A)
print("\nDescomposición Eigen:")
print("Autovalores:\n", vals)
print("Autovectores:\n", vecs)

# DESCOMPOSICIÓN SCHUR
Q, T = schur(A)
print("\nDescomposición Schur:")
print("Q:\n", Q)
print("T:\n", T)

# DESCOMPOSICIÓN DE HESSENBERG
H, Q = hessenberg(A, calc_q=True)
print("\nDescomposición de Hessenberg:")
print("H:\n", H)
print("Q:\n", Q)

# DESCOMPOSICIÓN DE POLAR
U, P = polar(A)
print("\nDescomposición Polar:")
print("U:\n", U)
print("P:\n", P)

# DESCOMPOSICIÓN BIDIAGONAL (SVD basada)
B, lower, upper = svd(A, full_matrices=False)
print("\nDescomposición Bidiagonal:")
print("B:\n", B)
```

```
print("Lower bidiagonal:\n", lower)
print("Upper bidiagonal:\n", upper)
```

Out [14]:

```
Descomposicion LU:
P:
 [[1. 0.]
 [0. 1.]]
L:
 [[1.         0.        ]
 [0.71428571 1.        ]]
U:
 [[7.         3.        ]
 [0.         0.85714286]]

Descomposicion QR:
Q:
 [[-0.81373347 -0.58123819]
 [-0.58123819  0.81373347]]
R:
 [[-8.60232527 -4.18491499]
 [ 0.          0.69748583]]

Descomposicion SVD:
U:
 [[-0.79470668 -0.60699365]
 [-0.60699365  0.79470668]]
S:
 [9.57115547 0.62688356]
Vt:
 [[-0.89831526 -0.43935145]
 [-0.43935145  0.89831526]]

Descomposicion de Cholesky:
L:
 [[8.60232527 4.18491499]
 [0.         0.69748583]]

Descomposicion Eigen:
Autovalores:
 [9.35889894+0.j 0.64110106+0.j]
Autovectores:
 [[ 0.78609474 -0.4266791 ]
 [ 0.61810602  0.90440309]]

Descomposicion Schur:
```

```
Q:
 [[ 9.35889894 -2.        ]
 [ 0.          0.64110106]]
T:
 [[ 0.78609474 -0.61810602]
 [ 0.61810602  0.78609474]]

Descomposicion de Hessenberg:
H:
 [[7 3]
 [5 3]]
Q:
 [[1. 0.]
 [0. 1.]]

Descomposicion Polar:
U:
 [[ 0.98058068 -0.19611614]
 [ 0.19611614  0.98058068]]
P:
 [[7.84464541 3.53009043]
 [3.53009043 2.35339362]]

Descomposicion Bidiagonal:
B:
 [[-0.79470668 -0.60699365]
 [-0.60699365  0.79470668]]
Lower bidiagonal:
 [9.57115547 0.62688356]
Upper bidiagonal:
 [[-0.89831526 -0.43935145]
 [-0.43935145  0.89831526]]
```

5.7 Resumen

En resumen, se tienen los siguientes puntos relevantes del capítulo:

5.1. Introducción a las matrices

Una matriz es una estructura matemática fundamental utilizada en diversas ramas de las matemáticas, física e informática. Formalmente, es un arreglo rectangular de números, símbolos o expresiones, dispuestos en filas y columnas. Una matriz de dimensiones $m \times n$ está organizada en m filas y n columnas, con cada elemento ubicado en la i-ésima fila y la j-ésima columna. Las matrices se denotan generalmente con letras mayúsculas y sus elementos con letras minúsculas con subíndices dobles. Tipos de Matrices:

- **Matriz cuadrada:** Número de filas igual al número de columnas ($m = n$).
- **Matriz rectangular:** Número de filas y columnas no son iguales ($m \neq n$).
- **Matriz fila:** Solo tiene una fila ($m = 1$).
- **Matriz columna:** Solo tiene una columna ($n = 1$).
- **Matriz diagonal:** Todos los elementos fuera de la diagonal principal son cero.
- **Matriz identidad:** Matriz diagonal en la que todos los elementos de la diagonal principal son uno.

5.2. Operaciones con matrices

Las operaciones básicas con matrices incluyen la suma y resta, la multiplicación por un escalar, y el producto matricial. Estas operaciones son fundamentales en álgebra lineal y tienen aplicaciones en áreas como gráficos por computadora e ingeniería.

- **Suma de matrices:** Se realiza elemento a elemento.
- **Resta de matrices:** Se define como la suma de una matriz y el opuesto de otra.
- **Multiplicación por un escalar:** Distribuye sobre la suma y es asociativa.
- **Producto matricial:** No es conmutativo, pero es asociativo y distributivo sobre la suma.

Propiedades:

- **Suma y resta:** Conmutativa y asociativa.
- **Producto escalar:** Distribuye sobre la suma.
- **Producto matricial:** No conmutativo, pero es asociativo y distributivo sobre la suma.

5.3. Tipos especiales de matrices

- **Matriz identidad:** Elementos de la diagonal principal son 1 y todos los demás son 0.
- **Matriz diagonal:** Solo los elementos de la diagonal principal pueden ser diferentes de 0.
- **Matriz simétrica:** Igual a su transpuesta ($A = A^T$).
- **Matriz antisimétrica:** La transpuesta es igual a su negativo ($A^T = -A$).
- **Matrices triangulares:** Superior e inferior, con todos los elementos por encima o por debajo de la diagonal principal iguales a 0.

5.4. Cálculos de inversas de las matrices y el rango de la matriz

- **Métodos para calcular la inversa:** Método de Gauss-Jordan, uso de adjuntos y determinantes, factorización LU.
- **Rango de una matriz:** Número máximo de filas o columnas independientes. Se puede determinar mediante la reducción a forma escalonada fila o el uso de determinantes.
- **Teorema de Rouché-Capelli:** Proporciona una condición necesaria y suficiente para la existencia de soluciones a un sistema de ecuaciones lineales: el sistema tiene solución si y solo si el rango de la matriz de coeficientes es igual al rango de la aumentada.

5.5. Matriz transpuesta

La transpuesta se obtiene al cambiar sus filas por columnas. Formalmente, si A es una matriz de tamaño $m \times n$, su transpuesta A^T es de tamaño $n \times m$.

Propiedades:

- Doble transposición.
- Transpuesta de una suma.
- Transpuesta de un producto escalar.
- Transpuesta de un producto de matrices.
- Transpuesta de una matriz inversa.
- Relación con las matrices simétricas, donde una matriz cuadrada es simétrica si es igual a su transpuesta. Las matrices simétricas tienen autovalores reales y pueden ser diagonalizadas por una matriz ortogonal.

5.6. Casos de descomposición de matrices

Las matrices se utilizan en diversas aplicaciones dependiendo de su descomposición, como la resolución de sistemas de ecuaciones lineales, gráficos por computadora, transformaciones lineales y la optimización. Cada tipo especial de matriz tiene aplicaciones específicas que simplifican el trabajo matemático y permiten resolver problemas de manera eficiente.

5.8 Problemas y sus Soluciones

Se tienen los siguientes problemas y soluciones:

1. ¿Qué es una matriz?

A) Una estructura unidimensional
B) Un arreglo bidimensional de números.
C) Una estructura tridimensional.
D) Un tipo de ecuación.
E) Un tipo de gráfica.
F) Una función matemática.

2. ¿Cuál es el elemento en la fila 2 y columna 3 de una matriz A denotado como a_{ij}?

A) a_{12}
B) a_{21}
C) a_{23}
D) a_{32}
E) a_{13}
F) a_{22}

3. ¿Qué tipo de matriz tiene el mismo número de filas y columnas?

A) Matriz rectangular.
B) Matriz fila.
C) Matriz columna.
D) Matriz cuadrada.
E) Matriz identidad.
F) Matriz nula.

4. ¿Cómo se define la suma de dos matrices A y B?

A) $A + B = A \cdot B$
B) $A + B = A + B$
C) $A + B = A - B$
D) $A + B = B + A$
E) $A + B = -B + A$
F) $A + B = A/B$

5. ¿Cuál de las siguientes propiedades NO es cierta para la suma de matrices?

A) Conmutativa.
B) Asociativa.
C) Elemento Neutro.
D) Elemento Inverso.
E) Distribuida.
F) Inmutable.

6. ¿Qué operación matricial NO es conmutativa en general?

A) Suma de matrices.
B) Resta de matrices.
C) Multiplicación por un escalar.
D) Producto matricial.
E) Transposición.
F) Inversión.

7. ¿Qué tipo de matriz tiene solo elementos no nulos en su diagonal principal?

A) Matriz identidad.
B) Matriz simétrica.
C) Matriz antisimétrica.
D) Matriz diagonal.
E) Matriz triangular.
F) Matriz nula.

8. ¿Cómo se denota la transpuesta de una matriz A?

A) A^{-1}
B) $A \cdot A$
C) A^T
D) A'
E) $A\dagger$
F) $A*$

9. ¿Cuál de las siguientes NO es una propiedad de la transpuesta de una matriz?

A) $(A^T)^T = A$
B) $(A+B)^T = A^T + B^T$
C) $(cA)^T = cA^T$
D) $(AB)^T = B^T A^T$

E) $(A^{-1})^T = (A^T)^{-1}$
F) $(A \cdot B)^T = A^T \cdot B^T$

10. ¿Qué tipo de matriz es igual a su transpuesta?

A) Matriz diagonal.
B) Matriz simétrica.
C) Matriz antisimétrica.
D) Matriz identidad.
E) Matriz nula.
F) Matriz fila.

5.9 Problemas

Se tienen los siguientes problemas:

1. ¿Qué método NO se utiliza para calcular la inversa de una matriz?

A) Método de Gauss-Jordan.
B) Uso de adjuntos y determinantes.
C) Factorización LU.
D) Multiplicación por un escalar.
E) Método de eliminación.
F) Transformación lineal.

2. ¿Qué representa el rango de una matriz?

A) El número de filas.
B) El número de columnas.
C) El número de elementos no nulos.
D) El número máximo de filas o columnas linealmente independientes.
E) La suma de los elementos.
F) La diagonal principal.

3. ¿Qué tipo de matriz tiene ceros en todos los elementos excepto en los elementos de la diagonal principal, que son 1?

A) Matriz diagonal.
B) Matriz simétrica.
C) Matriz identidad.
D) Matriz nula.
E) Matriz fila.
F) Matriz columna.

4. ¿Cuál es la aplicación principal de las matrices en gráficos por computadora?

A) Resolución de ecuaciones.
B) Transformaciones lineales.
C) Optimización.
D) Análisis de datos.
E) Multiplicación escalar.
F) Identidad de elementos.

5. ¿Qué propiedad tiene una matriz simétrica?

A) Todos los elementos son positivos.
B) Es igual a su transpuesta.
C) Es igual a su inversa.
D) Tiene ceros en la diagonal principal.
E) Todos los elementos son negativos.
F) Es igual a su conjugada.

6. ¿Qué tipo de matriz tiene autovalores reales y puede ser diagonalizada por una matriz ortogonal?

A) Matriz identidad.
B) Matriz diagonal.
C) Matriz simétrica.
D) Matriz antisimétrica.
E) Matriz triangular.
F) Matriz fila.

7. ¿Qué se obtiene al multiplicar una matriz por un escalar?

A) Una matriz inversa.
B) Una matriz transpuesta.
C) Una matriz ampliada.
D) Una matriz similar.
E) Una matriz escalar.
F) Una matriz resultante con cada elemento multiplicado por el escalar.

8. ¿Qué indica que una matriz es antisimétrica?

A) Es igual a su transpuesta.
B) Es igual a menos su transpuesta.
C) Es igual a su inversa.
D) Es igual a su conjugada.
E) Es igual a su opuesto.
F) Tiene ceros en la diagonal principal.

9. ¿Qué propiedad es cierta para una matriz triangular inferior?

A) Los elementos por encima de la diagonal principal son ceros.
B) Todos los elementos por debajo de la diagonal principal son ceros.
C) Todos los elementos en la diagonal principal son ceros.

D) Todos los elementos son positivos.
E) Todos los elementos son negativos.
F) Es igual a su transpuesta.

10. ¿Cuál es una de las aplicaciones de las matrices simétricas en optimización?

A) Resolución de ecuaciones lineales.
B) Análisis de vibraciones.
C) Descomposición en valores singulares.
D) Análisis de datos.
E) Matrices de Hessian en problemas de optimización convexa.
F) Transformaciones lineales.

Capítulo 6 Determinantes

Objetivos

- Comprender el concepto de determinante como función escalar asociada a matrices cuadradas, profundizando en su interpretación algebraica y geométrica dentro del contexto de las transformaciones lineales.
- Reconocer el papel del determinante como criterio esencial de invertibilidad de matrices y de existencia de soluciones en sistemas de ecuaciones lineales, enfatizando su relevancia en el análisis estructural de modelos matemáticos.
- Analizar rigurosamente las propiedades fundamentales de los determinantes, tales como la linealidad, la antisimetría, el comportamiento ante operaciones elementales de fila y la relación con la transposición, favoreciendo una comprensión integral de su naturaleza.
- Calcular determinantes de matrices 2×2 y 3×3 mediante la aplicación de fórmulas explícitas, la regla de Sarrus y la expansión por cofactores, desarrollando destrezas computacionales y analíticas.
- Aplicar la expansión de Laplace para el cálculo de determinantes de matrices de mayor dimensión, comprendiendo la estructura recursiva y la lógica subyacente de este procedimiento.
- Interpretar geométricamente el determinante como factor de escala de área y volumen, así como indicador de orientación en el marco de las transformaciones lineales, vinculando la teoría con aplicaciones prácticas.
- Emplear determinantes para el cálculo de volúmenes de paralelepípedos y áreas de polígonos en el plano mediante formulaciones algebraicas, consolidando la conexión entre álgebra lineal y geometría analítica.

Buena Práctica

¿Por qué estudiar Determinantes con Python? Estudiar Determinantes con Python permite **calcularlos de forma rápida y sin errores** incluso para matrices grandes, y explorar su significado geométrico como **factor de escala de área/volumen** y **orientación** en transformaciones lineales. Además, facilita comprobar propiedades importantes (por ejemplo, cómo cambia el determinante al intercambiar filas, multiplicar por un escalar o usar matrices triangulares) y conectar el concepto con aplicaciones reales como **invertibilidad de matrices**, **resolución de sistemas lineales**, **cambio de variables** y **modelos en ingeniería y ciencia de datos**. Python ayuda a experimentar, validar resultados y entender la teoría con ejemplos computacionales.

6.1 Introducción a los determinantes

El determinante es una función escalar asociada a una matriz cuadrada que describe, entre otras interpretaciones, el *factor de escala* con el que la transformación lineal definida por la matriz modifica áreas (en $\mathbb{R}^2$), volúmenes (en $\mathbb{R}^3$) y, en general, el n-volumen en $\mathbb{R}^n$. En particular, el valor absoluto $|\det(A)|$ mide dicho factor de escala, mientras que el signo de $\det(A)$ indica si la transformación preserva u invierte la orientación. Para una matriz cuadrada A de tamaño $n \times n$, su determinante es un escalar, denotado por $\det(A)$ o $|A|$.[13]

El determinante tiene varias propiedades importantes:

- **Multilinealidad en filas (o columnas):** El determinante es lineal en cada fila (o columna) si las demás filas (o columnas) se mantienen fijas.
- **Alternancia (antisimetría):** Intercambiar dos filas (o columnas) de una matriz cambia el signo del determinante. En particular, si dos filas (o columnas) son iguales, entonces $\det(A) = 0$.
- **Determinante de la identidad:** $\det(I_n) = 1$.
- **Producto de determinantes:** $\det(AB) = \det(A)\,\det(B)$.
- **Determinante e invertibilidad:** Una matriz cuadrada A es invertible si y solo si $\det(A) \neq 0$.

El determinante es una herramienta esencial en álgebra lineal y posee aplicaciones en la resolución de sistemas de ecuaciones lineales (por ejemplo, mediante la regla de Cramer para sistemas con solución única), la caracterización de transformaciones lineales y el cálculo de áreas y volúmenes en geometría.

6.1.1 Notación y representación de determinantes

Para una matriz A de tamaño $n \times n$, el determinante puede representarse de varias maneras:

- **Notación** $\det(A)$**:** La más común, denotando el determinante como $\det(A)$.
- **Notación de barras verticales:** Utilizando barras verticales alrededor de la matriz, $|A|$, análoga a la notación de valor absoluto (aunque el significado se distingue por el contexto).
- **Caso** 2×2**:** Para una matriz 2×2, el determinante se calcula como:

$$\det \begin{pmatrix} a & b \\ c & d \end{pmatrix} = ad - bc.$$

- **Caso** 3×3**:** Para una matriz 3×3, el determinante puede calcularse, por ejemplo, mediante expansión por cofactores (Laplace) o mediante una fórmula explícita:

$$\det \begin{pmatrix} a & b & c \\ d & e & f \\ g & h & i \end{pmatrix} = aei + bfg + cdh - ceg - bdi - afh.$$

- **Regla de Sarrus (solo para** 3×3**):** Es un método mnemotécnico equivalente a la fórmula anterior y *solo* es válido para matrices 3×3:

$$\begin{vmatrix} a & b & c \\ d & e & f \\ g & h & i \end{vmatrix} = aei + bfg + cdh - ceg - bdi - afh.$$

- **Notación general: expansión de Laplace** Para matrices de orden mayor, se utiliza la expansión por cofactores (expansión de Laplace), que expresa $\det(A)$ como suma de productos de elementos de una fila (o columna) por sus cofactores correspondientes.

6.1.2 Historia y desarrollo del concepto de determinantes

El concepto de determinante se desarrolló gradualmente en conexión con la resolución de sistemas lineales y, más tarde, con el surgimiento del álgebra matricial. De manera sintética, pueden destacarse los siguientes hitos:

- **Primeras ideas (siglos XVII-XVIII):** En el siglo XVII, el matemático japonés Seki Takakazu (Seki Kōwa) trabajó con expresiones equivalentes a determinantes en el contexto de métodos para resolver sistemas. En Europa, Gottfried Wilhelm Leibniz (finales del siglo XVII) también introdujo expresiones relacionadas con determinantes al estudiar sistemas de ecuaciones lineales.

- **Regla de Cramer (1750):** Gabriel Cramer publicó en 1750 un método (conocido como regla o teorema de Cramer) que expresa la solución de un sistema lineal cuadrado con determinante no nulo mediante cocientes de determinantes.[1]
- **Consolidación en el siglo XIX:** Augustin-Louis Cauchy (a partir de 1812) sistematizó propiedades y notación, impulsando el tratamiento moderno de los determinantes. En el siglo XIX, Arthur Cayley y James Joseph Sylvester contribuyeron decisivamente al desarrollo del álgebra matricial, integrando el determinante como una herramienta central.
- **Expansión por cofactores (Laplace):** Pierre-Simon Laplace popularizó el método de expansión por cofactores, útil para expresar determinantes de orden general a partir de menores y cofactores.
- **Aplicaciones modernas (siglos XIX-XX y actualidad):** Los determinantes se volvieron fundamentales en geometría (cálculo de áreas/volúmenes y criterios de independencia), en física (cambios de variables, jacobianos, transformaciones) y en métodos numéricos. En la práctica computacional contemporánea, aunque el determinante conserva valor teórico, para resolver sistemas lineales y problemas numéricos se prefieren factorizaciones como LU/QR por estabilidad y eficiencia.

El determinante es, por tanto, un concepto esencial con una historia rica y un papel destacado en la teoría y en las aplicaciones del álgebra lineal. Su interpretación geométrica, sus propiedades algebraicas y su conexión con la invertibilidad lo convierten en una herramienta de primer orden para comprender y analizar transformaciones lineales y sistemas de ecuaciones.

6.1.3 Definición general del determinante mediante permutaciones

Las fórmulas para matrices 2×2 y 3×3 permiten calcular determinantes de manera directa, pero no muestran por sí solas cómo se define el determinante para una matriz cuadrada de orden arbitrario. Una formulación general se obtiene mediante el concepto de *permutación*.

Sea $A = (a_{ij}) \in \mathbb{R}^{n \times n}$. Una permutación de los números $1, 2, \ldots, n$ es una reordenación de estos elementos. El conjunto de todas las permutaciones de n elementos se denota por S_n y contiene exactamente

$$n!$$

Permutaciones.

[1] Kuttler, K. (2012). Linear algebra. OpenStax CNX.

Si $\sigma \in S_n$, entonces

$$\sigma(1), \sigma(2), \ldots, \sigma(n)$$

Representa una reordenación de los índices $1, \ldots, n$. A cada permutación se le asocia un signo

$$\operatorname{sgn}(\sigma) \in \{-1, 1\},$$

Que depende de si la permutación es par o impar. Una forma de determinar dicho signo consiste en contar sus **inversiones**. Una inversión es un par de índices $i < j$ para el cual

$$\sigma(i) > \sigma(j).$$

Si $N(\sigma)$ representa el número total de inversiones de la permutación, entonces

$$\operatorname{sgn}(\sigma) = (-1)^{N(\sigma)}.$$

Por tanto, una permutación con un número par de inversiones tiene signo $+1$, mientras que una permutación con un número impar de inversiones tiene signo -1.

Con esta notación, el determinante de una matriz $A \in \mathbb{R}^{n\times n}$ se define mediante la fórmula de Leibniz:

$$\boxed{\det(A) = \sum_{\sigma \in S_n} \operatorname{sgn}(\sigma) \prod_{i=1}^{n} a_{i,\sigma(i)}}$$

Esta expresión contiene $n!$ términos. Cada término selecciona exactamente una entrada de cada fila y una entrada de cada columna de la matriz. El signo correspondiente depende de la permutación de columnas utilizada.

La estructura de esta fórmula explica varias características esenciales del determinante. No se suman productos arbitrarios de elementos de la matriz: solamente aparecen aquellos que contienen una entrada de cada fila y de cada columna. Además, los signos positivos y negativos codifican la orientación asociada a las distintas permutaciones.

6.1.3.1 Caso de una matriz 2×2

Para $n = 2$, el conjunto S_2 contiene únicamente dos permutaciones. La primera es la identidad,

$$\sigma_1 = (1, 2),$$

Que tiene signo positivo. La segunda intercambia los dos elementos,

$$\sigma_2 = (2, 1),$$

Y tiene signo negativo. Por tanto, para

$$A = \begin{pmatrix} a & b \\ c & d \end{pmatrix},$$

La fórmula general produce

$$\det(A) = ad - bc.$$

Así, la expresión habitual del determinante de una matriz 2×2 no constituye una regla aislada, sino un caso particular de la definición general.

6.1.3.2 Caso de una matriz 3×3

Cuando $n = 3$, existen

$$3! = 6$$

Permutaciones. Por ello, el determinante contiene seis productos, tres con signo positivo y tres con signo negativo. Si

$$A = \begin{pmatrix} a & b & c \\ d & e & f \\ g & h & i \end{pmatrix},$$

Entonces

$$\det(A) = aei + bfg + cdh - ceg - bdi - afh.$$

La conocida regla de Sarrus reproduce precisamente estos seis términos. Sin embargo, la formulación mediante permutaciones muestra por qué aparecen y explica también por qué la regla de Sarrus no se generaliza directamente a matrices de orden superior.

6.1.3.3 Caracterización mediante multilinealidad y alternancia

La definición mediante permutaciones está estrechamente relacionada con una caracterización fundamental del determinante. Si las filas de una matriz se escriben como

$$r_1, r_2, \dots, r_n,$$

Entonces el determinante puede considerarse como una función

$$D(r_1, \dots, r_n)$$

Que asigna un escalar a cada conjunto ordenado de n filas. El determinante es la única función que satisface simultáneamente tres propiedades fundamentales.

En primer lugar, es **multilineal**: si todas las filas excepto una permanecen fijas, el determinante es lineal respecto de la fila restante. Por ejemplo,

$$D(r_1, \ldots, \alpha u + \beta v, \ldots, r_n) = \alpha D(r_1, \ldots, u, \ldots, r_n) + \beta D(r_1, \ldots, v, \ldots, r_n).$$

En segundo lugar, es **alternante**: si dos filas son iguales, entonces el determinante es cero,

$$D(r_1, \ldots, r_i, \ldots, r_i, \ldots, r_n) = 0.$$

Como consecuencia, intercambiar dos filas cambia el signo del determinante.

Finalmente, está **normalizado** mediante la condición

$$D(e_1, e_2, \ldots, e_n) = 1,$$

Donde $e_1, \ldots, e_n$ son los vectores de la base canónica. Equivalentemente,

$$\det(I_n) = 1.$$

Estas tres propiedades no son únicamente consecuencias convenientes de la definición: caracterizan completamente al determinante. Es decir, existe una única función de las filas de una matriz que sea multilineal, alternante y tome el valor 1 sobre la matriz identidad.

6.1.3.4 Consecuencias de la definición

La formulación anterior permite obtener de manera natural varias propiedades fundamentales.

Si dos filas de A son iguales, la alternancia implica inmediatamente

$$\det(A) = 0.$$

Más generalmente, si las filas son linealmente dependientes, una de ellas puede expresarse como combinación lineal de las demás y, aplicando multilinealidad y alternancia, se obtiene nuevamente

$$\det(A) = 0.$$

Por tanto,

$$\det(A) \neq 0$$

Implica que las filas y las columnas de A son linealmente independientes.

Asimismo, si una fila se multiplica por un escalar λ, la multilinealidad produce

$$\det(A') = \lambda \det(A).$$

Si se intercambian dos filas,

$$\det(A') = -\det(A).$$

Y si a una fila se le suma un múltiplo de otra fila diferente, el determinante permanece inalterado.

Estas propiedades explican por qué la eliminación gaussiana puede utilizarse para calcular determinantes de manera eficiente: cada operación elemental posee un efecto algebraico completamente determinado sobre el valor del determinante.

6.1.3.5 Relación con la expansión por cofactores

La expansión de Laplace puede entenderse como una reorganización de la fórmula general mediante permutaciones. Al fijar una fila i, los términos de la suma pueden agruparse según la columna seleccionada en dicha fila. De esta agrupación resulta

$$\det(A) = \sum_{j=1}^{n} a_{ij} C_{ij},$$

Donde

$$C_{ij} = (-1)^{i+j} \det(M_{ij})$$

Es el cofactor asociado a la entrada a_{ij}.

Por tanto, la fórmula de Leibniz, la expansión por cofactores y las propiedades de multilinealidad y alternancia no constituyen teorías independientes. Son diferentes expresiones de una misma estructura matemática.

La definición mediante permutaciones proporciona así una visión general del determinante válida para matrices cuadradas de cualquier orden. Aunque no suele emplearse directamente para cálculos de gran dimensión debido al crecimiento factorial de $n!$, resulta fundamental desde el punto de vista teórico porque explica la estructura algebraica del determinante y fundamenta muchas de las propiedades y métodos de cálculo desarrollados posteriormente.

6.2 Cálculo de los determinantes

6.2.1 Determinantes de matrices 2×2

El determinante de una matriz 2×2 se calcula directamente a partir de sus entradas. Sea:

$$A = \begin{pmatrix} a & b \\ c & d \end{pmatrix}.$$

El determinante de A, denotado por $\det(A)$ o $|A|$, es

$$\det(A) = ad - bc.$$

Donde:

- a y d son los elementos de la diagonal principal.
- b y c son los elementos fuera de la diagonal.

Ejemplo:

$$A = \begin{pmatrix} 6 & 8 \\ 4 & 6 \end{pmatrix}.$$

Entonces,

$$\det(A) = (6 \cdot 6) - (8 \cdot 4) = 36 - 32 = 4.$$

6.2.2 Determinantes de matrices 3×3

Para una matriz 3×3, el determinante puede calcularse mediante expansión por cofactores. Sea:

$$A = \begin{pmatrix} a & b & c \\ d & e & f \\ g & h & i \end{pmatrix}.$$

Entonces,

$$\det(A) = a(ei - fh) - b(di - fg) + c(dh - eg).$$

Donde:

- a, e e i son los elementos de la diagonal principal.
- Los términos $ei - fh$, $di - fg$ y $dh - eg$ son determinantes 2×2 (menores) asociados a la primera fila.

Ejemplo:

$$A = \begin{pmatrix} 4 & 1 & 2 \\ 2 & 4 & 7 \\ 1 & 1 & 7 \end{pmatrix}.$$

El determinante es:

$$\det(A) = 4(4 \cdot 7 - 7 \cdot 1) - 1(2 \cdot 7 - 7 \cdot 1) + 2(2 \cdot 1 - 4 \cdot 1),$$
$$\det(A) = 4(28 - 7) - (14 - 7) + 2(2 - 4),$$
$$\det(A) = 4 \cdot 21 - 7 + 2(-2) = 84 - 7 - 4 = 73.$$

6.2.2.1 Regla de Sarrus para matrices 3×3

La regla de Sarrus es un método práctico (válido únicamente para matrices 3×3) que consiste en repetir las dos primeras columnas a la derecha y calcular:[29]

- Sumar los productos de las tres diagonales, de arriba-izquierda a abajo-derecha.
- Sumar los productos de las tres diagonales, de abajo-izquierda a arriba-derecha.
- Restar el segundo total del primero.

6.2.3 Expansión por cofactores para matrices de mayor dimensión

Para matrices de dimensión superior ($n > 3$), el determinante puede calcularse mediante la expansión por cofactores (expansión de Laplace). En este método, para una fila (o columna) fija, se expresa el determinante como una suma de términos del tipo $(\pm)\, a_{ij} \det(M_{ij})$, donde M_{ij} es el menor obtenido eliminando la fila i y la columna j.[1]

El procedimiento formal es:

- Seleccionar una fila o columna para expandir, preferentemente una con muchos ceros.
- Para cada entrada a_{ij} de esa fila o columna, calcular su **cofactor**
$$C_{ij} = (-1)^{i+j} \det(M_{ij}).$$
- Sumar los productos $a_{ij}C_{ij}$ a lo largo de la fila o columna elegida:
$$\det(A) = \sum_{j=1}^{n} a_{ij}C_{ij} \quad \text{(expansión por la fila } i\text{).}$$

Consideremos el siguiente caso ilustrativo de una matriz 4×4:

$$C = \begin{pmatrix} 1 & 2 & 3 & 4 \\ 2 & 5 & 4 & 5 \\ 3 & 1 & 7 & 6 \\ 4 & 1 & 2 & 1 \end{pmatrix}.$$

El determinante de esta matriz es $\det(C) = -72$.

El cálculo de determinantes es esencial en álgebra lineal: permite decidir si una matriz es invertible, resolver sistemas de ecuaciones lineales y analizar propiedades de transformaciones lineales. Según la dimensión, pueden emplearse métodos directos como Sarrus (solo en 3×3) o métodos generales como la expansión por cofactores para dimensiones mayores. A continuación, se presentan ejemplos computacionales que ilustran estos métodos.

Ejercicio: Determinante de una matriz 2×2.

In [1]:

```
# Ejercicio 1
import numpy as np

def determinante_2x2(matriz):
    """
    Calcula el determinante de una matriz 2x2.
    Parámetros:
    matriz (list): Lista de listas representando la matriz 2x2.
    Retorna:
    float: Determinante de la matriz.
    """
    if len(matriz) != 2 or len(matriz[0]) != 2 or len(matriz[1]) != 2:
        raise ValueError("La matriz debe ser 2x2")
    return matriz[0][0] * matriz[1][1] - matriz[0][1] * matriz[1][0]

# Ejemplo
matriz_2x2 = [[1, 8], [4, 7]]
print(f"Determinante de la matriz 2x2: {determinante_2x2(matriz_2x2)}"
    )
```

Out [1]:

```
Determinante de la matriz 2x2: -25
```

Ejercicio: Determinante de una matriz 3×3 usando la regla de Sarrus.

In [2]:

```
# Ejercicio 2
def determinante_3x3(matriz):
    """
    Calcula el determinante de una matriz 3x3 usando la Regla de
        Sarrus.
    Parámetros:
    matriz (list): Lista de listas representando la matriz 3x3.
```

```
    Retorna:
    float: Determinante de la matriz.
    """
    if len(matriz) != 3 or any(len(row) != 3 for row in matriz):
        raise ValueError("La matriz debe ser 3x3")
    a, b, c = matriz[0]
    d, e, f = matriz[1]
    g, h, i = matriz[2]
    return a*e*i + b*f*g + c*d*h - c*e*g - b*d*i - a*f*h

# Ejemplo
matriz_3x3 = [[4, 1, 2], [2, 4, 7], [1, 1, 7]]
print(f"Determinante de la matriz 3x3: {determinante_3x3(matriz_3x3)}"
    )
```

Out [2]:

```
Determinante de la matriz 3x3: 73
```

Ejercicio: Expansión por cofactores para matrices de mayor dimensión.

In [3]:

```
# Ejercicio 3
def cofactor(matriz, fila, columna):
    """
    Calcula el cofactor de un elemento en una matriz.
    Parámetros:
    matriz (list): Lista de listas representando la matriz.
    fila (int): Índice de la fila del elemento.
    columna (int): Índice de la columna del elemento.
    Retorna:
    float: Cofactor del elemento.
    """
    menor = [fila[:columna] + fila[columna+1:] for fila in (matriz[:
        fila] + matriz[fila+1:])]
    return (-1) ** (fila + columna) * determinante(menor)

def determinante(matriz):
    """
    Calcula el determinante de una matriz cuadrada usando la expansión
        por cofactores.
    Parámetros:
    matriz (list): Lista de listas representando la matriz.

    Retorna:
    float: Determinante de la matriz.
    """
    n = len(matriz)
```

```
    if n == 2:
        return determinante_2x2(matriz)
    det = 0
    for c in range(n):
        det += matriz[0][c] * cofactor(matriz, 0, c)
    return det

# Ejemplo
matriz_4x4 = [
    [1, 2, 3, 4],
    [2, 5, 4, 5],
    [3, 1, 7, 6],
    [4, 1, 2, 1]
]

print(f"Determinante de la matriz 4x4: {determinante(matriz_4x4)}")
```

Out [3]:

```
Determinante de la matriz 4x4: -72
```

6.3 Propiedades de los determinantes

6.3.1 Linealidad con respecto a las filas y columnas

La linealidad del determinante se refiere al comportamiento del determinante cuando se aplican operaciones lineales *sobre una sola fila o columna*, manteniendo fijas las demás. Es importante destacar que el determinante **no es lineal respecto de la matriz completa**, sino multilineal respecto a cada fila o columna por separado.

Las propiedades correctas de linealidad son las siguientes:

- **Aditividad en una fila (o columna):**

  Si una fila (o columna) de una matriz se expresa como suma de dos vectores, entonces el determinante puede descomponerse como suma de determinantes. Si la fila i cumple $r_i = u + v$, entonces:

  $$\det(A) = \det(A_{(r_i=u)}) + \det(A_{(r_i=v)}).$$

- **Homogeneidad respecto a una fila (o columna):**

  Si una fila (o columna) se multiplica por un escalar c, el determinante se multiplica por ese mismo escalar:

  $$\det(A_{(r_i=c\,r_i)}) = c\,\det(A).$$

- **Suma de un múltiplo de otra fila:**

  Si a una fila se le suma un múltiplo de otra fila distinta, el determinante *no cambia*:
  $$\det(A') = \det(A).$$

Estas propiedades permiten simplificar el cálculo de determinantes mediante operaciones elementales de fila o columna.

6.3.2 Determinante de la matriz identidad

La matriz identidad I_n de tamaño $n \times n$ es una matriz cuadrada cuyos elementos de la diagonal principal son iguales a 1 y cuyos demás elementos son 0. Su determinante es:

$$\det(I_n) = 1.$$

Esta propiedad es fundamental, ya que la matriz identidad actúa como elemento neutro del producto matricial, y su determinante refleja esta neutralidad multiplicativa.

6.3.3 Efecto de las operaciones elementales de filas sobre el determinante

Las operaciones elementales de fila producen efectos bien definidos sobre el determinante:

- **Intercambio de dos filas:**

  Cambiar dos filas invierte el signo del determinante:
  $$\det(A') = -\det(A).$$

- **Multiplicación de una fila x escalar k:**

  El determinante por el mismo escalar:
  $$\det(A') = k \det(A).$$

- **Suma de un múltiplo de fila a otra:**

  El determinante permanece invariante:
  $$\det(A') = \det(A).$$

6.3.4 Determinante de una triangular (superior e inferior)

Una matriz triangular es una matriz cuadrada en la que todos los elementos por debajo (triangular superior) o por encima (triangular inferior) de la diagonal principal son cero.

Para este tipo de matrices se cumple:

- **Matriz triangular superior:** El determinante es el producto de los elementos de la diagonal principal:
$$\det(A) = a_{11}a_{22}\cdots a_{nn}.$$
- **Matriz triangular inferior:** Análogamente, el determinante es el producto de los elementos diagonales:
$$\det(A) = a_{11}a_{22}\cdots a_{nn}.$$

Esta propiedad simplifica enormemente el cálculo del determinante, especialmente tras aplicar eliminación de Gauss.

6.3.5 Relación entre determinante y transposición

La transposición de una matriz A, denotada por A^T.

Se intercambia filas por columnas. El determinante permanece invariante bajo esta operación:

$$\det(A) = \det(A^T).$$

Esta propiedad se debe a que las relaciones de dependencia lineal entre filas y columnas se conservan al transponer la matriz, lo que hace que el valor del determinante no se altere.

6.4 Determinantes y su geometría

6.4.1 Uso de determinantes en la definición de volumen de un paralelepípedo

6.4.1.1 Concepto de paralelepípedo

Un paralelepípedo es un poliedro convexo de seis caras (un hexaedro) cuyas caras opuestas son paralelogramos congruentes y paralelos entre sí.

Constituye la generalización tridimensional del paralelogramo y aparece de manera natural en geometría vectorial, álgebra lineal y física, especialmente en el estudio de volúmenes y transformaciones lineales.

6.4.1.2 Volumen de un paralelepípedo

Para calcular el volumen de un paralelepípedo definido por tres vectores en $\mathbb{R}^3$, se emplea el determinante de una matriz formada por dichos vectores. Sean $v_1, v_2, v_3 \in \mathbb{R}^3$ los vectores que generan el paralelepípedo, y sea A la matriz cuyas columnas son estos vectores:

$$A = \begin{pmatrix} v_{11} & v_{12} & v_{13} \\ v_{21} & v_{22} & v_{23} \\ v_{31} & v_{32} & v_{33} \end{pmatrix}.$$

El volumen del paralelepípedo está dado por el valor absoluto del determinante de A:

$$\text{Volumen} = |\det(A)|.$$

Esta expresión se fundamenta en la interpretación geométrica del determinante: en $\mathbb{R}^3$, el determinante de una matriz cuyos vectores columna definen una transformación lineal mide el factor de escala con el que dicha transformación modifica el volumen del cubo unitario.

Un determinante negativo indica una inversión de orientación (cambio de orientación del sistema de referencia), pero el volumen, al ser una magnitud geométrica, se expresa siempre como un valor no negativo.

6.4.1.3 Propiedades geométricas relacionadas con el volumen

- **Invariancia bajo rotaciones:**

  El volumen del paralelepípedo permanece inalterado bajo rotaciones, ya que estas corresponden a transformaciones ortogonales con determinante ± 1, cuyo valor absoluto es 1.

- **Proporcionalidad y escala:**

  Si uno de los vectores se multiplica por un escalar k, el volumen se multiplica por $|k|$. Esta propiedad refleja la linealidad del determinante respecto de cada vector generador.

- **Degeneración:**

  Si los tres vectores son linealmente dependientes (coplanarios), el determinante es cero, lo que indica que no se genera un volumen tridimensional.

6.4.2 Cálculo del área utilizando determinantes

6.4.2.1 Concepto de polígono y área

Un polígono es una figura geométrica plana y cerrada formada por una sucesión finita de segmentos de recta que se intersectan únicamente en sus extremos, llamados vértices. El cálculo de áreas de polígonos es una aplicación clásica de los determinantes, particularmente relevante en geometría computacional.

6.4.2.2 Método del determinante para el área de un polígono

Sea un polígono simple en el plano con vértices:

$$(x_1, y_1), (x_2, y_2), \ldots, (x_n, y_n),$$

Ordenados en sentido horario o antihorario. El área del polígono se obtiene mediante la fórmula de Shoelace:

$$\text{Área} = \frac{1}{2} \left| \sum_{i=1}^{n-1} (x_i y_{i+1} - y_i x_{i+1}) + (x_n y_1 - y_n x_1) \right|.$$

Esta expresión puede interpretarse como una suma alternada de determinantes de matrices 2×2 asociadas a pares de vértices consecutivos.

6.4.2.3 Interpretación geométrica

El determinante de dos vectores en $\mathbb{R}^2$ representa el área del paralelogramo que generan. En la fórmula de Shoelace, cada término:

$$x_i y_{i+1} - y_i x_{i+1}$$

Es precisamente el determinante asociado a los vectores (x_i, y_i) y (x_{i+1}, y_{i+1}), y corresponde al área orientada del paralelogramo formado con el origen.

La suma de estos determinantes reconstruye el área total del polígono, y el valor absoluto garantiza un área positiva.

- **Geometría computacional:** La fórmula de Shoelace es ampliamente utilizada en algoritmos eficientes de cálculo de áreas.
- **Generalización a dimensiones superiores:** Conceptos análogos se extienden a poliedros mediante determinantes de mayor dimensión.
- **Geografía y cartografía:** Es fundamental en sistemas de información geográfica para el cálculo de áreas de regiones delimitadas por coordenadas.

6.4.3 Aplicaciones en la teoría de gráficos y redes

6.4.3.1 Determinantes en teoría de gráficos

La teoría de grafos estudia estructuras compuestas por vértices y aristas. Los determinantes aparecen en el análisis espectral de grafos y en el estudio de invariantes estructurales.

6.4.3.2 Matriz de adyacencia y determinantes

Sea G un grafo con n vértices. Su matriz de adyacencia A es una matriz $n \times n$ tal que $a_{ij} = 1$ si existe una arista entre los vértices i y j, y $a_{ij} = 0$ en caso contrario.

El determinante interviene indirectamente a través del polinomio característico:

$$\det(A - \lambda I),$$

El cual permite analizar los valores propios del grafo y su estructura global.

- **Polinomio característico:**

  Sus raíces describen propiedades de conectividad, ciclos y caminos.

- **Árboles generadores:**

  El número de árboles generadores se obtiene a partir de determinantes de submatrices de la matriz de Laplace, según el teorema de Kirchhoff.

6.4.3.3 Matriz de Laplace y árboles generadores

La matriz de Laplace L de un grafo se define como:

$$L = D - A,$$

Donde D es la matriz diagonal de grados y A la matriz de adyacencia. El determinante de cualquier cofactor de L es igual al número de árboles generadores del grafo. Este resultado, conocido como el teorema de la matriz de árboles, tiene aplicaciones en:

- **Redes de flujo y comunicación:** análisis de conectividad y robustez.
- **Redes eléctricas:** estudio de estabilidad y distribución de corriente.
- **Optimización algorítmica:** evaluación estructural de redes complejas.

En conjunto, los determinantes proporcionan una conexión profunda entre el álgebra lineal y la geometría, así como herramientas fundamentales para el análisis estructural en grafos y redes. Su interpretación geométrica amplía su alcance más allá del cálculo algebraico, permitiendo modelar y resolver problemas complejos en múltiples disciplinas. Ahora unos ejemplos en código Python.

Ejemplo: Volumen de un paralelepípedo con visualización

In [4]:

```
# Ejercicio 4
import numpy as np
import matplotlib.pyplot as plt
from mpl_toolkits.mplot3d.art3d import Poly3DCollection

def volumen_paralelepipedo(v1, v2, v3):
    A = np.array([v1, v2, v3])
    return np.abs(np.linalg.det(A))

def graficar_paralelepipedo(v1, v2, v3):
    fig = plt.figure()
    ax = fig.add_subplot(111, projection='3d')

    # Vértices del paralelepípedo
    p0 = np.array([0, 0, 0])
    p1 = np.array(v1)
    p2 = np.array(v2)
    p3 = np.array(v3)
    p4 = p1 + p2
    p5 = p2 + p3
    p6 = p3 + p1
    p7 = p1 + p2 + p3
    vertices = np.array([p0, p1, p4, p2, p0, p2, p5, p4, p0, p1, p6,
        p7, p1, p4, p7, p6, p2, p5, p7, p6])
    faces = [[vertices[j] for j in range(i, i + 4)] for i in range(0,
        20, 4)]
    ax.add_collection3d(Poly3DCollection(faces, alpha=.25, linewidths
        =1, edgecolors='r'))
    ax.scatter(*vertices.T, color='b')
    plt.title("Paralelepípedo")
    plt.show()

# Vectores que definen el paralelepípedo
v1 = [1, 2, 3]
v2 = [4, 5, 6]
v3 = [7, 8, 9]
volumen = volumen_paralelepipedo(v1, v2, v3)

print(f"Volumen del paralelepípedo: {volumen}")
graficar_paralelepipedo(v1, v2, v3)
```

Out [4]:

```
Volumen del paralelepipedo: 9.51619735392994e-16
```

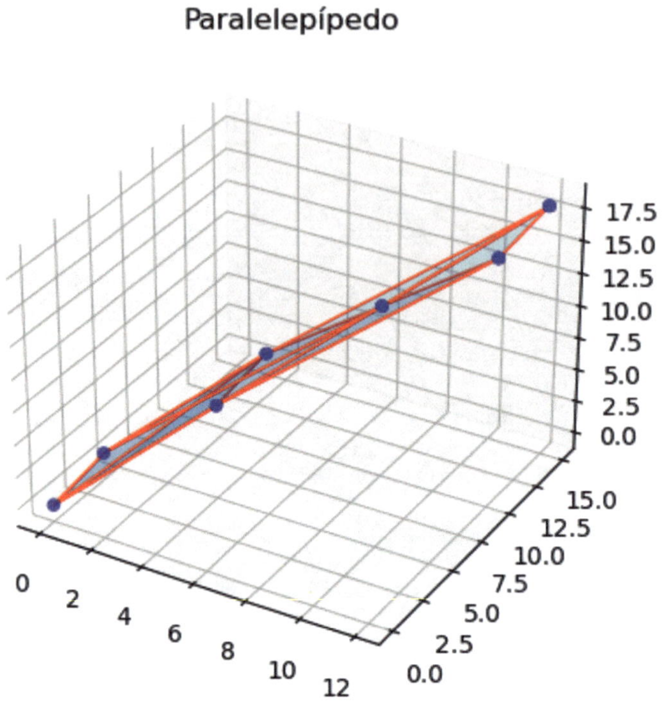

Ejemplo: Área de un polígono con visualización

In [5]:

```python
# Ejercicio 5
import matplotlib.pyplot as plt
def area_poligono(vertices):
    n = len(vertices)
    area = 0
    for i in range(n):
        x1, y1 = vertices[i]
        x2, y2 = vertices[(i + 1) % n]
        area += x1 * y2 - y1 * x2
    return 0.5 * abs(area)

def graficar_poligono(vertices):
    vertices.append(vertices[0]) # Cerrar el polígono
    x, y = zip(*vertices)
    plt.fill(x, y, 'b', alpha=0.5)
    plt.plot(x, y, 'r')
    plt.title("Polígono")
    plt.xlabel("X")
    plt.ylabel("Y")
```

```
    plt.grid(True)
    plt.show()

# Coordenadas de los vértices del polígono
vertices = [(0, 0), (3, 0), (4, 3), (0, 3)]
area = area_poligono(vertices)

print(f"Área del polígono: {area}")
graficar_poligono(vertices)
```

Out [5]:

```
Area del poligono: 10.5
```

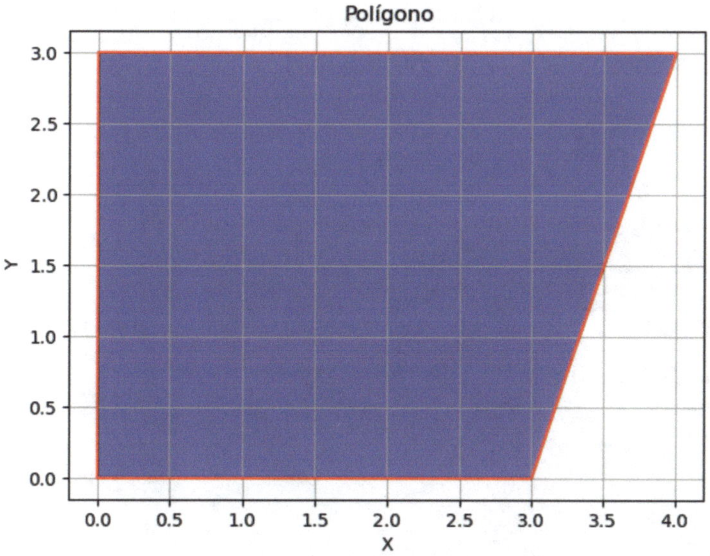

Ejemplo: Polinomio característico con visualización de matriz

In [6]:

```
# Ejercicio 6
import numpy as np
import matplotlib.pyplot as plt

def polinomio_caracteristico(A):
    coef = np.poly(A)
    return coef

def graficar_matriz(A):
    plt.matshow(A, cmap='viridis')
    plt.colorbar()
    plt.title("Matriz de Adyacencia")
```

```
    plt.show()

# Matriz de adyacencia del grafo
A = np.array([
    [0, 1, 2],
    [1, 0, 1],
    [2, 1, 0]
])
polinomio = polinomio_caracteristico(A)

print(f"Polinomio característico: {polinomio}")
graficar_matriz(A)
```

Out [6]:

```
Polinomio caracteristico: [ 1.00000000e+00 1.11022302e-16
    -6.00000000e+00 -4.00000000e+00]
```

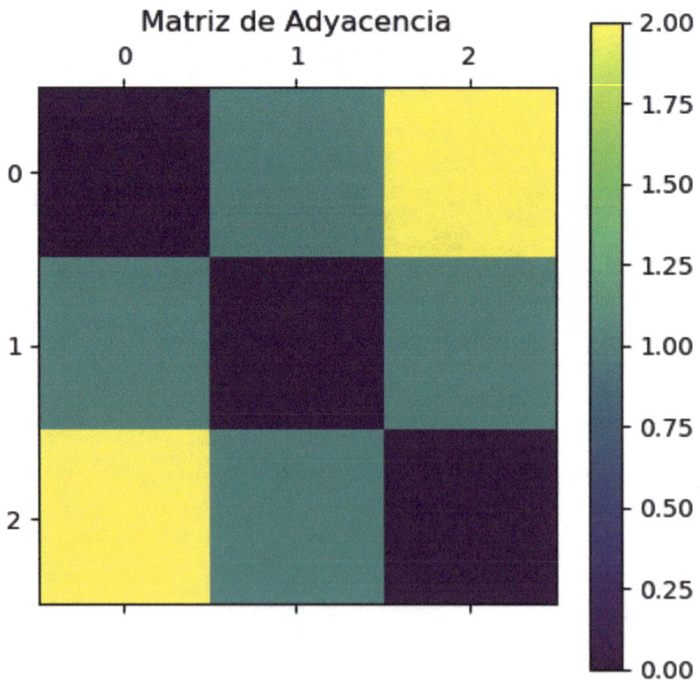

Ejemplo: Número de árboles generadores con visualización de matriz de Laplace

In [7]:

```
# Ejercicio 7
import numpy as np
import matplotlib.pyplot as plt
```

```python

def numero_arboles_generadores(L):
    L_cofactor = np.delete(np.delete(L, 0, axis=0), 0, axis=1)
    return np.linalg.det(L_cofactor)

def graficar_matriz(L):
    plt.matshow(L, cmap='viridis')
    plt.colorbar()
    plt.title("Matriz de Laplace")
    plt.show()

# Matriz de adyacencia del grafo
A = np.array([
    [0, 1, 0, 0],
    [1, 0, 1, 1],
    [1, 1, 0, 1],
    [0, 0, 1, 0]
])

# Matriz de grados (D)
D = np.diag(np.sum(A, axis=1))

# Matriz de Laplace (L = D - A)
L = D - A
numero_arboles = numero_arboles_generadores(L)

print(f"Número de árboles generadores: {int(numero_arboles)}")
graficar_matriz(L)
```

Out [7]:

```
Numero de arboles generadores: 4
```

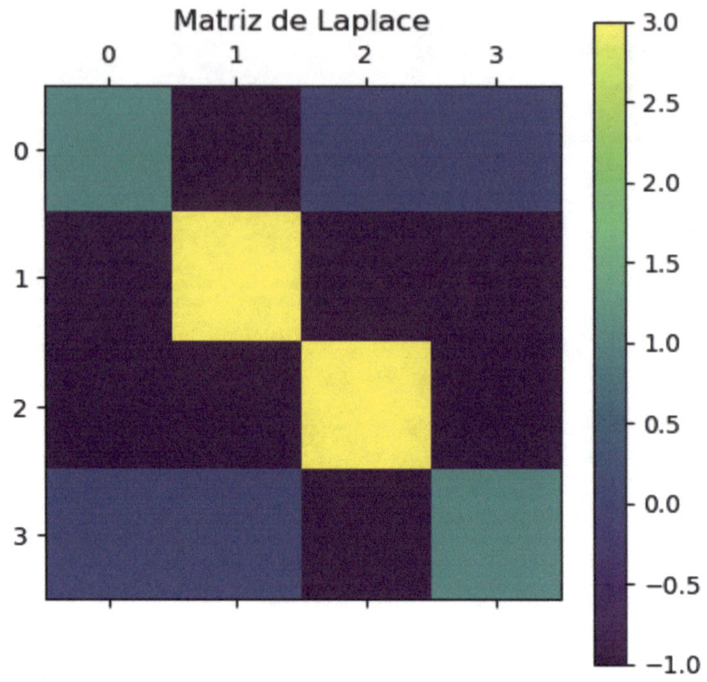

6.5 Computación de determinantes

6.5.1 Algoritmos eficientes para el cálculo de determinantes

El cálculo de determinantes constituye una operación central en el álgebra lineal, con aplicaciones transversales en matemáticas puras, ingeniería, física y ciencias aplicadas. Dada la relevancia de esta operación, se han desarrollado diversos algoritmos que permiten computar determinantes de manera eficiente, especialmente en el contexto de matrices de gran dimensión. A continuación, se presentan los principales métodos empleados en la computación de determinantes, enfatizando sus fundamentos teóricos, ventajas operativas y limitaciones prácticas.[5]

6.5.1.1 Método de la expansión por cofactores

La expansión por cofactores constituye un método clásico y formal para el cálculo del determinante de una matriz cuadrada $n \times n$, fundamentado directamente en la definición recursiva del determinante. Para una matriz $A = (a_{ij})$, el determinante se expresa como:

$$\det(A) = \sum_{j=1}^{n} (-1)^{i+j} a_{ij} \det(A_{ij})$$

Donde a_{ij} representa el elemento de la fila i y columna j, y A_{ij} es la submatriz obtenida al eliminar la fila i y la columna j de A.[9]

Ventajas:

- **Rigor conceptual:** El método se fundamenta directamente en la definición formal del determinante, lo que favorece la comprensión teórica.
- **Aplicabilidad general:** Es válido para matrices cuadradas de cualquier dimensión.

Limitaciones:

- **Alta complejidad computacional:** Para matrices de gran tamaño, la expansión por cofactores resulta impracticable debido a su complejidad factorial $O(n!)$.
- **Redundancia de cálculos:** La naturaleza recursiva del método genera múltiples cálculos repetidos de subdeterminantes.

6.5.1.2 Eliminación de Gauss (cálculo del determinante)

El método de eliminación de Gauss transforma una matriz mediante operaciones elementales de fila hasta obtener una matriz triangular superior. El determinante se calcula como el producto de los elementos de la diagonal principal, ajustando el signo según el número de intercambios de filas realizados.

Es importante señalar que el procedimiento estándar para el cálculo del determinante corresponde a la *eliminación de Gauss*, y no estrictamente al método de Gauss–Jordan, ya que este último reduce la matriz hasta la forma escalonada reducida, lo cual introduce operaciones adicionales que afectan el valor del determinante.

Ventajas:

- **Eficiencia computacional:** Presenta una complejidad de orden $O(n^3)$, siendo adecuado para matrices de gran dimensión.
- **Simplicidad algorítmica:** Es un método directo y ampliamente implementado en software científico.

Limitaciones:

- **Errores numéricos:** En matrices mal condicionadas, la eliminación puede amplificar errores de redondeo si no se emplea pivoteo.

6.5.1.3 Descomposición LU

La descomposición LU consiste en factorizar una matriz cuadrada A como el producto de una matriz triangular inferior L y una matriz triangular superior U:

$$A = LU$$

El determinante de A se obtiene como:

$$\det(A) = \det(L)\,\det(U)$$

Dado que el determinante de una matriz triangular es el producto de sus elementos diagonales, se tiene:

$$\det(A) = \left(\prod_{i=1}^{n} l_{ii}\right)\left(\prod_{i=1}^{n} u_{ii}\right)$$

Ventajas:

- **Alta eficiencia:** Posee complejidad $O(n^3)$ y es uno de los métodos más utilizados en la práctica.
- **Reutilización:** Una vez obtenida la descomposición, puede reutilizarse para resolver sistemas lineales y otros cálculos.

Limitaciones:

- **Dependencia del pivoteo:** Para garantizar estabilidad numérica, suele requerirse pivoteo parcial o completo.

6.5.1.4 Método de Cholesky

El método de Cholesky es una descomposición especializada aplicable exclusivamente a matrices simétricas y definidas positivas. En este caso, una matriz A se factoriza como:

$$A = LL^T$$

Donde L es una matriz triangular inferior con elementos diagonales positivos. El determinante de A se calcula como:

$$\det(A) = (\det(L))^2$$

Ventajas:

- **Mayor eficiencia:** Requiere aproximadamente la mitad de las operaciones de la descomposición LU.
- **Excelente estabilidad numérica:** Es especialmente robusto para matrices bien condicionadas.

Limitaciones:

- **Restricción estructural:** Solo es aplicable a matrices simétricas definidas positivas.

6.5.1.5 Descomposición de Schur

La descomposición de Schur establece que cualquier matriz cuadrada compleja A puede escribirse como:[12]

$$A = QTQ^*$$

Donde Q es una matriz unitaria y T es una matriz triangular superior. El determinante de A satisface:

$$\det(A) = \det(T)$$

Ya que $\det(Q)\det(Q^*) = 1$.

Ventajas:

- **Alta estabilidad numérica:** Es uno de los métodos más estables para el análisis espectral.
- **Utilidad teórica:** Facilita el estudio de valores propios y propiedades estructurales.

Limitaciones:

- **Complejidad computacional:** Su implementación es más costosa que LU o Cholesky y no suele emplearse exclusivamente para calcular determinantes.

6.5.2 Implementación en software matemático y lenguajes de programación

La implementación computacional de algoritmos para el cálculo de determinantes se encuentra ampliamente difundida en software matemático y lenguajes de programación científicos.

6.5.2.1 Software matemático

- **MATLAB:** Utiliza la función `det()`, basada internamente en descomposición LU con pivoteo.
- **Mathematica:** Emplea `Det`, combinando métodos simbólicos y numéricos según el tamaño de la matriz.
- **Maple:** Implementa `Determinant` con algoritmos adaptativos.
- **SageMath:** Integra cálculo simbólico y numérico mediante bibliotecas especializadas.

6.5.2.2 Lenguajes de programación

En Python, bibliotecas como NumPy y SciPy utilizan factorizaciones LU optimizadas. Julia emplea el paquete `LinearAlgebra`, mientras que R y C++ (Eigen) proporcionan implementaciones altamente eficientes.

6.5.3 Uso de bibliotecas de álgebra lineal (NumPy, SciPy) para calcular determinantes

NumPy y SciPy constituyen herramientas fundamentales para el cálculo eficiente y estable de determinantes en Python.

6.5.3.1 NumPy

La función `numpy.linalg.det()` utiliza descomposición LU, ofreciendo eficiencia y estabilidad para matrices densas.

6.5.3.2 SciPy

SciPy amplía estas capacidades, especialmente para matrices esparsas y cálculos de gran escala.

In [8]:

```
# Ejercicio 8
import numpy as np
from scipy.linalg import lu, det

# Definir una matriz de ejemplo
A = np.array([[1, 2, 3],
              [7, 5, 7],
              [7, 8, 1]])

# Método de la Expansión por Cofactores (no recomendado para matrices grandes)
def cofactor_expansion(matrix):
    n = matrix.shape[0]
    if n == 1:
        return matrix[0, 0]
    determinant = 0
    for col in range(n):
        submatrix = np.delete(np.delete(matrix, 0, axis=0), col, axis=1)
        sign = (-1) ** col
        determinant += sign * matrix[0, col] * cofactor_expansion(submatrix)
    return determinant

# Método de Gauss-Jordan usando la función de SciPy
```

```
def gauss_jordan(matrix):
    _, u = lu(matrix, permute_l=True)
    return np.prod(np.diag(u))

# Descomposición LU
def lu_decomposition(matrix):
    p, l, u = lu(matrix)
    return det(l) * det(u)

# Método de Cholesky (aplicable solo a matrices simétricas y definidas
    positivas)
def cholesky_decomposition(matrix):
    l = np.linalg.cholesky(matrix)
    return np.prod(np.diag(l)) ** 2

# Método de Descomposición de Schur
def schur_decomposition(matrix):
    T, _ = np.linalg.schur(matrix)
    return np.prod(np.diag(T))

# Cálculo de determinantes usando diferentes métodos
det_cofactor = cofactor_expansion(A)
det_gauss_jordan = gauss_jordan(A)
det_lu = lu_decomposition(A)

print(f"Determinante por expansión de cofactores: {det_cofactor}")
print(f"Determinante por Gauss-Jordan: {det_gauss_jordan}")
print(f"Determinante por descomposición LU: {det_lu}")

# Cálculo del determinante usando NumPy directamente
det_numpy = np.linalg.det(A)

print(f"Determinante usando NumPy: {det_numpy}")
```

Out [8]:

```
Determinante por expansion de cofactores: 96
Determinante por Gauss-Jordan: 96.0
Determinante por descomposicion LU: 96.0
Determinante usando NumPy: 95.99999999999999
```

El estudio de los determinantes integra aspectos algebraicos, geométricos y computacionales, consolidando su relevancia en la modelización matemática y la resolución de problemas complejos en ciencia e ingeniería.

6.6 Resumen

En resumen, se tienen los siguientes puntos relevantes del capítulo:

6.1. Introducción a los determinantes

Un determinante es una función matemática asociada a una matriz cuadrada que mide el "volumen" o "escala" del espacio definido por los vectores de la matriz. Sus propiedades:

- **Linealidad:** El determinante es una función lineal en cada fila o columna.
- **Antisimetría:** Intercambiar dos filas o columnas cambia el signo del determinante.
- **Identidad:** El determinante de la matriz identidad es uno.
- **Producto:** El determinante de dos matrices multiplicadas es el producto de sus determinantes.
- **Invertibilidad:** Matriz invertible si y solo si su determinante es distinto de cero.
- **Notación:** Se denota como $det(A)$ o $|A|$ y puede calcularse mediante la expansión por cofactores.
- **Historia:** Desarrollo histórico desde el siglo XVII con Seki Kowa y Leibniz, formalización por Cramer, avances por Cauchy y Cayley, y la expansión por cofactores de Laplace.

6.2. Cálculo de los determinantes

- **Matrices 2x2:** Se calcula como $ad - bc$.
- **Matrices 3x3:** Fórmula más compleja, ejemplo con regla de Sarrus.
- **Expansión por cofactores:** Método general para matrices mayores a 3x3, implica la descomposición en submatrices y cálculo recursivo de determinantes menores.

6.3. Propiedades de los determinantes

- **Linealidad:** Afecta cómo el determinante cambia con operaciones lineales en filas o columnas.
- **Identidad:** El determinante de la matriz identidad es uno.

Operaciones elementales:

- **Intercambio de filas:** Cambia el signo del determinante.
- **Multiplicación de fila por escalar:** Multiplica el determinante por el escalar.
- **Suma de múltiplos de filas:** No cambia el determinante.

- **Matrices triangulares:** El determinante es el producto de los elementos diagonales.
- **Transposición:** El determinante de una matriz es igual al de su transpuesta.

6.4. Determinantes y su geometría

- **Volumen de un paralelepípedo:** Calculado como el valor absoluto del determinante de una matriz cuyos vectores columna definen el paralelepípedo.
- **Área de un polígono:** Utilizando la fórmula del polígono de coordenadas o fórmula de Shoelace.

Teoría de gráficos y redes:

- **Matriz de adyacencia:** Determinante usado para estudiar propiedades estructurales del gráfico.
- **Matriz de Laplace:** Utilizada para calcular el número de árboles generadores de un gráfico.

6.5. Computación de determinantes

Algoritmos eficientes:[2]

- **Expansión por Cofactores:** Ineficiente para matrices grandes debido a su complejidad factorial.
- **Método de Gauss-Jordan:** Transformación a forma escalonada reducida y cálculo del determinante como el producto de los elementos diagonales.
- **Descomposición LU:** Factoriza la matriz en producto de matrices triangulares inferior y superior.
- **Método de Cholesky:** Especializado para matrices simétricas y definidas positivas.
- **Descomposición de Schur:** Factoriza una matriz en producto de una matriz unitaria y una matriz triangular superior.

Implementación en software:

MATLAB, Mathematica, Maple, SageMath: Proveen funciones eficientes para el cálculo de determinantes. Lenguajes de Programación:

- **Python (NumPy, SciPy):** Ofrecen funciones avanzadas y optimizadas.
- **Julia:** Utiliza paquetes como LinearAlgebra.
- **R:** Utiliza la función det().
- **C++ (Eigen):** Implementa técnicas avanzadas de factorización.

[2] DeFranza, J., & Gagliardi, D. (2015). Introduction to linear algebra with applications. Waveland Press.

6.7 Problemas y sus Soluciones

Se tienen los siguientes problemas y soluciones:

1. ¿Qué es el determinante de una matriz cuadrada?

A) Una función lineal de la matriz.
B) Un número complejo asociado a la matriz.
C) Una medida del "volumen" o "escala" del espacio definido por los vectores de la matriz.
D) Una transformación no lineal de la matriz.
E) Un vector que representa la matriz.
F) Un método de resolver sistemas de ecuaciones lineales.

2. ¿Cuál es el determinante de la matriz identidad I_n?

A) 0.
B) 1.
C) n.
D) -1.
E) El producto de sus elementos diagonales.
F) Sumar elementos diagonales.

3. Para una matriz A de $2x2$, $A = \begin{pmatrix} a & b \\ c & d \end{pmatrix}$, ¿cuál es la fórmula del determinante?

A) $ad + bc$
B) $ac - bd$
C) $ab - cd$
D) $ad - bc$
E) $a + d - b - c$
F) $a \times d$

4. Si intercambiamos dos filas de una matriz, ¿qué ocurre con su determinante?

A) Se duplica.
B) No cambia.
C) Se vuelve cero.
D) Cambia de signo.
E) Se multiplica por un escalar.

F) Se incrementa en una unidad.

5. ¿Cuál de las siguientes propiedades NO es una propiedad del determinante?

A) Linealidad en las filas.
B) Antisimetría.
C) Determinante del producto de matrices.
D) Determinante de la matriz identidad es 1.
E) Determinante de una matriz triangular es el producto de sus elementos diagonales.
F) Determinante es siempre positivo.

6. ¿Qué se utiliza para calcular el determinante de una matriz 3x3 de manera simplificada?

A) Regla de Sarrus.
B) Expansión por cofactores.
C) Método de Gauss-Jordan.
D) Método de Cholesky.
E) Método de eliminación de Gauss.
F) Método de Schur.

7. En la expansión por cofactores, ¿qué representa el cofactor?

A) Sumar elementos de una fila.
B) El determinante de una submatriz asociada.
C) El producto de los elementos de una columna.
D) El inverso de un elemento de la matriz.
E) La transpuesta de la matriz.
F) Multiplicar la matriz original.

8. ¿Cuál es el resultado del determinante si una matriz tiene una fila de ceros?

A) Es 1.
B) Es 0.
C) Es igual al determinante de la matriz sin esa fila.
D) Cambia de signo.
E) Depende de los otros elementos de la matriz.
F) No se puede calcular.

9. ¿Qué sucede con el determinante de una matriz si multiplicamos una fila

por un escalar k?

A) El determinante se multiplica por k.
B) El determinante se divide por k.
C) El determinante se multiplica por k^2.
D) El determinante se mantiene igual.
E) El determinante se vuelve cero.
F) El determinante se multiplica por $1/k$.

10. Si una matriz es invertible, ¿qué podemos decir sobre su determinante?

A) El determinante es cero.
B) El determinante es uno.
C) El determinante no es cero.
D) El determinante es negativo.
E) El determinante es un número entero.
F) El determinante es positivo.

6.8 Problemas

Se tienen los siguientes problemas:

1. ¿Cómo se calcula el volumen de un paralelepípedo definido por tres vectores en $\mathbb{R}^3$?

A) Usando la suma de los determinantes de los vectores.
B) Usando el producto de los determinantes de los vectores.
C) Usando el determinante de una matriz formada por estos vectores.
D) Usando la transposición de los vectores.
E) Usando la inversa de los vectores.
F) Usando la adición de los vectores.

2. ¿Cuál es el determinante de una matriz triangular superior o inferior?

A) Sumar sus elementos diagonales.
B) El producto de sus elementos diagonales.
C) El determinante de la submatriz diagonal.
D) La suma de los productos de sus filas.
E) El producto de sus elementos fuera de la diagonal.
F) La diferencia de sus elementos diagonales.

3. Si una matriz es simétrica y definida positiva, ¿qué método se puede usar para calcular su determinante de manera eficiente?

A) Método de Cholesky.
B) Método de Gauss-Jordan.
C) Regla de Sarrus.
D) Expansión por cofactores.
E) Método de eliminación de Gauss.
F) Método de Schur.

4. ¿Qué representa el determinante de la matriz de adyacencia en teoría de grafos?

A) El número de vértices del grafo.
B) Número de aristas del grafo.
C) Las propiedades estructurales del grafo.
D) La conectividad del grafo.
E) El número de caminos de longitud 2 en el grafo.
F) El número de árboles generadores del grafo.

5. ¿Cuál es el efecto de sumar un múltiplo de una fila a otra fila en el determinante de una matriz?

A) El determinante se duplica.
B) El determinante se mantiene igual.
C) El determinante se vuelve cero.
D) El determinante cambia de signo.
E) Multiplica por un escalar el determinante.
F) El determinante se incrementa en una unidad.

6. ¿Qué propiedad tiene el determinante en relación con la transposición de una matriz?

A) El determinante se duplica.
B) El determinante cambia de signo.
C) El determinante se mantiene igual.
D) El determinante se vuelve cero.
E) Multiplica por un escalar el determinante.
F) El determinante se divide por dos.

7. ¿Qué método se puede usar para calcular el determinante de una matriz utilizando operaciones elementales de fila?

A) Método de Cholesky.
B) Método de Gauss-Jordan.
C) Regla de Sarrus.
D) Expansión por cofactores.
E) Método de eliminación de Gauss.
F) Método de Schur.

8. ¿Cuál de las siguientes NO es una aplicación del determinante?

A) Cálculo de volúmenes en geometría.
B) Análisis de transformaciones lineales.
C) Resolución de sistemas de ecuaciones lineales.
D) Obtener la inversa de una matriz.
E) Determinación de la unicidad de soluciones en sistemas no lineales.
F) Análisis de redes de flujo.

9. ¿Qué algoritmo es eficiente para calcular determinantes de matrices grandes y complejas?

A) Expansión por cofactores.
B) Regla de Sarrus.
C) Método de eliminación de Gauss.
D) Método de descomposición LU.
E) Método de Cholesky.
F) Método de Schur.

10. ¿Qué método se usa en Python para calcular determinantes de manera eficiente?

A) numpy.linalg.inv()
B) numpy.linalg.det()
C) numpy.linalg.solve()
D) numpy.linalg.eig()
E) numpy.linalg.lstsq()
F) numpy.linalg.norm()

Capítulo 7 Transformaciones Lineales

Objetivos

- Analizar rigurosamente el concepto de transformación lineal como función $T : V \to W$ que preserva la suma de vectores y la multiplicación por escalar, identificando con precisión las condiciones de aditividad $T(u+v) = T(u) + T(v)$ y homogeneidad $T(cu) = cT(u)$.
- Interpretar geométricamente la acción de una transformación lineal sobre vectores y subespacios, reconociendo su efecto sobre rectas y planos que pasan por el origen, y distinguiendo transformaciones paradigmáticas como rotaciones, escalados, reflexiones, proyecciones y cizallamientos.
- Relacionar las transformaciones lineales con su representación matricial, comprendiendo que en espacios finito-dimensionales se cumple $T(x) = Ax$ (en bases dadas), y que las columnas de A corresponden a las imágenes de los vectores de la base del dominio.
- Calcular y analizar los conjuntos fundamentales asociados a T: núcleo $\mathrm{Ker}(T)$ e imagen $\mathrm{Im}(T)$, identificando su relevancia estructural y su conexión con las propiedades de inyectividad, sobreyectividad y bijectividad.
- Aplicar el Teorema Rango–Nulidad en espacios de dimensión finita, verificando la relación $\dim(V) = \mathrm{rango}(T) + \mathrm{nulidad}(T)$ y empleando esta identidad para inferir propiedades de la transformación a partir de su matriz asociada.
- Comprender la composición de transformaciones lineales $S \circ T$, verificando su linealidad, asociatividad y su interpretación matricial $[S \circ T] = BA$, reconociendo además que, en general, la composición no es conmutativa.
- Analizar la invertibilidad de una transformación lineal, vinculando la existencia de T^{-1} con la invertibilidad de su matriz A, el criterio $\det(A) \neq 0$ y la relación A^{-1} como representación de la transformación inversa.
- Estudiar el efecto del cambio de base en la representación de T, comprendiendo cómo varía la matriz asociada mediante $A' = Q^{-1}AP$, y preparando el terreno para técnicas avanzadas como diagonalización, autovalores/autovectores y descomposiciones afines.

Buena Práctica

¿Por qué estudiar Transformaciones Lineales con Python? Estudiar Transformaciones Lineales con Python permite **visualizar cómo una matriz transforma** vectores, rectas y planos (rotaciones, escalados, proyecciones, reflexiones y cizallamientos), haciendo más intuitivos conceptos como **núcleo, imagen, rango e invertibilidad**. Además, facilita experimentar con diferentes transformaciones, componerlas y comprobar propiedades (linealidad, preservación de subespacios, cambios de base) mediante simulaciones. Esto conecta la teoría con aplicaciones reales en **gráficos 2D/3D, robótica, visión por computadora, modelado físico, optimización y aprendizaje automático**, fortaleciendo la comprensión geométrica y el manejo computacional del Álgebra Lineal.

7.1 Introducción a las transformaciones lineales

7.1.1 Transformaciones lineales

Las transformaciones lineales constituyen una clase fundamental de funciones que se encuentran en el núcleo del álgebra lineal. Su importancia radica en su capacidad para modelar, analizar y resolver problemas en diversas áreas de las matemáticas, así como en numerosas disciplinas científicas y de ingeniería. En esta introducción, se examina el concepto de transformación lineal, se presentan ejemplos concretos en el plano y en el espacio tridimensional, y se discuten algunas de sus aplicaciones prácticas en distintos campos del conocimiento.[2]

Es una función entre dos espacios vectoriales que preserva la suma de vectores y la multiplicación por escalares. Formalmente, si V y W son espacios vectoriales sobre un mismo campo F, una función $T : V \to W$ se denomina transformación lineal si, para todos los vectores $u, v \in V$ y para todo escalar $c \in F$, se cumplen las siguientes propiedades:[30]

7.1.1.1 Aditividad (preservación de la suma de vectores)

$$T(u + v) = T(u) + T(v)$$

7.1.1.2 Homogeneidad (preservación de la multiplicación por un escalar)

$$T(cu) = cT(u)$$

Estas propiedades garantizan que la estructura lineal del espacio vectorial se conserve bajo la transformación T. En consecuencia, toda combinación lineal de vectores en V se transforma en la correspondiente combinación lineal de sus imágenes en W.[1]

7.1.2 Ejemplos de transformaciones lineales en el plano y el espacio tridimensional

Para ilustrar el concepto de transformación lineal, se presentan a continuación algunos ejemplos representativos en el plano $\mathbb{R}^2$ y en el espacio tridimensional $\mathbb{R}^3$.

7.1.2.1 Ejemplo: Rotación en el plano

Una de las transformaciones lineales más habituales en el plano es la rotación alrededor del origen. Sea θ un ángulo real. La rotación de un vector $v \in \mathbb{R}^2$ en un ángulo θ se describe mediante la transformación $T_\theta : \mathbb{R}^2 \to \mathbb{R}^2$ definida por:

$$T_\theta(v) = \begin{pmatrix} \cos\theta & -\sin\theta \\ \sin\theta & \cos\theta \end{pmatrix} \begin{pmatrix} x \\ y \end{pmatrix}$$

Donde $v = \begin{pmatrix} x \\ y \end{pmatrix}$.

Esta transformación preserva la norma de los vectores y los ángulos entre ellos, por lo que es una isometría del plano. Resulta fundamental en áreas como la física y los gráficos por computadora.[7]

7.1.2.2 Ejemplo: Escalado en el plano

El escalado es una transformación lineal que modifica la magnitud de los vectores manteniendo su dirección. Sea $s \in \mathbb{R}$ un factor de escala. La transformación $S_s : \mathbb{R}^2 \to \mathbb{R}^2$ se define como:[3]

$$S_s(v) = \begin{pmatrix} s & 0 \\ 0 & s \end{pmatrix} \begin{pmatrix} x \\ y \end{pmatrix} = \begin{pmatrix} sx \\ sy \end{pmatrix}$$

El escalado se emplea ampliamente en gráficos por computadora y modelado geométrico para ajustar el tamaño de objetos.

7.1.2.3 Ejemplo: Reflexión en el plano

Otra transformación lineal relevante es la reflexión respecto de una recta que pasa por el origen. Consideremos la reflexión respecto de la recta $y = x$. La transformación $R : \mathbb{R}^2 \to \mathbb{R}^2$ viene dada por:

---

[1] Beezer, R. A. (2020). *A First Course in Linear Algebra* (3rd ed.). Congruent Press.

$$R(v) = \begin{pmatrix} 0 & 1 \\ 1 & 0 \end{pmatrix} \begin{pmatrix} x \\ y \end{pmatrix} = \begin{pmatrix} y \\ x \end{pmatrix}$$

Esta transformación intercambia las coordenadas x e y, reflejando los vectores respecto de la recta $y = x$.

7.1.2.4 Ejemplo: Proyección en el espacio tridimensional

En el espacio tridimensional, consideremos la proyección ortogonal de un vector $v \in \mathbb{R}^3$ sobre el plano xy. La transformación lineal $P : \mathbb{R}^3 \to \mathbb{R}^2$ se define como:

$$P(v) = \begin{pmatrix} 1 & 0 & 0 \\ 0 & 1 & 0 \end{pmatrix} \begin{pmatrix} x \\ y \\ z \end{pmatrix} = \begin{pmatrix} x \\ y \end{pmatrix}$$

Esta proyección elimina la componente z del vector, representando su "sombra" sobre el plano xy.

7.1.3 Importancia y aplicaciones de las transformaciones lineales en diferentes disciplinas

Las transformaciones lineales desempeñan un papel central en numerosas disciplinas debido a su capacidad para describir sistemas complejos de manera estructurada y eficiente.[26]

En física, las transformaciones lineales se utilizan para modelar sistemas dinámicos, operadores en mecánica cuántica y transformaciones relativistas, como las transformaciones de Lorentz, que relacionan sistemas de referencia inerciales.

En gráficos por computadora, las transformaciones lineales permiten realizar rotaciones, escalados, reflexiones y proyecciones de objetos tridimensionales, constituyendo la base matemática del renderizado y la animación digital.

En ingeniería, se emplean para resolver sistemas de ecuaciones lineales en análisis estructural, control de sistemas y procesamiento de señales. Transformaciones como la transformada de Fourier son herramientas esenciales en el análisis frecuencial.[32]

En economía, las transformaciones lineales aparecen en modelos input-output, desarrollados por Wassily Leontief, donde matrices representan interacciones entre sectores productivos.

En ciencias de la computación y aprendizaje automático, las transformaciones lineales son fundamentales en técnicas como el análisis de componentes principales (PCA) y en las capas lineales de redes neuronales.[15]

En matemáticas, constituyen el eje central del estudio de los espacios vectoriales, la teoría de matrices, los valores propios y los espacios invariantes, con profundas conexiones en geometría y topología.[10]

Las transformaciones lineales son, por tanto, una herramienta poderosa y versátil. Mediante ejemplos como rotaciones, escalados, reflexiones y proyecciones, se observa cómo preservan la estructura algebraica de los espacios vectoriales, lo que las convierte en un instrumento esencial tanto en teoría como en aplicaciones prácticas.[34]

Ejemplo: Rotación en el plano.

In [1]:

```python
# Ejercicio 1
import numpy as np
def rotacion(v, theta)
:
    # Matriz de rotación
    T_theta = np.array([[np.cos(theta), -np.sin(theta)],
                        [np.sin(theta), np.cos(theta)]])

    # Rotar el vector
    return T_theta @ v

# Vector a rotar
v = np.array([1, 0])

# Ángulo de rotación en radianes
theta = np.pi / 4 # 45 grados

# Rotar el vector
v_rotado = rotacion(v, theta)
print("Vector rotado:", v_rotado)
```

Out [1]:

```
Vector rotado: [0.70710678 0.70710678]
```

Ejemplo: Escalado en el plano.

In [2]:

```python
# Ejercicio 2
import numpy as np
```

```python

def escalado(v, s):
    # Matriz de escalado
    S_s = np.array([[s, 0],
                    [0, s]])

    # Escalar el vector
    return S_s @ v

# Vector a escalar
v = np.array([1, 2])

# Factor de escalado
s = 8

# Escalar el vector
v_escalado = escalado(v, s)
print("Vector escalado:", v_escalado)
```

Out [2]:

```
Vector escalado: [ 8 16]
```

Ejemplo: Reflexión en el plano.

In [3]:

```python
# Ejercicio 3
import numpy as np

def reflexion(v):
    # Matriz de reflexión sobre la línea y=x
    R = np.array([[0, 1],
                  [1, 0]])

    # Reflejar el vector
    return R @ v

# Vector a reflejar
v = np.array([1, 7])

# Reflejar el vector
v_reflejado = reflexion(v)
print("Vector reflejado:", v_reflejado)
```

Out [3]:

```
Vector reflejado: [7 1]
```

Ejemplo: Proyección en el espacio tridimensional.

In [4]:

```
# Ejercicio 4
import numpy as np

def proyeccion(v):
    # Matriz de proyección sobre el plano xy
    P = np.array([[1, 0, 0],
                  [0, 1, 0],
                  [0, 0, 0]])

    # Proyectar el vector
    return P @ v

# Vector a proyectar
v = np.array([2, 2, 3])

# Proyectar el vector
v_proyectado = proyeccion(v)
print("Vector proyectado:", v_proyectado[:2]) # Mostrar solo las
    primeras dos componentes
```

Out [4]:

```
Vector proyectado: [2 2]
```

7.2 Propiedades fundamentales

Las propiedades fundamentales de las transformaciones lineales, como la aditividad y la homogeneidad, son esenciales para comprender cómo estas transformaciones preservan la estructura de los espacios vectoriales. En particular, la *imagen* y el *núcleo* de una transformación lineal proporcionan información crucial sobre, respectivamente, el conjunto de vectores alcanzables en el codominio y el conjunto de vectores, que se transforman en el vector cero. Además, ejemplos básicos como rotaciones, reflexiones y dilataciones (escalados) ilustran cómo estas propiedades se manifiestan en casos concretos y facilitan la visualización de la teoría en la práctica.[4]

El estudio de las transformaciones lineales es una parte central del álgebra lineal y posee aplicaciones profundas en diversas áreas de las matemáticas y las ciencias. Desde la física y la ingeniería hasta la economía y la informática, las transformaciones lineales ofrecen un marco para analizar y resolver problemas complejos de manera sistemática y eficiente.

Entre las propiedades más relevantes destacan la imagen y el núcleo, dos subconjuntos fundamentales asociados a una transformación lineal. Estos conjuntos describen aspectos esenciales de la estructura y el comportamiento de la transformación.

7.2.1 Imagen

La imagen (o rango) de una transformación lineal $T : V \to W$ es el conjunto de todos los vectores en W que se obtienen como la imagen de algún vector en V. Matemáticamente, la imagen de T se denota como $\operatorname{Im}(T)$ y se define por:

$$\operatorname{Im}(T) = \{\, w \in W \mid \exists\, v \in V \text{ tal que } w = T(v) \,\}$$

La imagen de T es un subespacio de W. Su dimensión se denomina *rango* de T y cuantifica el número de direcciones linealmente independientes que pueden alcanzarse mediante la transformación.

7.2.2 Núcleo

El núcleo (o *kernel*) de una transformación lineal $T : V \to W$ es el conjunto de todos los vectores en V que se transforman en el vector cero de W. Matemáticamente, el núcleo de T se denota como $\ker(T)$ y se define como:

$$\ker(T) = \{\, v \in V \mid T(v) = 0 \,\}$$

El núcleo de T es un subespacio vectorial de V. Su dimensión se denomina *nulidad* de T y coincide con el número de soluciones linealmente independientes de la ecuación homogénea $T(v) = 0$.

7.2.3 Teorema del Rango-Nulidad

El teorema del rango-nulidad establece una relación fundamental entre el rango y la nulidad de una transformación lineal $T : V \to W$. Si V es un espacio vectorial finita en dimensión, entonces:

$$\dim(V) = \operatorname{rango}(T) + \operatorname{nulidad}(T)$$

Este teorema es una herramienta esencial para analizar la estructura de las transformaciones lineales, ya que describe cómo la dimensión del dominio se distribuye entre la imagen y el núcleo.

7.2.4 Determinación de una transformación lineal a partir de una base

Una propiedad fundamental de las transformaciones lineales es que su comportamiento sobre todo un espacio vectorial queda completamente determinado por su acción sobre una base. Este resultado permite pasar de una descripción potencialmente infinita de una función a una cantidad finita de información cuando el espacio vectorial tiene dimensión finita.

Sea V un espacio vectorial de dimensión finita sobre un campo F, y sea

$$\mathcal{B} = \{v_1, v_2, \ldots, v_n\}$$

Una base de V. Por definición de base, todo vector $v \in V$ puede expresarse de manera única como una combinación lineal

$$v = a_1 v_1 + a_2 v_2 + \cdots + a_n v_n,$$

Donde $a_1, a_2, \ldots, a_n \in F$.

Si $T : V \to W$ es una transformación lineal, entonces, utilizando la preservación de combinaciones lineales,

$$T(v) = T(a_1 v_1 + a_2 v_2 + \cdots + a_n v_n),$$

Y por linealidad,

$$T(v) = a_1 T(v_1) + a_2 T(v_2) + \cdots + a_n T(v_n).$$

Por tanto, una vez conocidas las imágenes

$$T(v_1), T(v_2), \ldots, T(v_n),$$

Es posible determinar $T(v)$ para cualquier vector $v \in V$. Este resultado puede formularse mediante un teorema de existencia y unicidad.

7.2.4.1 Teorema de existencia y unicidad

Sea

$$\mathcal{B} = \{v_1, v_2, \ldots, v_n\}$$

Una base de un espacio vectorial V, y sean

$$w_1, w_2, \ldots, w_n \in W$$

Vectores arbitrarios de otro espacio vectorial W definido sobre el mismo campo. Entonces existe una única transformación lineal

$$T : V \to W$$

Tal que

$$T(v_1) = w_1, \qquad T(v_2) = w_2, \qquad \ldots, \qquad T(v_n) = w_n.$$

7.2.4.2 Existencia

Para demostrar la existencia, considérese un vector arbitrario $v \in V$. Puesto que $\mathcal{B}$ es una base, existen escalares únicos $a_1, \ldots, a_n$ tales que

$$v = \sum_{i=1}^{n} a_i v_i.$$

Se define entonces

$$T(v) = \sum_{i=1}^{n} a_i w_i.$$

Esta definición está bien determinada debido a que las coordenadas $a_1, \ldots, a_n$ de v respecto de la base son únicas.

Para verificar la linealidad, sean

$$u = \sum_{i=1}^{n} a_i v_i, \qquad v = \sum_{i=1}^{n} b_i v_i,$$

Y sean $\alpha, \beta \in F$. Entonces

$$\alpha u + \beta v = \sum_{i=1}^{n} (\alpha a_i + \beta b_i) v_i.$$

Por la definición anterior,

$$T(\alpha u + \beta v) = \sum_{i=1}^{n} (\alpha a_i + \beta b_i) w_i.$$

Distribuyendo los escalares,

$$T(\alpha u + \beta v) = \alpha \sum_{i=1}^{n} a_i w_i + \beta \sum_{i=1}^{n} b_i w_i,$$

De donde se obtiene

$$T(\alpha u + \beta v) = \alpha T(u) + \beta T(v).$$

Por tanto, T es lineal.

7.2.4.3 Unicidad

Supóngase que existen dos transformaciones lineales

$$T, S : V \to W$$

Que coinciden sobre todos los vectores de la base:

$$T(v_i) = S(v_i) \qquad \text{para todo } i = 1, \ldots, n.$$

Para cualquier vector

$$v = a_1 v_1 + \cdots + a_n v_n,$$

La linealidad implica

$$T(v) = a_1 T(v_1) + \cdots + a_n T(v_n),$$

Mientras que

$$S(v) = a_1 S(v_1) + \cdots + a_n S(v_n).$$

Como $T(v_i) = S(v_i)$ para cada elemento de la base, se concluye que

$$T(v) = S(v)$$

Para todo $v \in V$. En consecuencia,

$$T = S.$$

Esto demuestra que una transformación lineal queda determinada de manera única por las imágenes de los vectores de una base.

7.2.4.4 Consecuencias para la imagen de una transformación

Si

$$\mathcal{B} = \{v_1, \ldots, v_n\}$$

Es una base de V, entonces toda imagen $T(v)$ es una combinación lineal de

$$T(v_1), \ldots, T(v_n).$$

Por tanto,

$$\mathrm{Im}(T) = \mathrm{span}\{T(v_1), T(v_2), \ldots, T(v_n)\}.$$

Esta igualdad permite determinar la imagen de una transformación estudiando únicamente las imágenes de una base del dominio. Como consecuencia inmediata,

$$\mathrm{rango}(T) \leq \dim(V),$$

pues la imagen está generada por, como máximo, $n = \dim(V)$ vectores. Si los vectores

$$T(v_1), T(v_2), \ldots, T(v_n)$$

Son linealmente independientes, entonces T es inyectiva. En efecto, si

$$T(v) = 0$$

Y

$$v = a_1 v_1 + \cdots + a_n v_n,$$

Entonces

$$a_1 T(v_1) + \cdots + a_n T(v_n) = 0.$$

La independencia lineal de las imágenes implica

$$a_1 = a_2 = \cdots = a_n = 0,$$

Y por tanto

$$v = 0.$$

Así,

$$\ker(T) = \{0\},$$

Que caracteriza la inyectividad de T.

Por otro lado, T es sobreyectiva si y solo si las imágenes de los vectores de una base del dominio generan todo el codominio:

$$\operatorname{span}\{T(v_1), \ldots, T(v_n)\} = W.$$

7.2.4.5 Caso de espacios de igual dimensión

Si

$$\dim(V) = \dim(W) = n,$$

Entonces una transformación lineal $T : V \to W$ es invertible si y solo si las imágenes de una base de V forman una base de W. En este caso, las condiciones siguientes son equivalentes:

$$T \text{ es inyectiva},$$

$$T \text{ es sobreyectiva},$$

$$T \text{ es biyectiva},$$

$$\ker(T) = \{0\},$$

$$\operatorname{Im}(T) = W.$$

Esta equivalencia constituye una de las características fundamentales de las transformaciones lineales entre espacios finito-dimensionales de igual dimensión.

7.2.4.6 Relación con la representación matricial

El hecho de que una transformación lineal quede determinada por una base proporciona también el fundamento de su representación matricial. Una vez fijadas una base del dominio y una base del codominio, basta conocer las coordenadas de

$$T(v_1), T(v_2), \ldots, T(v_n)$$

Para representar completamente la transformación. Estas coordenadas constituyen precisamente las columnas de la matriz asociada a T.

Así, la representación matricial de una transformación lineal no es una construcción independiente de la definición abstracta, sino una consecuencia directa del hecho de que los vectores de una base determinan todos los vectores del espacio mediante combinaciones lineales.

Ahora, en código Python, esto se puede ilustrar mediante ejemplos computacionales:

Ejemplo: Verificación de la propiedad de aditividad.

In [5]:

```
# Ejercicio 5
import numpy as np

def transform(T, v):
    return np.dot(T, v)

# Matriz de transformación T
T = np.array([[2, 0], [0, 3]])

# Vectores v1 y v2
v1 = np.array([3, 2])
v2 = np.array([3, 7])

# Transformación lineal de la suma de v1 y v2
result1 = transform(T, v1 + v2)

# Suma de las transformaciones lineales de v1 y v2
result2 = transform(T, v1) + transform(T, v2)

print("Transformación de la suma de v1 y v2:", result1)
print("Suma de las transformaciones de v1 y v2:", result2)
print("Aditividad se cumple?", np.array_equal(result1, result2))
```

Out [5]:

```
Transformacion de la suma de v1 y v2: [12 27]
Suma de las transformaciones de v1 y v2: [12 27]
Aditividad se cumple? True
```

Ejemplo: Verificación de la propiedad de homogeneidad.

In [6]:

```
# Ejercicio 6
import numpy as np

def transform(T, v):
    return np.dot(T, v)

```

```
# Matriz de transformación T
T = np.array([[7, 0], [0, 2]])

# Vector v
v = np.array([1, 2])

# Escalar k
k = 4

# Transformación lineal del producto escalar k*v
result1 = transform(T, k * v)

# Producto escalar de la transformación lineal de v
result2 = k * transform(T, v)
print("Transformación del producto escalar k*v:", result1)
print("Producto escalar de la transformación de v:", result2)
print("Homogeneidad se cumple?", np.array_equal(result1, result2))
```

Out [6]:

```
Transformacion del producto escalar k*v: [28 16]
Producto escalar de la transformacion de v: [28 16]
Homogeneidad se cumple? True
```

Ejemplo: Cálculo de la imagen y el núcleo de una transformación lineal.

In [7]:

```
# Ejercicio 7
import numpy as np
from scipy.linalg import null_space

# Matriz de transformación T
T = np.array([[3, 6], [2, 4]])

# Cálculo de la imagen (rango) de T
image = np.linalg.matrix_rank(T)

# Cálculo del núcleo de T
kernel = null_space(T)
print("Imagen (Rango) de T:", image)
print("Núcleo de T:\n", kernel)
```

Out [7]:

```
Imagen (Rango) de T: 1
Nucleo de T:
```

```
[[-0.89442719]
 [ 0.4472136 ]]
```

Ejemplo: Transformación lineal — Rotación en el plano.

In [8]:

```python
# Ejercicio 8
import numpy as np
import matplotlib.pyplot as plt
def rotation_matrix(theta):
    return np.array([
        [np.cos(theta), -np.sin(theta)],
        [np.sin(theta), np.cos(theta)]
    ])

# Ángulo de rotación (en radianes)
theta = np.pi / 4 # 45 grados

# Matriz de rotación
R = rotation_matrix(theta)

# Vector original
v = np.array([1, 0])

# Vector rotado
v_rotated = np.dot(R, v)

# Gráfica de la transformación
plt.figure()
plt.quiver(0, 0, v[0], v[1], angles='xy', scale_units='xy', scale=1,
    color='r', label='Original')
plt.quiver(0, 0, v_rotated[0], v_rotated[1], angles='xy', scale_units=
    'xy', scale=1, color='b', label='Rotado')
plt.xlim(-1.5, 1.5)
plt.ylim(-1.5, 1.5)
plt.axhline(0, color='black',linewidth=0.5)
plt.axvline(0, color='black',linewidth=0.5)
plt.grid(color = 'gray', linestyle = '--', linewidth = 0.5)
plt.legend()
plt.title("Transformación Lineal - Rotación en el Plano")
plt.show()
```

Out [8]:

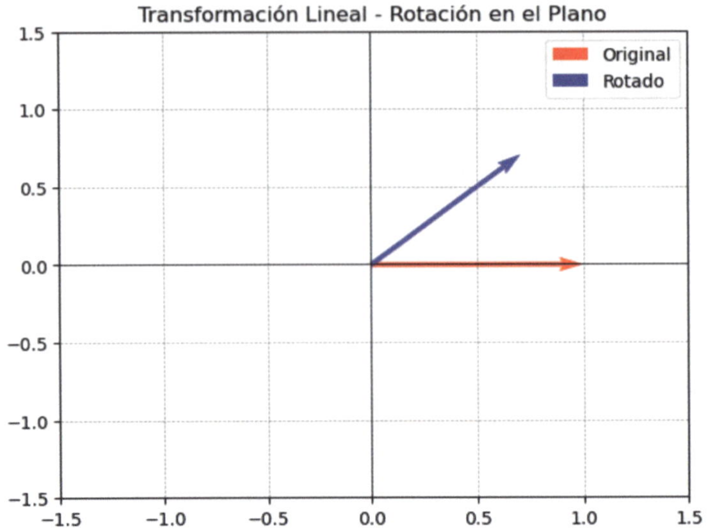

7.3 Matriz de una transformación lineal

7.3.1 La matriz de una transformación lineal

La representación matricial constituye una herramienta esencial para el estudio y la aplicación de las transformaciones lineales en el álgebra lineal. Esta formalización permite realizar cálculos sistemáticos, analizar propiedades estructurales y facilitar la manipulación computacional de las transformaciones.[2]

7.3.1.1 Representación matricial de una transformación lineal

Sea $T : V \to W$ una transformación lineal entre espacios vectoriales, y sean $\{v_1, v_2, \ldots, v_n\}$ y $\{w_1, w_2, \ldots, w_m\}$ bases ordenadas de V y W, respectivamente. La matriz asociada a T respecto de estas bases es la matriz $A \in \mathbb{R}^{m\times n}$ tal que:

$$\begin{bmatrix} T(v_1) & T(v_2) & \cdots & T(v_n) \end{bmatrix} = \begin{bmatrix} w_1 & w_2 & \cdots & w_m \end{bmatrix} A$$

Cada columna de A contiene las coordenadas de $T(v_j)$ expresadas como combinación lineal de los vectores de la base de W:

$$T(v_j) = a_{1j}w_1 + a_{2j}w_2 + \cdots + a_{mj}w_m$$

Los coeficientes a_{ij} conforman la j-ésima columna de la matriz A.

Ejemplo en $\mathbb{R}^2$

[2]Hefferon, J. (2017). *Linear Algebra*. Orthogonal Publishing.

Considérese la transformación lineal $T : \mathbb{R}^2 \to \mathbb{R}^2$ definida por:

$$T\left(\begin{pmatrix} x \\ y \end{pmatrix}\right) = \begin{pmatrix} 2x + 3y \\ 4x + y \end{pmatrix}$$

Aplicando T a los vectores de la base canónica $\{e_1, e_2\}$:

$$T(e_1) = T\left(\begin{pmatrix} 1 \\ 0 \end{pmatrix}\right) = \begin{pmatrix} 2 \\ 4 \end{pmatrix}, \qquad T(e_2) = T\left(\begin{pmatrix} 0 \\ 1 \end{pmatrix}\right) = \begin{pmatrix} 3 \\ 1 \end{pmatrix}$$

Por tanto, la matriz asociada a T es:

$$A = \begin{pmatrix} 2 & 3 \\ 4 & 1 \end{pmatrix}$$

Esta matriz permite aplicar la transformación T a cualquier vector de $\mathbb{R}^2$ mediante multiplicación matricial.[22]

7.3.1.2 Generalización a $\mathbb{R}^n$

Para una transformación lineal $T : \mathbb{R}^n \to \mathbb{R}^m$, la matriz asociada se construye aplicando T a cada vector de la base canónica de $\mathbb{R}^n$ y expresando los resultados como combinaciones lineales de la base canónica de $\mathbb{R}^m$.

7.3.2 Relación entre la matriz de una transformación lineal y las operaciones con vectores

La matriz de una transformación lineal no solo proporciona una representación compacta, sino que también permite analizar y manipular transformaciones mediante operaciones matriciales bien definidas.

7.3.2.1 Aplicación de la transformación

Si A es la matriz asociada a una transformación lineal $T : \mathbb{R}^n \to \mathbb{R}^m$ y $x \in \mathbb{R}^n$, entonces la imagen de x bajo T se calcula como:

$$T(x) = Ax$$

Este resultado se deduce directamente de la construcción de la matriz, cuyas columnas representan las imágenes de los vectores de la base canónica.[8]

7.3.2.2 Composición de transformaciones

Sean $T : \mathbb{R}^n \to \mathbb{R}^m$ y $S : \mathbb{R}^m \to \mathbb{R}^p$ transformaciones lineales con matrices A y B, respectivamente. La transformación compuesta $S \circ T : \mathbb{R}^n \to \mathbb{R}^p$ tiene como matriz el producto:

$$S(T(x)) = B(Ax) = (BA)x$$

Por tanto, la matriz de la composición es BA, respetando el orden de aplicación de las transformaciones.

7.3.2.3 Inversas de transformaciones

Si una transformación lineal T es invertible, existe una transformación lineal T^{-1} tal que $T^{-1}(T(x)) = x$ para todo x. Si A es la matriz asociada a T, entonces la matriz de T^{-1} es A^{-1}, y se cumple:

$$T^{-1}(T(x)) = A^{-1}(Ax) = x$$

La existencia de la inversa matricial es fundamental en la resolución de sistemas de ecuaciones lineales.

7.3.2.4 Determinantes y propiedades de las transformaciones

Para una transformación lineal $T : \mathbb{R}^n \to \mathbb{R}^n$, el determinante de su matriz asociada A proporciona información clave:

- $\det(A) \neq 0$: la transformación es invertible.
- $\det(A) = 0$: la transformación no es invertible y su núcleo es no trivial.

Además, el valor absoluto del determinante representa el factor de escala del volumen bajo la transformación. Si $v_1, v_2, \ldots, v_n$ forman una base de $\mathbb{R}^n$, entonces:

$$\text{Vol}(T(v_1), \ldots, T(v_n)) = |\det(A)| \text{ Vol}(v_1, \ldots, v_n)$$

7.3.2.5 Cambio de base

La matriz de una transformación lineal, depende de las bases. Si P es la matriz de cambio de base de la base $\{v_1, \ldots, v_n\}$ a la base $\{u_1, \ldots, u_n\}$ en V, y Q es la matriz de cambio de base de $\{w_1, \ldots, w_m\}$ a $\{z_1, \ldots, z_m\}$ en W, entonces la matriz de T en las nuevas bases es:

$$A' = Q^{-1}AP$$

7.3.2.6 Diagonalización

Una matriz A es diagonalizable, si existe una matriz inversa P y otra diagonal D tales que:

$$A = PDP^{-1}$$

La diagonalización simplifica significativamente el análisis de transformaciones lineales y sistemas dinámicos.

7.3.2.7 Autovalores y autovectores

Un vector no nulo v es un autovector de A asociado al autovalor λ si satisface:

$$Av = \lambda v$$

Estos conceptos permiten descomponer la acción de una transformación lineal y analizar su comportamiento estructural y dinámico.

Ahora, en términos de código Python, se presentan los siguientes ejercicios ilustrativos:

Ejercicio: Representación matricial de una transformación lineal en $\mathbb{R}^2$

In [9]:

```
# Ejercicio 9
import numpy as np

# Definición de la transformación lineal T
def T(v):
    x, y = v
    return np.array([2*x + 3*y, 4*x + y])

# Base canónica en R^2
e1 = np.array([1, 0])
e2 = np.array([0, 1])

# Aplicación de T a los vectores de la base canónica
T_e1 = T(e1)
T_e2 = T(e2)

# Matriz de la transformación T
A = np.column_stack((T_e1, T_e2))
print("Matriz de la transformación T:")
print(A)
```

Out [9]:

```
Matriz de la transformacion T:
[[2 3]
 [4 1]]
```

Ejercicio: Aplicación de una transformación lineal usando su matriz

In [10]:

```
# Ejercicio 10
import numpy as np

# Matriz de la transformación T
A = np.array([[7, 3], [4, 2]])

# Vector a transformar
v = np.array([1, 2])

# Aplicación de la transformación
Tv = np.dot(A, v)

print("Vector original:", v)
print("Vector transformado:", Tv)
```

Out [10]:

```
Vector original: [1 2]
Vector transformado: [13 8]
```

Ejercicio: Composición de transformaciones lineales

In [11]:

```
# Ejercicio 11
import numpy as np

# Matrices de las transformaciones T1 y T2
A1 = np.array([[7, 3], [4, 2]])
A2 = np.array([[1, 2], [1, 1]])

# Matriz de la transformación compuesta T2(T1(x))
A_compuesta = np.dot(A2, A1)
print("Matriz de la transformación compuesta T2(T1(x)):")
print(A_compuesta)
```

Out [11]:

```
Matriz de la transformacion compuesta T2(T1(x)):
[[15  7]
 [11  5]]
```

Ejercicio: Determinante y propiedades de una transformación lineal

In [12]:

```python
# Ejercicio 12
import numpy as np

# Matriz de la transformación T (del ejercicio 1)
A = np.array([[7, 3], [4, 2]])

# Cálculo del determinante
det_A = np.linalg.det(A)
print("Determinante de la matriz A:", det_A)
print("La transformación es invertible?", det_A != 0)

# Si la transformación es invertible, calcula la matriz inversa
if det_A != 0:
    A_inv = np.linalg.inv(A)
    print("Matriz inversa de A:")
    print(A_inv)
```

Out [12]:

```
Determinante de la matriz A: 2.0000000000000004
La transformacion es invertible? True
Matriz inversa de A:
[[ 1.  -1.5]
 [-2.   3.5]]
```

7.4 Composición de transformación lineal

La composición de transformaciones lineales es un concepto central en el álgebra lineal que se refiere a la aplicación sucesiva de dos o más transformaciones lineales. Para entender este concepto, consideremos dos espacios vectoriales V y W, y dos transformaciones lineales $T : V \to W$ y $S : W \to U$, donde U es otro espacio vectorial. La composición de T y S, denotada por $S \circ T$, es una transformación lineal que mapea V a U.

Dos transformaciones lineales T y S se define como:

$$(S \circ T)(v) = S(T(v))$$

Para todo $v \in V$. Esto significa que primero se aplica la transformación T al vector v, obteniendo un vector en W, y luego se aplica la transformación S al resultado, obteniendo finalmente un vector en U.

La notación $S \circ T$ se lee como "S compuesto con T". Es importante destacar que la composición es una operación binaria, y el orden en que se aplican las transformaciones es crucial. En general, $S \circ T \neq T \circ S$.

7.4.1 Propiedades de la composición de transformaciones

La composición de transformaciones lineales tiene varias propiedades importantes que facilitan su uso en diversas aplicaciones teóricas y prácticas. Estas propiedades incluyen la linealidad de la composición, la asociatividad, la relación con la matriz identidad, y la interacción con la matriz de las transformaciones.[17]

7.4.1.1 Linealidad de la composición

Dos transformaciones lineales es también una transformación lineal. Es decir, si $T : V \to W$ y $S : W \to U$ son lineales, entonces $S \circ T : V \to U$ es lineal. Para verificar esto, necesitamos mostrar que $S \circ T$ satisface las propiedades de aditividad y homogeneidad.

- **Aditividad:** Para todos los $u, v \in V$,

$$(S \circ T)(u + v) = S(T(u + v)) = S(T(u) + T(v)) = S(T(u)) + S(T(v))$$

- **Homogeneidad:** Para todo $v \in V$ y todo escalar c,

$$(S \circ T)(cv) = S(T(cv)) = S(cT(v)) = cS(T(v)) = c(S \circ T)(v)$$

Por lo tanto, $S \circ T$ es una transformación lineal.

7.4.1.2 Asociatividad de la composición

La composición de transformaciones lineales es asociativa. Esto significa que si $T : V \to W$, $S : W \to U$ y $R : U \to X$ son transformaciones lineales, entonces:

$$R \circ (S \circ T) = (R \circ S) \circ T.$$

Esta propiedad es crucial porque nos permite agrupar las transformaciones de manera conveniente sin afectar el resultado final.

7.4.1.3 Identidad y composición

La transformación identidad, denotada como I, tiene la propiedad de no alterar los vectores a los que se aplica. Para cualquier espacio vectorial V, la transformación identidad $I_v : V \to V$ se define por:

$$I_v(v) = v$$

Para todo $v \in V$. La transformación identidad actúa como un elemento neutro respecto a la composición de transformaciones lineales. Para cualquier transformación lineal $T : V \to W$,

$T \circ I_V = T$ y $I_W \circ T \ = T$.

7.4.1.4 Relación con las matrices de las transformaciones

Si $T : \mathbb{R}^n \to \mathbb{R}^m$ y $S : \mathbb{R}^m \to \mathbb{R}^p$ son transformaciones lineales representadas por las matrices A y B, respectivamente, entonces la matriz de la composición $S \circ T$ es el producto de las matrices B y A:

$$[S \circ T] = B \cdot A.$$

Esto se debe a la definición de la multiplicación de matrices y refleja la manera en que las transformaciones se aplican secuencialmente.

7.4.1.5 Composiciones de transformaciones lineales

Considere dos rotaciones en el plano $\mathbb{R}^2$. La rotación $\mathbb{R}_\alpha$ por un ángulo α y la rotación $\mathbb{R}_\beta$ por un ángulo β. Las matrices correspondientes son:

$$\mathbb{R}_\alpha = \begin{pmatrix} cos(\alpha) & -sen(\alpha) \\ sen(\alpha) & cos(\alpha) \end{pmatrix}, \mathbb{R}_\beta = \begin{pmatrix} \cos(\beta) & -\sin(\beta) \\ \sin(\beta) & \cos(\beta) \end{pmatrix}$$

La composición $\mathbb{R}_\beta \circ \mathbb{R}_\alpha$ es una rotación por el ángulo $\alpha + \beta$. La matriz de esta composición es el producto de las matrices $\mathbb{R}_\beta$ y $\mathbb{R}_\alpha$:[20]

$$\mathbb{R}_{\alpha+\beta} = \mathbb{R}_\beta \ \cdot \ \mathbb{R}_\alpha$$

7.4.2 Propiedades adicionales de la composición de transformaciones

7.4.2.1 Conmutatividad

La composición de transformaciones lineales no es conmutativa. Es decir, para dos transformaciones lineales T y S, usualmente $S \circ T \neq T \circ S$. Esto se puede ver claramente en los ejemplos de rotaciones y reflexiones, donde el orden de las transformaciones afecta el resultado final.

7.4.2.2 Inversas y composición

Si $T : V \to W$ y $S : W \to V$ son transformaciones lineales tales que $T \circ S = I_W$ y $S \circ T = I_V$, entonces T y S son inversas entre sí. En términos de matrices, si A es la matriz de T y B es la matriz de S, entonces A y B son inversas:

$A \cdot B = I$ y $B \cdot A = I$

7.4.2.3 Potencias de transformaciones lineales

Para una transformación lineal $T : V \to V$, se puede definir la n-ésima potencia de T como la composición de T consigo misma n veces:

$$T^n = T \circ T \circ \cdots \circ T(n\ veces).$$

Esto es útil en el estudio de iteraciones de transformaciones lineales, como en sistemas dinámicos lineales.

7.4.2.4 Núcleo e imagen de la composición

Las propiedades del núcleo y la imagen de la composición de transformaciones lineales son fundamentales para el análisis de su estructura.

- **Imagen:** La imagen de la composición $S \circ T$ es un subconjunto de la imagen de S:

$$Im(S \circ T) \subseteq Im(S).$$

- **Núcleo:** El núcleo de la composición $S \circ T$ contiene la preimagen del núcleo de S bajo T:

$$Ker(S \circ T) = T^{-1}(Ker(S)).$$

Estas propiedades pueden ser usadas para determinar las dimensiones de la imagen y el núcleo mediante el Teorema del Rango-Nulidad.

7.4.3 Aplicaciones de la composición de transformaciones lineales

7.4.3.1 Transformaciones en gráficos por computadora

En gráficos por computadora, las transformaciones lineales como traslaciones, escalados, rotaciones y reflexiones son usadas para manipular y renderizar imágenes. La composición de estas transformaciones es esencial para aplicar secuencias de operaciones geométricas de manera eficiente. Por ejemplo, para animar un objeto, se pueden componer rotaciones y traslaciones para describir su movimiento en una escena.

7.4.3.2 Sistemas dinámicos

En el análisis de sistemas dinámicos, las transformaciones lineales son usadas para describir la evolución de estados a lo largo del tiempo. La composición de estas transformaciones representa la aplicación iterativa de una dinámica, permitiendo el estudio de comportamientos a largo plazo y la determinación de puntos fijos y ciclos.

7.4.3.3 Cadenas de Markov

Las cadenas de Markov se modelan frecuentemente usando matrices de transición, que describen las probabilidades de transición de un estado a otro. La composición de estas matrices de transición a lo largo de varios pasos proporciona información sobre la probabilidad de estar en un estado particular después de varias iteraciones.

La composición de transformaciones lineales es un concepto rico y multifacético con aplicaciones en una amplia gama de disciplinas. Desde su definición básica hasta las propiedades más avanzadas y sus aplicaciones prácticas, la comprensión de cómo se componen las transformaciones lineales es fundamental para el estudio y la aplicación del álgebra lineal.

La capacidad de combinar transformaciones lineales de manera sistemática y predecible no solo facilita el análisis teórico, sino que también permite la implementación práctica de algoritmos en áreas tan diversas como la computación gráfica, la teoría de control, la economía y la física. La composición de transformaciones lineales sigue siendo un área de estudio y aplicación vital en matemáticas y ciencias aplicadas.

Ahora en código Python tendríamos:

Ejemplo: Composición de rotaciones en el plano.

In [13]:

```python
# Ejercicio 13
import numpy as np
import matplotlib.pyplot as plt

def rotacion(theta):
    return np.array([[np.cos(theta), -np.sin(theta)],
                     [np.sin(theta), np.cos(theta)]])

# Ángulos de rotación
alpha = np.pi / 6 # 30 grados
beta = np.pi / 3 # 60 grados

# Matrices de rotación
R_alpha = rotacion(alpha)
R_beta = rotacion(beta)

# Composición de las rotaciones
R_alpha_beta = R_beta @ R_alpha

# Vector inicial
v = np.array([1, 0])

# Aplicar las rotaciones
v_rotado_alpha = R_alpha @ v
v_rotado_alpha_beta = R_alpha_beta @ v

# Graficar
plt.figure(figsize=(8, 8))
plt.quiver(0, 0, v[0], v[1], angles='xy', scale_units='xy', scale=1,
    color='r', label='Vector Original')
plt.quiver(0, 0, v_rotado_alpha[0], v_rotado_alpha[1], angles='xy',
    scale_units='xy', scale=1, color='g', label='Rotación alpha')
plt.quiver(0, 0, v_rotado_alpha_beta[0], v_rotado_alpha_beta[1],
    angles='xy', scale_units='xy', scale=1, color='b', label='Rotación
     beta (composicion) alpha')
plt.xlim(-1.5, 1.5)
plt.ylim(-1.5, 1.5)
plt.axhline(0, color='black',linewidth=0.5)
plt.axvline(0, color='black',linewidth=0.5)
plt.grid(color = 'gray', linestyle = '--', linewidth = 0.5)
plt.legend()
plt.title("Composición de Rotaciones en el Plano")
plt.show()
```

Out [13]:

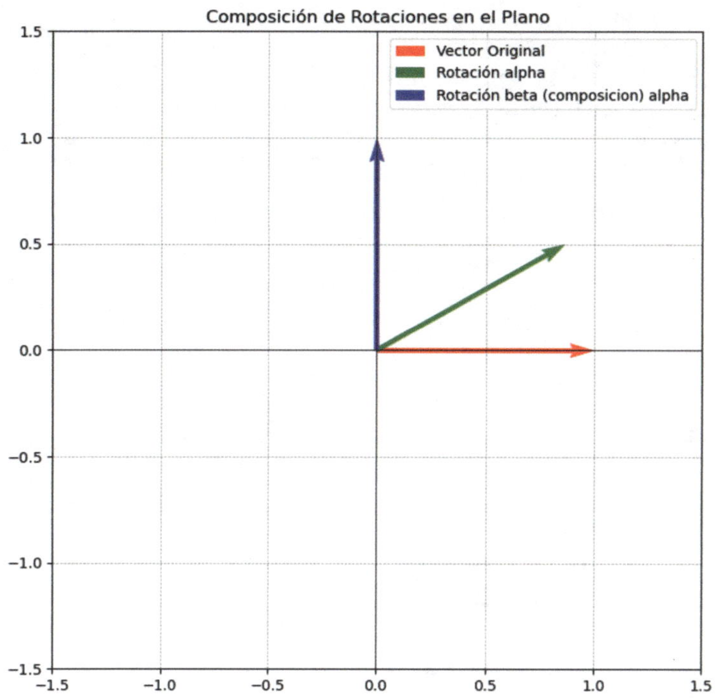

Ejemplo: Composición de transformaciones lineales en 2D.

In [14]:

```
# Ejercicio 14
import numpy as np
import matplotlib.pyplot as plt

# Matrices de transformación
T = np.array([[1, 1],
              [0, 1]])
S = np.array([[1, 0],
              [1, 0.5]])

# Composición de las transformaciones
ST = S @ T

# Vector inicial
v = np.array([1, 2])

# Aplicar las transformaciones
v_transformado_T = T @ v
v_transformado_ST = ST @ v

# Graficar
plt.figure(figsize=(8, 8))
plt.quiver(0, 0, v[0], v[1], angles='xy', scale_units='xy', scale=1,
```

```
        color='r', label='Vector Original')
plt.quiver(0, 0, v_transformado_T[0], v_transformado_T[1], angles='xy'
        , scale_units='xy', scale=1, color='g', label='Transformación T')
plt.quiver(0, 0, v_transformado_ST[0], v_transformado_ST[1], angles='
        xy', scale_units='xy', scale=1, color='b', label='Transformación S
        (compisicion) T')
plt.xlim(-5, 5)
plt.ylim(-5, 5)
plt.axhline(0, color='black',linewidth=0.5)
plt.axvline(0, color='black',linewidth=0.5)
plt.grid(color = 'gray', linestyle = '--', linewidth = 0.5)
plt.legend()
plt.title("Composición de Transformaciones Lineales en 2D")
plt.show()
```

Out [14]:

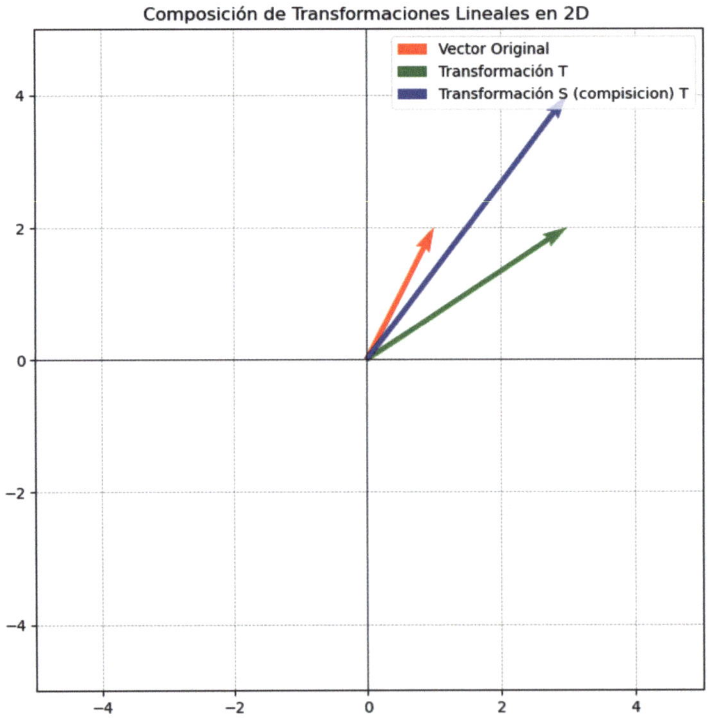

Ejemplo: Composición de transformaciones de escalado y rotación.

In [15]:

```
# Ejercicio 15
import numpy as np
import matplotlib.pyplot as plt

# Matrices de transformación
def escalado(sx, sy):
```

```
    return np.array([[sx, 0],
                     [0, sy]])

def rotacion(theta):
    return np.array([[np.cos(theta), -np.sin(theta)],
                     [np.sin(theta), np.cos(theta)]])

# Parámetros de las transformaciones
sx, sy = 2, 1.5
theta = np.pi / 4 # 45 grados

# Matrices de transformación
S = escalado(sx, sy)
R = rotacion(theta)

# Composición de las transformaciones
RS = R @ S

# Vector inicial
v = np.array([1, 2])

# Aplicar las transformaciones
v_escalado = S @ v
v_rotado_escalado = RS @ v

# Graficar
plt.figure(figsize=(8, 8))
plt.quiver(0, 0, v[0], v[1], angles='xy', scale_units='xy', scale=1, color='r', label='Vector Original')
plt.quiver(0, 0, v_escalado[0], v_escalado[1], angles='xy', scale_units='xy', scale=1, color='g', label='Escalado S')
plt.quiver(0, 0, v_rotado_escalado[0], v_rotado_escalado[1], angles='xy', scale_units='xy', scale=1, color='b', label='Rotación R (composicion) S')
plt.xlim(-5, 5)
plt.ylim(-5, 5)
plt.axhline(0, color='black',linewidth=0.5)
plt.axvline(0, color='black',linewidth=0.5)
plt.grid(color = 'gray', linestyle = '--', linewidth = 0.5)
plt.legend()
plt.title("Composición de Transformaciones de Escalado y Rotación")
plt.show()
```

Out [15]:

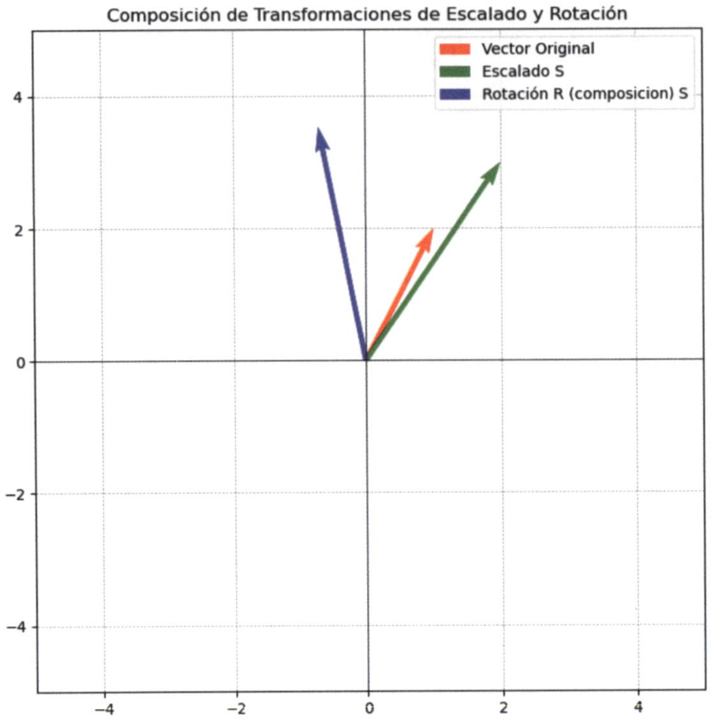

Ejemplo: Composición de transformaciones lineales en 3D.

In [16]:

```
# Ejercicio 16
import numpy as np
import matplotlib.pyplot as plt
from mpl_toolkits.mplot3d import Axes3D

# Matrices de transformación
T = np.array([[1, 0, 0],
              [0, 1, 0],
              [0, 0, 2]])
S = np.array([[0, 1, 0],
              [1, 0, 0],
              [0, 0, 1]])

# Composición de las transformaciones
ST = S @ T

# Vector inicial
v = np.array([1, 2, 3])

# Aplicar las transformaciones
v_transformado_T = T @ v
v_transformado_ST = ST @ v
```

```

# Graficar
fig = plt.figure()
ax = fig.add_subplot(111, projection='3d')
ax.quiver(0, 0, 0, v[0], v[1], v[2], color='r', label='Vector Original')
ax.quiver(0, 0, 0, v_transformado_T[0], v_transformado_T[1], v_transformado_T[2], color='g', label='Transformación T')
ax.quiver(0, 0, 0, v_transformado_ST[0], v_transformado_ST[1], v_transformado_ST[2], color='b', label='Transformación S (composicion)mT')
ax.set_xlim([-5, 5])
ax.set_ylim([-5, 5])
ax.set_zlim([-5, 5])
ax.set_xlabel('X')
ax.set_ylabel('Y')
ax.set_zlabel('Z')
plt.title("Composición de Transformaciones Lineales en 3D")
ax.legend()
plt.show()
```

Out [16]:

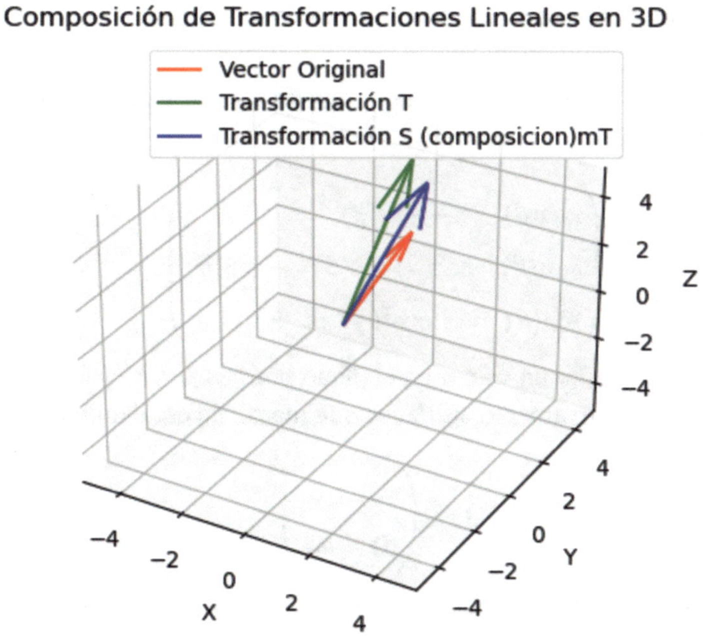

7.5 Transformaciones lineales específicas

7.5.1 Transformación entre espacios

Una transformación lineal es una función entre dos espacios vectoriales que conserva las operaciones de adición de vectores y multiplicación por un escalar. Formalmente, una transformación $T : V \to W$ entre los espacios vectoriales V y W es lineal si para todos los vectores $u, v \in V$ y todos los escalares c:[19]

- $T(u + v) = T(u) + T(v)$
- $T(cu) = cT(u)$

7.5.1.1 Transformaciones lineales en el plano

Consideremos el espacio vectorial $\mathbb{R}^2$, que representa el plano. Una transformación lineal $T : \mathbb{R}^2 \to \mathbb{R}^2$ puede ser representada por una matriz A de 2×2 tal que para un vector $x \in \mathbb{R}^2$,

$$T(x) = Ax.$$

$$x = \begin{pmatrix} x_1 \\ x_2 \end{pmatrix}, \quad A = \begin{pmatrix} a & b \\ c & d \end{pmatrix}, \quad T(x) = \begin{pmatrix} a & b \\ c & d \end{pmatrix} \begin{pmatrix} x_1 \\ x_2 \end{pmatrix}$$

Ejemplos de transformaciones lineales en el plano incluyen:

- **Rotación:** Para rotar un vector en el plano por un ángulo θ, utilizamos la matriz de rotación:

$$R(\theta) = \begin{pmatrix} cos(\theta) & -sen(\theta) & \\ sen(\theta) & cos(\theta)\cos(\theta) & -\sin(\theta) \\ \sin(\theta) & \cos(\theta) & \end{pmatrix}$$

- **Escalamiento:** Para escalar un vector en el plano por factores k_x y k_y en las direcciones x y y respectivamente, utilizamos la matriz de escalamiento:

$$S(k_x\ ,\ k_y) = \begin{pmatrix} k_x & 0 \\ 0 & k_y \end{pmatrix}$$

- **Reflexión:** Para reflejar un vector respecto al eje x o y, utilizamos las matrices de reflexión:

$$F_x = \begin{pmatrix} 1 & 0 \\ 0 & -1 \end{pmatrix}, \quad F_y = \begin{pmatrix} -1 & 0 \\ 0 & 1 \end{pmatrix},$$

- **Shear (cizalladura):** Para realizar una cizalladura (shear) en el plano, utilizamos las matrices de cizalladura:
$H_x = \begin{pmatrix} 1 & k \\ 0 & 1 \end{pmatrix}, H_x = \begin{pmatrix} 1 & 0 \\ k & 1 \end{pmatrix},$

7.5.1.2 Transformaciones lineales en el espacio tridimensional

En el contexto del espacio tridimensional $\mathbb{R}^3$, toda transformación lineal $T : \mathbb{R}^3 \to \mathbb{R}^3$ admite una representación matricial A de orden 3×3:

$$x = \begin{pmatrix} x_1 \\ x_2 \\ x_3 \end{pmatrix}, \quad A = \begin{pmatrix} a & b & c \\ d & e & f \\ g & h & i \end{pmatrix}, \quad T(x) = Ax$$

Algunos ejemplos paradigmáticos de transformaciones lineales en $\mathbb{R}^3$ incluyen:

- **Rotación alrededor de un eje:** La rotación de un vector alrededor del eje z por un ángulo θ se expresa mediante la matriz:

$$R_z(\theta) = \begin{pmatrix} \cos(\theta) & -\sin(\theta) & 0 \\ \sin(\theta) & \cos(\theta) & 0 \\ 0 & 0 & 1 \end{pmatrix}$$

  Las matrices de rotación para los ejes x y y se construyen de manera análoga.
- **Escalamiento:** El escalamiento de un vector por factores k_x, k_y y k_z se representa por:

$$S(k_x, k_y, k_z) = \begin{pmatrix} k_x & 0 & 0 \\ 0 & k_y & 0 \\ 0 & 0 & k_z \end{pmatrix}$$

- **Reflexión:** La reflexión respecto a los planos coordenados se modela mediante matrices específicas:[12]

$$F_{xy} = \begin{pmatrix} 1 & 0 & 0 \\ 0 & 1 & 0 \\ 0 & 0 & -1 \end{pmatrix}, \quad F_{xz} = \begin{pmatrix} 1 & 0 & 0 \\ 0 & -1 & 0 \\ 0 & 0 & 1 \end{pmatrix}, \quad F_{yz} = \begin{pmatrix} -1 & 0 & 0 \\ 0 & 1 & 0 \\ 0 & 0 & 1 \end{pmatrix}$$

- **Cizalladura (Shear):** La cizalladura en $\mathbb{R}^3$ se describe mediante matrices como:

$$H_{xy} = \begin{pmatrix} 1 & k & 0 \\ 0 & 1 & 0 \\ 0 & 0 & 1 \end{pmatrix}, \quad H_{xz} = \begin{pmatrix} 1 & 0 & k \\ 0 & 1 & 0 \\ 0 & 0 & 1 \end{pmatrix}$$

7.5.2 Transformaciones lineales de espacios vectoriales de diferentes dimensiones

Las transformaciones lineales no requieren que el dominio y el codominio tengan la misma dimensión. Es decir, es posible definir transformaciones que mapean vectores de un espacio vectorial a otro de diferente dimensión. Se presentan ejemplos ilustrativos:

De $\mathbb{R}^2$ a $\mathbb{R}^3$:

Considérese $T : \mathbb{R}^2 \to \mathbb{R}^3$, representada por una matriz A de 3×2:

$$x = \begin{pmatrix} x_1 \\ x_2 \end{pmatrix}, \quad A = \begin{pmatrix} a & b \\ c & d \\ e & f \end{pmatrix}, \quad T(x) = Ax = \begin{pmatrix} ax_1 + bx_2 \\ cx_1 + dx_2 \\ ex_1 + fx_2 \end{pmatrix}$$

Un caso particular es el embedding, donde un vector bidimensional se transforma en uno tridimensional añadiendo una coordenada adicional, por ejemplo $z = 1$.

De $\mathbb{R}^3$ a $\mathbb{R}^2$:

Para $T : \mathbb{R}^3 \to \mathbb{R}^2$, la matriz asociada A es de 2×3:

$$x = \begin{pmatrix} x_1 \\ x_2 \\ x_3 \end{pmatrix}, \quad A = \begin{pmatrix} a & b & c \\ d & e & f \end{pmatrix}, \quad T(x) = Ax = \begin{pmatrix} ax_1 + bx_2 + cx_3 \\ dx_1 + ex_2 + fx_3 \end{pmatrix}$$

Un ejemplo relevante es la proyección ortogonal de un vector tridimensional sobre el plano xy:

$$A = \begin{pmatrix} 1 & 0 & 0 \\ 0 & 1 & 0 \end{pmatrix}, \quad T(x) = \begin{pmatrix} x_1 \\ x_2 \end{pmatrix}$$

De $\mathbb{R}^n$ a $\mathbb{R}^m$:

En general, una transformación lineal $T : \mathbb{R}^n \to \mathbb{R}^m$ se representa mediante una matriz A de $m \times n$:

$$x = \begin{pmatrix} x_1 \\ x_2 \\ \vdots \\ x_n \end{pmatrix}, \quad A = \begin{pmatrix} a_{11} & a_{12} & \cdots & a_{1n} \\ a_{21} & a_{22} & \cdots & a_{2n} \\ \vdots & \vdots & \ddots & \vdots \\ a_{m1} & a_{m2} & \cdots & a_{mn} \end{pmatrix}, \quad T(x) = Ax$$

Estas transformaciones resultan fundamentales en áreas como la reducción dimensional, donde se busca representar datos de alta dimensión en espacios de menor dimensión, preservando la mayor cantidad de información relevante.

7.5.2.1 Propiedades y características de las transformaciones lineales

Las transformaciones lineales exhiben propiedades estructurales que resultan esenciales para el análisis algebraico y geométrico de los espacios vectoriales:

- **Composición:** Dos transformaciones lineales produce una nueva transformación lineal. Si $T_1 : V \to W$ y $T_2 : W \to U$ son lineales, entonces $T_2 \circ T_1 : V \to U$ también es lineal.
- **Inversibilidad:** Una transformación lineal $T : V \to W$ es invertible si existe una transformación $T^{-1} : W \to V$ tal que $T^{-1}(T(v)) = v$ para todo $v \in V$ y $T(T^{-1}(w)) = w$ para todo $w \in W$. Esta propiedad se cumple si y sólo si la matriz asociada a T es invertible.
- **Núcleo e imagen:** El núcleo (o kernel) de una transformación lineal $T : V \to W$ es el conjunto de vectores en V que se mapean al vector nulo en W:

  $$\ker(T) = \{v \in V \mid T(v) = 0\}$$

  La imagen (o rango) de T es el conjunto de todos los vectores en W que son imágenes de algún vector en V:

  $$\text{im}(T) = \{T(v) \mid v \in V\}$$

Las transformaciones lineales constituyen herramientas fundamentales en matemáticas y física para el estudio y manipulación de estructuras vectoriales. Su capacidad para preservar la adición de vectores y la multiplicación por escalares las convierte en pilares del álgebra lineal y sus aplicaciones interdisciplinarias.

Ejemplo: Rotación en el plano $\mathbb{R}^n$ por un ángulo θ.

In [17]:

```
# Ejercicio 17
```

```python
import numpy as np

def rotacion_2D(vector, theta):
    matriz_rotacion = np.array([
        [np.cos(theta), -np.sin(theta)],
        [np.sin(theta), np.cos(theta)]
    ])
    return matriz_rotacion.dot(vector)

vector_2D = np.array([1, 0])
theta = np.pi / 4 # 45 grados
vector_rotado = rotacion_2D(vector_2D, theta)

print("Vector original:", vector_2D)
print("Vector rotado (45 grados):", vector_rotado)
```

Out [17]:

```
Vector original: [1 0]
Vector rotado (45 grados): [0.70710678 0.70710678]
```

Ejemplo: Escalamiento en el espacio $\mathbb{R}^3$ por factores k_x, k_y, k_z.

In [18]:

```python
# Ejercicio 18
def escalamiento_3D(vector, kx, ky, kz):
    matriz_escalamiento = np.array([
        [kx, 0, 0],
        [0, ky, 0],
        [0, 0, kz]
    ])
    return matriz_escalamiento.dot(vector)

vector_3D = np.array([1, 3, 3])
kx, ky, kz = 2, 3, 4
vector_escalado = escalamiento_3D(vector_3D, kx, ky, kz)

print("Vector original:", vector_3D)
print("Vector escalado:", vector_escalado)
```

Out [18]:

```
Vector original: [1 3 3]
Vector escalado: [ 2 9 12]
```

Ejemplo: Transformación lineal de $\mathbb{R}^2$ a $\mathbb{R}^3$ (Embedding).

In [19]:

```
# Ejercicio 19
def embedding(vector):
    matriz_embedding = np.array([
        [1, 0],
        [0, 1],
        [0, 0]
    ])
    return matriz_embedding.dot(vector)

vector_2D = np.array([4, 7])
vector_embedded = embedding(vector_2D)

print("Vector original (R^2):", vector_2D)
print("Vector transformado (R^3):", vector_embedded)
```

Out [19]:

```
Vector original (R^2): [4 7]
Vector transformado (R^3): [4 7 0]
```

7.6 Inversa de una transformación lineal

Sea $T : V \to W$ una transformación lineal entre dos espacios vectoriales V y W. Se dice que T es biyectiva si es simultáneamente inyectiva y suprayectiva, es decir, si cada elemento de W es imagen de un único elemento de V.[33] Formalmente:

- **Inyectividad:** T es inyectiva si $T(v_1) = T(v_2)$ implica $v_1 = v_2$ para todo $v_1, v_2 \in V$.
- **Sobreyectividad:** T es suprayectiva si para cada $w \in W$ existe al menos un $v \in V$ tal que $T(v) = w$.

Cuando T es biyectiva, existe una transformación lineal inversa $T^{-1} : W \to V$ tal que $T^{-1}(T(v)) = v$ para todo $v \in V$ y $T(T^{-1}(w)) = w$ para todo $w \in W$. La inversa T^{-1} cumple:

- **Linealidad:** T^{-1} es una transformación lineal.
- **Unicidad:** La transformación inversa T^{-1} es única.

En términos matriciales, si T se representa mediante una matriz A de orden $n \times n$, entonces la matriz inversa A^{-1} representa a T^{-1}.

7.6.1 Obtención de la inversa de una transformación lineal

Cuando una transformación lineal $T : \mathbb{R}^n \to \mathbb{R}^n$ se representa mediante una matriz cuadrada A de orden n, el cálculo de la inversa de T equivale a determinar la matriz inversa A^{-1}. Esta matriz satisface:

$$AA^{-1} = A^{-1}A = I$$

Donde I es la matriz identidad de $n \times n$. Los métodos más utilizados para calcular A^{-1} incluyen:

- **Método de Gauss-Jordan:** Consiste en aplicar operaciones elementales de fila para transformar A en la matriz identidad I, aplicando simultáneamente dichas operaciones a I para obtener A^{-1}.
- **Determinante y cofactores:** Para una matriz 2×2:

$$A = \begin{pmatrix} a & b \\ c & d \end{pmatrix}, \quad A^{-1} = \frac{1}{ad - bc} \begin{pmatrix} d & -b \\ -c & a \end{pmatrix}$$

  Para matrices de mayor dimensión, se emplea la matriz adjunta y el determinante:

$$A^{-1} = \frac{1}{\det(A)} \operatorname{adj}(A)$$

  Donde $\operatorname{adj}(A)$ es la matriz adjunta de A.
- **Descomposiciones matriciales:** Métodos como la descomposición LU, en la que A se expresa como el producto de una matriz triangular inferior L y una superior U, permiten resolver sistemas lineales para hallar A^{-1}.

7.6.2 Aplicación de la inversa de una transformación lineal

La inversa de una transformación lineal posee aplicaciones relevantes en diversos contextos matemáticos y computacionales, entre los que destacan:

- **Resolución de sistemas de ecuaciones lineales:** Dado un sistema $Ax = b$, con A invertible, la solución se obtiene mediante $x = A^{-1}b$.
- **Transformaciones geométricas inversas:** En gráficos computacionales, la inversa de una transformación lineal permite revertir operaciones aplicadas a objetos, como rotaciones, escalados y traslaciones, restaurando su configuración original.
- **Cambio de base:** En álgebra lineal, la matriz de cambio de base entre dos

bases B y C es invertible; su inversa permite realizar el cambio de C a B.

- **Análisis de datos y aprendizaje automático:** En técnicas como la regresión lineal, la inversión de matrices es fundamental para calcular coeficientes óptimos. Asimismo, la inversión de matrices de covarianza se emplea en análisis multivariado y reducción de dimensionalidad.

7.6.2.1 Propiedades y relación con la matriz inversa

Las propiedades de la inversa de una transformación lineal se fundamentan en las características algebraicas de la matriz inversa. Entre las propiedades más relevantes se encuentran:

- **Unicidad:** Si A es una matriz invertible, su inversa A^{-1} es única. Esto se demuestra considerando que si existen dos matrices B y C tales que $AB = I$ y $AC = I$, entonces necesariamente $B = C$.
- $\mathbf{(AB)^{-1}{=}B^{-1}A^{-1}}$**:** Para dos matrices invertibles A y B, el inverso del producto es el producto de los inversos en orden inverso. Esto es útil en la resolución de sistemas de ecuaciones y en la composición de transformaciones lineales.
- $\mathbf{\left(A^{-1}\right)^{-1} = A}$**:** La inversa de la inversa de una matriz es la matriz original. Esto es una consecuencia directa de la definición de la matriz inversa.
- $\mathbf{\left(A^{-1}\right)^{T} = \left(A^{T}\right)^{-1}}$**:** La transpuesta de la inversa de una matriz es la inversa de la transpuesta de la matriz. Esta propiedad es especialmente útil en álgebra lineal y optimización.
- **Producto de una matriz con su inversa:** Multiplicar una matriz por su inversa resulta en la matriz identidad:

$$AA^{-1} = A^{-1}A = I$$

- **Determinante:** El determinante de una matriz inversa es el inverso del determinante de la matriz original:

$$\det(A^{-1}) = 1/\det(A)$$

- **Propiedades relacionadas con el rango:** Si A es una matriz invertible, entonces su rango es máximo, es decir, igual a n sí A es una matriz $n \times n$. Además, las columnas y filas de A forman una base del espacio vectorial $\mathbb{R}^n$.
- **Condición de invertibilidad:** Una matriz A es invertible si y solo si su determinante es no nulo $det(A) \neq 0$.

7.6.2.2 Aplicaciones avanzadas de la matriz inversa

La matriz inversa tiene aplicaciones avanzadas en diversas áreas, incluyendo:

- **Optimización:** En problemas de optimización, las matrices inversas son utilizadas para encontrar soluciones óptimas en métodos como la programación cuadrática y la optimización de redes.

- **Control de sistemas:** En teoría de control, las matrices inversas son esenciales para el diseño y análisis de sistemas de control, como en la síntesis de controladores y en la resolución de ecuaciones de Riccati.
- **Procesamiento de señales:** En procesamiento de señales, las matrices inversas se utilizan en técnicas de filtrado y en la resolución de sistemas de ecuaciones diferenciales.
- **Economía y finanzas:** En modelos económicos y financieros, las matrices inversas se utilizan para analizar la estabilidad de modelos de equilibrio general y en la optimización de carteras.
- **Ingeniería:** En ingeniería, especialmente en análisis estructural y diseño de circuitos, las matrices inversas se utilizan para analizar y resolver sistemas complejos de ecuaciones.

La inversa de una transformación lineal es una herramienta poderosa en matemáticas y ciencias aplicadas. Su cálculo y aplicación son fundamentales en la resolución de problemas lineales y en la comprensión profunda de la estructura de los espacios vectoriales. Las propiedades de las matrices inversas facilitan su uso en una amplia gama de disciplinas, desde la geometría y la física hasta la economía y la ingeniería.[29] Ahora en Python.

Ejemplo: Cálculo de la inversa de una matriz $2x2$.

In [20]:

```
# Ejercicio 20
import numpy as np

# Definir una matriz 2x2
A = np.array([[3, 7], [2, 4]])

# Calcular la inversa de A
A_inv = np.linalg.inv(A)

# Verificar que A * A_inv = I
I = np.dot(A, A_inv)

print("Matriz A:\n", A)
print("Matriz inversa de A:\n", A_inv)
print("Producto de A y su inversa:\n", I)
```

Out [20]:

```
Matriz A:
 [[3 7]
 [2 4]]
```

```
Matriz inversa de A:
 [[-2.   3.5]
 [ 1.  -1.5]]
Producto de A y su inversa:
 [[ 1.0000000e+00 0.0000000e+00]
 [-8.8817842e-16 1.0000000e+00]]
```

Ejemplo: Resolución de un sistema de ecuaciones lineales usando la inversa de la matriz.

In [21]:

```python
# Ejercicio 21
import numpy as np

# Definir una matriz A y un vector b
A = np.array([[3, 4], [1, 5]])
b = np.array([4, 8])

# Calcular la inversa de A
A_inv = np.linalg.inv(A)

# Resolver el sistema Ax = b usando la inversa de A
x = np.dot(A_inv, b)

print("Matriz A:\n", A)
print("Vector b:\n", b)
print("Solución del sistema x:\n", x)
```

Out [21]:

```
Matriz A:
 [[3 4]
 [1 5]]
Vector b:
 [4 8]
Solucion del sistema x:
 [-1.09090909 1.81818182]
```

Ejemplo: Transformación geométrica inversa.

In [22]:

```python
# Ejercicio 22
import numpy as np

# Definir una matriz de transformación para una rotación
```

```
theta = np.pi / 4 # 45 grados
T = np.array([[np.cos(theta), -np.sin(theta)], [np.sin(theta), np.cos(
    theta)]])

# Calcular la inversa de la matriz de transformación
T_inv = np.linalg.inv(T)

# Punto original
point = np.array([1, 0])

# Aplicar la transformación y luego la transformación inversa
transformed_point = np.dot(T, point)
recovered_point = np.dot(T_inv, transformed_point)

print("Punto original:", point)
print("Punto transformado:", transformed_point)
print("Punto recuperado:", recovered_point)
```

Out [22]:

```
Punto original: [1 0]
Punto transformado: [0.70710678 0.70710678]
Punto recuperado: [1. 0.]
```

Ejemplo: Cambio de base en espacios vectoriales.

In [23]:

```
# Ejercicio 23
import numpy as np

# Definir la matriz de cambio de base de la base B a la base C
P = np.array([[1, 3], [3, 6]])

# Calcular la inversa de la matriz de cambio de base
P_inv = np.linalg.inv(P)

# Vector en la base B
v_B = np.array([5, 6])

# Transformar el vector a la base C
v_C = np.dot(P, v_B)

# Volver a transformar el vector a la base B usando la inversa
v_B_recovered = np.dot(P_inv, v_C)

print("Vector en la base B:", v_B)
print("Vector en la base C:", v_C)
print("Vector recuperado en la base B:", v_B_recovered)
```

Out [23]:

```
Vector en la base B: [5 6]
Vector en la base C: [23 51]
Vector recuperado en la base B: [5. 6.]
```

7.7 Descomposición espectral y descomposiciones similares

7.7.1 Descomposición espectral de una matriz y su relación con autovalores y autovectores

La descomposición espectral es una técnica fundamental en álgebra lineal que expresa una matriz en términos de sus autovalores y autovectores. En su formulación más clásica, esta descomposición se aplica a matrices simétricas reales (o, en el caso complejo, hermitianas, donde se garantiza la existencia de una base ortonormal de autovectores. Para comprenderla, primero revisamos los conceptos de autovalores y autovectores.

7.7.1.1 Autovalores y autovectores

Dada una matriz cuadrada $A \in \mathbb{R}^{n \times n}$, un vector no nulo v es un autovector de A si existe un escalar λ tal que:

$$Av = \lambda v$$

El escalar λ se denomina autovalor asociado al autovector v. Para hallar los autovalores de A, se resuelve la ecuación característica:

$$\det(A - \lambda I) = 0$$

Donde I representa la matriz identidad de orden n. Una vez encontrado un autovalor λ, los autovectores asociados se obtienen resolviendo el sistema homogéneo:

$$(A - \lambda I)v = 0$$

7.7.1.2 Descomposición espectral

Si una matriz A es diagonalizable, existe una matriz invertible V tal que:

$$A = V\Lambda V^{-1}$$

Donde:

- V es una matriz cuyas columnas son autovectores linealmente independientes de A.
- Λ es una matriz diagonal cuyos elementos diagonales son los autovalores de A.
- V^{-1} es la inversa de V.

En particular, si A es una matriz simétrica real, entonces A es diagonalizable mediante una matriz ortogonal. En este caso, la descomposición espectral adopta la forma:

$$A = Q\Lambda Q^T$$

Donde Q es ortogonal (es decir, $Q^T Q = I$) y sus columnas forman una base ortonormal de autovectores de A.

7.7.2 Aplicaciones en la diagonalización de matrices y transformaciones lineales

7.7.2.1 Diagonalización de matrices

La diagonalización de una matriz consiste en encontrar una matriz diagonal similar a la matriz dada. Una matriz A es diagonalizable, si existe una matriz inversa P y una diagonal D tales que:

$$A = PDP^{-1}$$

La diagonalización simplifica notablemente el cálculo de potencias de matrices. Si $A = PDP^{-1}$, entonces para todo entero $k \geq 1$:

$$A^k = PD^kP^{-1}$$

Donde D^k se obtiene elevando cada entrada diagonal de D a la potencia k.

7.7.2.2 Transformaciones lineales

En el contexto de las transformaciones lineales, la diagonalización permite simplificar de forma significativa las operaciones algebraicas. Si una transformación lineal $T : V \to V$ está representada por una matriz diagonalizable A, entonces existe una base de V formada por autovectores en la cual la matriz asociada a T es diagonal. En esa base, la acción de T se reduce a escalar cada componente por el autovalor correspondiente.

Por ejemplo, si en una base de autovectores la matriz de T es diagonal D, entonces:

$$T(v) = Dv$$

Lo que implica que cada coordenada de v se multiplica por el autovalor asociado, facilitando el análisis e interpretación geométrica.

7.7.3 Descomposiciones similares como la descomposición de Jordan y su uso en álgebra lineal avanzada

7.7.3.1 Descomposición de Jordan

La descomposición de Jordan, también denominada forma canónica de Jordan, extiende la diagonalización a matrices que no son diagonalizables. Sobre un cuerpo algebraicamente cerrado (por ejemplo, $\mathbb{C}$), toda matriz cuadrada $A \in \mathbb{C}^{n\times n}$ es similar a una matriz de Jordan: existe una matriz invertible P y una matriz J tales que:

$$A = PJP^{-1}$$

La matriz J tiene una estructura de bloques casi diagonal, donde cada bloque es una matriz de Jordan asociada a un autovalor λ:

$$J_k(\lambda) = \begin{pmatrix} \lambda & 1 & 0 & \cdots & 0 \\ 0 & \lambda & 1 & \cdots & 0 \\ \vdots & \vdots & \ddots & \ddots & \vdots \\ 0 & 0 & \cdots & \lambda & 1 \\ 0 & 0 & \cdots & 0 & \lambda \end{pmatrix}$$

Cada bloque de Jordan está asociado a un autovalor, y su tamaño refleja la estructura de los subespacios invariantes generalizados (cadenas de autovectores generalizados) correspondientes.

7.7.3.2 Uso en álgebra lineal avanzada

La descomposición de Jordan es una herramienta central en álgebra lineal avanzada, con aplicaciones en:

- **Sistemas diferenciales lineales:** Simplifica el estudio de sistemas $x'(t) = Ax(t)$ incluso cuando A no es diagonalizable, al trabajar con la estructura por bloques de J.
- **Análisis de estabilidad:** En teoría de control y dinámica de sistemas, la forma de Jordan permite estudiar el comportamiento asintótico a partir de los autovalores y la estructura de los bloques.
- **Exponentiación de matrices:** Si $A = PJP^{-1}$, entonces la exponencial matricial satisface:

$$\mathrm{e}^A = P\,\mathrm{e}^J\,P^{-1},$$

  Donde e^J se calcula bloque por bloque.
- **Teoría de perturbaciones:** Permite analizar cómo pequeñas perturbaciones afectan a la estructura espectral, especialmente cerca de matrices defectuosas.
- **Transformaciones similares:** Facilita el estudio de transformaciones $A \mapsto P^{-1}AP$, que preservan el polinomio característico y, por tanto, los autovalores.

7.7.3.3 Propiedades y ventajas de la descomposición de Jordan

- **Unicidad:** La forma canónica de Jordan es única salvo el orden de los bloques.
- **Generalización de la diagonalización:** Si A es diagonalizable, su forma de Jordan es diagonal.
- **Facilitación del análisis:** Permite estudiar matrices no diagonalizables mediante bloques, simplificando cálculos estructurales.
- **Condición de existencia:** Sobre $\mathbb{C}$, toda matriz cuadrada admite forma de Jordan; sobre $\mathbb{R}$, puede requerirse trabajar en $\mathbb{C}$ para asegurar dicha descomposición.

7.7.4 Conexión entre descomposición espectral y descomposición de Jordan

Las descomposiciones espectral (en el sentido ortogonal/unitario para matrices simétricas/hermitianas) y de Jordan se relacionan estrechamente con el estudio de autovalores y autovectores. La descomposición espectral es especialmente adecuada para matrices simétricas (o hermitianas), donde se dispone de una base ortonormal de autovectores y se obtiene una diagonalización estable. Por su parte, la descomposición de Jordan extiende el marco conceptual a matrices que no son diagonalizables, mediante autovectores generalizados y bloques de Jordan.

7.7.4.1 Relación con autovalores y autovectores

- **Descomposición espectral:** Requiere un conjunto completo de autovectores (y, en el caso simétrico/hermitiano, una base ortonormal), lo que permite una diagonalización de la forma $A = Q\Lambda Q^T$ (o $A = U\Lambda U^*$ en el caso complejo).
- **Descomposición de Jordan:** Utiliza cadenas de autovectores generalizados para tratar matrices con número insuficiente de autovectores linealmente independientes.

7.7.4.2 Comparación de aplicaciones

- **Descomposición espectral:** Destaca por su simplicidad y estabilidad en matrices simétricas/hermitianas y en operadores autoadjuntos.
- **Descomposición de Jordan:** Es más general y, a la vez, más delicada numéricamente; resulta indispensable para el análisis teórico de matrices no diagonalizables y para ciertos sistemas diferenciales lineales con coeficientes constantes.[13]

En el capítulo siguiente se profundizará en el estudio de los autovalores y autovectores, abordando sus propiedades, métodos de cálculo y aplicaciones fundamentales en álgebra lineal y disciplinas afines.

7.8 Resumen

En resumen, se tienen los siguientes puntos relevantes del capítulo:

7.1. Introducción a las transformaciones lineales

Funciones entre espacios vectoriales que preservan la suma de vectores y la multiplicación por un escalar. Modelan y resuelven problemas en matemáticas, física, ingeniería, economía, y ciencias de la computación.

Ejemplos: Rotación, escalado, reflexión en el plano, y proyección en el espacio tridimensional.

7.2. Propiedades fundamentales

- **Aditividad:** La transformación lineal de la suma de vectores es igual a la suma de las transformaciones de cada vector.
- **Homogeneidad:** La transformación lineal de un vector multiplicado por un escalar es igual a la multiplicación del escalar por la transformación del vector.
- **Imagen:** Conjunto de todos los vectores en el espacio de llegada que son imágenes de vectores en el espacio de salida.
- **Núcleo:** Conjunto de todos los vectores en el espacio de salida que se transforman en el vector cero en el espacio de llegada.
- **Teorema del Rango-Nulidad:** Relación entre el rango y la nulidad de una transformación lineal.

7.3. Matriz de una transformación lineal

- **Representación matricial:** Una transformación lineal puede ser representada por una matriz.
- **Aplicación:** Facilita los cálculos de transformaciones lineales mediante multiplicación matricial.
- **Composición:** La composición de dos transformaciones lineales se representa como el producto de sus matrices.
- **Inversas:** La matriz inversa de una transformación lineal representa la transformación inversa.
- **Determinantes:** Proporcionan información sobre la invertibilidad y el cambio de volumen bajo la transformación.
- **Cambio de base:** La representación matricial cambia según las bases elegidas.
- **Diagonalización:** Simplifica el análisis de transformaciones lineales.

7.4. Composición de Transformaciones Lineales

- **Definición:** Aplicación sucesiva de dos o más transformaciones lineales.
- **Linealidad:** La composición de transformaciones lineales es también una transformación lineal.
- **Asociatividad:** La composición de transformaciones es asociativa.
- **Identidad:** La transformación identidad no altera los vectores.
- **Relación matricial:** La matriz de la composición es el producto de las matrices de las transformaciones individuales.

7.5. Transformaciones Lineales Específicas

- **Transformaciones en el plano:** Rotación, escalado, reflexión, y cizalladura.
- **Transformaciones en el espacio tridimensional:** Rotación alrededor de un eje, escalado, reflexión, y cizalladura.
- **Entre espacios de diferentes dimensiones:** Embedding y proyección ortogonal.

Propiedades:

- Composición de transformaciones es otra transformación lineal.
- Invertibilidad de una transformación lineal.
- Núcleo e imagen proporcionan información sobre la estructura de la transformación.

7.6. Inversa de una transformación lineal

- **Definición:** Existe si la transformación es inyectiva y suprayectiva.
- **Propiedades:** La inversa es una transformación lineal y es única.
- **Cálculo:** Se puede calcular mediante métodos como el de Gauss-Jordan.
- **Aplicación:** La inversa se utiliza para deshacer la transformación original.

7.7. Descomposiciones espectrales y descomposiciones similares

- **Definición:** Autovalores son escalares asociados a una matriz, y autovectores son los vectores correspondientes que no cambian de dirección bajo la transformación.
- **Importancia:** Facilitan el análisis de la acción de una transformación lineal.
- **Cálculo:** Determinación de autovalores y autovectores mediante la resolución de la ecuación característica.
- **Aplicaciones:** Simplificación de problemas en diversas áreas, incluyendo

sistemas dinámicos y ecuaciones diferenciales.

7.9 Problemas y sus Soluciones

Se tienen los siguientes problemas y soluciones:

1. ¿Qué es una transformación lineal?

A) Una función que no preserva la suma de vectores.
B) Una función que no preserva la multiplicación por un escalar.
C) Una función entre dos espacios vectoriales que preserva la suma de vectores y la multiplicación por un escalar.
D) Una función entre dos espacios vectoriales que cambia la estructura lineal.
E) Una función entre dos espacios vectoriales que no preserva ninguna operación.
F) Ninguna de las anteriores.

2. ¿Cuál es una propiedad fundamental de las transformaciones lineales?

A) Preservación de la longitud de los vectores.
B) Transformación no lineal.
C) Respuesta correcta: Aditividad.
D) Mantener la multiplicación por un escalar.
E) Ambas c) y d).
F) Ninguna de las anteriores.

3. ¿Qué matriz se utiliza para la rotación en el plano por un ángulo θ?

A) $\begin{pmatrix} cos(\theta) & sen(\theta) \\ -sen(\theta) & cos(\theta) \end{pmatrix}$

B) $\begin{pmatrix} cos(\theta) & -sen(\theta) \\ sen(\theta) & cos(\theta) \end{pmatrix}$

C) $\begin{pmatrix} 1 & 0 \\ 0 & 1 \end{pmatrix}$

D) $\begin{pmatrix} 0 & -1 \\ 1 & 0 \end{pmatrix}$

E) $\begin{pmatrix} 0 & 1 \\ 1 & 0 \end{pmatrix}$

F) Ninguna de las anteriores.

4. ¿Qué es el núcleo de una transformación lineal T?

A) El conjunto de todos los vectores en V que se mapean al vector cero en W.
B) El conjunto de todos los vectores en W que se mapean al vector cero en V.
C) El conjunto de todos los vectores en V que se mapean a cualquier vector en W.
D) El conjunto de todos los vectores en W que se mapean a cualquier vector en V.
E) El conjunto de todos los vectores en V que se mapean a sí mismos.
F) Ninguna de las anteriores.

5. ¿Qué es la imagen de una transformación lineal T?

A) El conjunto de todos los vectores en V que se mapean al vector cero en W.
B) El conjunto de todos los vectores en W que se pueden obtener como la transformación de algún vector en V.
C) El conjunto de todos los vectores en V que se mapean a cualquier vector en W.
D) El conjunto de todos los vectores en W que se mapean a cualquier vector en V.
E) El conjunto de todos los vectores en W que se mapean a sí mismos.
F) Ninguna de las anteriores.

6. ¿Qué es el teorema del rango-nulidad?

A) Un teorema que establece una relación fundamental entre el rango y la nulidad de una transformación lineal T.
B) Un teorema que establece una relación entre el rango y el núcleo de una transformación lineal T.
C) Un teorema que establece una relación entre el dominio y el codominio de una transformación lineal T.
D) Un teorema que establece una relación entre las imágenes de dos transformaciones lineales.
E) Un teorema que establece una relación entre el rango de una transformación lineal y su inversa.
F) Ninguna de las anteriores.

7. ¿Cuál es la dimensión del núcleo de una transformación lineal T llamada?

A) Rango de T.
B) Imagen de T.
C) Núcleo de T.
D) Nulidad de T.
E) Espacio de T.
F) Ninguna de las anteriores.

8. ¿Qué se utiliza en gráficos por computadora para cambiar el tamaño de objetos?

A) Rotación.
B) Reflexión.
C) Escalado.
D) Proyección.
E) Traslación.
F) Ninguna de las anteriores.

9. ¿Qué técnica se utiliza en aprendizaje automático para proyectar datos de alta dimensión en un espacio de menor dimensión?

A) Transformada de Fourier.
B) Análisis de componentes principales (PCA).
C) Transformada de Lorentz.
D) Transformación de Laplace.
E) Transformación de Hilbert.
F) Ninguna de las anteriores.

10. ¿Qué proporciona la matriz de una transformación lineal?

A) Una manera compacta de representar la transformación.
B) Una manera no compacta de representar la transformación.
C) Una manera abstracta de representar la transformación.
D) Una manera aproximada de representar la transformación.
E) Una manera exacta de representar la transformación.
F) Ninguna de las anteriores.

7.10 Problemas

Se tienen los siguientes problemas:

1. ¿Qué matriz se utiliza para la proyección de un vector en el plano xy en el espacio tridimensional?

A) $\begin{pmatrix} 1 & 0 \\ 0 & 1 \end{pmatrix}$

B) $\begin{pmatrix} 1 & 0 & 0 \\ 0 & 1 & 0 \\ 0 & 0 & 1 \end{pmatrix}$

C) $\begin{pmatrix} 0 & 1 & 0 \\ 1 & 0 & 0 \\ 0 & 0 & 1 \end{pmatrix}$

D) $\begin{pmatrix} 1 & 0 & 0 \\ 0 & 1 & 0 \\ 0 & 0 & 0 \end{pmatrix}$

E) $\begin{pmatrix} 0 & 0 & 1 \\ 1 & 0 & 0 \\ 0 & 1 & 0 \end{pmatrix}$

F) Ninguna de las anteriores.

2. ¿Qué propiedad tiene la matriz de una transformación lineal invertible?

A) Determinante cero.
B) Determinante no cero.
C) Núcleo no trivial.
D) Imagen no trivial.
E) Nulidad cero.
F) Ninguna de las anteriores.

3. ¿Qué es la transformación identidad?

A) Una transformación que cambia los vectores.
B) Una transformación que no altera los vectores a los que se aplica.
C) Una transformación que invierte los vectores.
D) Una transformación que escala los vectores.
E) Una transformación que rota los vectores.
F) Ninguna de las anteriores.

4. ¿Qué propiedad importante tiene la composición de transformaciones lineales?

A) Asociatividad.
B) Conmutatividad.
C) Nulidad.
D) Imagen.
E) Núcleo.
F) Ninguna de las anteriores.

5. ¿Qué es la matriz de cambio de base?

A) Una matriz que preserva la base original.
B) Una matriz que no preserva la base original.
C) Una matriz que transforma una base en otra.
D) Una matriz que cambia de una base a otra.
E) Una matriz que conserva la dimensión.
F) Ninguna de las anteriores.

6. ¿Cuál es el uso de la diagonalización de una matriz?

A) Simplificar el análisis de transformaciones lineales.
B) Complejizar el análisis de transformaciones lineales.
C) Cambiar la base de una transformación lineal.
D) Determinar el rango de una matriz.
E) Determinar el núcleo de una matriz.
F) Ninguna de las anteriores.

7. ¿Qué es un autovalor de una matriz?

A) Un escalar λ tal que $Av = \lambda v$ para un vector v.
B) Un escalar λ tal que $Av = v$ para un vector v.
C) Un escalar λ tal que $Av = 0$ para un vector v.

D) Un vector v tal que $Av = \lambda v$ para un escalar λ.
E) Un vector v tal que $Av = v$ para un escalar λ.
F) Ninguna de las anteriores.

8. ¿Qué propiedad tiene una transformación lineal invertible?

A) Existe una transformación lineal inversa.
B) No tiene una transformación lineal inversa.
C) Es conmutativa con todas las demás transformaciones lineales.
D) Es siempre una transformación no lineal.
E) Tiene un núcleo no trivial.
F) Ninguna de las anteriores.

9. ¿Qué se preserva en una transformación lineal?

A) La longitud de los vectores.
B) La suma de vectores y la multiplicación por un escalar.
C) La dirección de los vectores.
D) La proyección de los vectores.
E) La rotación de los vectores.
F) Ninguna de las anteriores.

10. ¿Qué se necesita para que una transformación lineal tenga una matrizinversa?

A) La matriz debe ser invertible (determinante no cero).
B) La matriz debe ser singular (determinante cero).
C) La matriz debe ser diagonal.
D) La matriz debe ser ortogonal.
E) La matriz debe ser simétrica.
F) Ninguna de las anteriores.

Capítulo 8 Autovalores y Autovectores

Objetivos

- Analizar rigurosamente los conceptos de autovalor y autovector como soluciones no triviales de la ecuación $Av = \lambda v$, interpretando los autovectores como direcciones invariantes y los autovalores como factores de escala asociados a una transformación lineal.
- Formular y resolver la ecuación característica $\det(A - \lambda I) = 0$, identificando el polinomio característico y comprendiendo que sus raíces determinan los autovalores de una matriz cuadrada A.
- Determinar autovectores asociados a cada autovalor mediante la resolución del sistema homogéneo $(A - \lambda I)v = 0$, conceptualizando este proceso como la búsqueda del núcleo de $A - \lambda I$ y reconociendo la estructura de los subespacios propios.
- Examinar la multiplicidad algebraica y geométrica de los autovalores, relacionándolas con la dimensión de los subespacios propios y la existencia de conjuntos linealmente independientes de autovectores.
- Establecer condiciones de diagonalización de una matriz A, construyendo matrices P y D tales que $A = PDP^{-1}$, donde D contiene los autovalores y P reúne autovectores, verificando la diagonalización por sustitución directa.
- Emplear la diagonalización para simplificar operaciones matriciales, en particular el cálculo de potencias $A^k = PD^kP^{-1}$ y el cómputo de funciones de matrices (por ejemplo $e^A = Pe^DP^{-1}$) cuando A es diagonalizable.
- Interpretar el papel de los autovalores en el estudio de sistemas dinámicos y estabilidad, conectando el signo o la parte real de los autovalores con fenómenos de crecimiento, decaimiento u oscilación, y comprendiendo su relevancia en modelos lineales de control y ecuaciones diferenciales.
- Vincular autovalores y autovectores con aplicaciones contemporáneas como PCA, análisis modal, procesamiento de señales y análisis de grafos, integrando la teoría con la experimentación computacional en Python.

Buena Práctica

¿Por qué estudiar Autovalores y Autovectores con Python? Estudiar Autovalores y Autovectores con Python permite **calcularlos y verificarlos fácilmente** incluso en matrices grandes, y **visualizar su interpretación** como direcciones que se mantienen (autovectores) y factores de estiramiento/compresión (autovalores) en una transformación lineal. Además, facilita explorar aplicaciones clave como **diagonalización**, **potencias de matrices**, **sistemas dinámicos**, **estabilidad**, y métodos como **PCA** en ciencia de datos. Python ayuda a experimentar con ejemplos, reducir errores de cálculo y conectar la teoría con usos reales en **ingeniería, física, procesamiento de señales, gráficos y aprendizaje automático**.

8.1 Introducción a los autovalores y autovectores

En el marco del álgebra lineal, los conceptos de autovalor y autovector constituyen pilares teóricos con aplicaciones transversales en disciplinas como la física, la ingeniería y las ciencias de la computación. Para abordar rigurosamente estos conceptos, se parte del análisis de una matriz cuadrada A de dimensión $n \times n$.[1]

Se denomina autovector (o vector propio) de una matriz A a todo vector no nulo v que satisface la relación:

$$Av = \lambda v$$

Donde v es el autovector y λ el correspondiente autovalor. Esta relación implica que v permanece invariante en dirección bajo la acción de la transformación lineal representada por A, mientras que λ determina el factor de escala asociado.[2]

La determinación de los autovalores de una matriz requiere la resolución de la ecuación característica:

$$\det(A - \lambda I) = 0$$

En la que $\det$ denota el determinante y I la matriz identidad de la misma dimensión que A. Las raíces de esta ecuación constituyen los autovalores de A. Una vez obtenidos los autovalores, los autovectores correspondientes se determinan resolviendo el sistema homogéneo:

[1]DeFranza, J., & Gagliardi, D. (2015). Introduction to linear algebra with applications. Waveland Press.

$$(A - \lambda I)v = 0$$

8.1.1 Importancia y aplicaciones en diferentes áreas

Los conceptos de autovalores y autovectores son fundamentales en muchas áreas debido a sus propiedades únicas y su capacidad para simplificar y resolver problemas complejos. Exploramos algunas de las aplicaciones más importantes en diferentes campos.

8.1.1.1 Física

En el ámbito de la física, los autovalores y autovectores desempeñan un papel central en el análisis de sistemas dinámicos y en la formulación de la mecánica cuántica.

- **Mecánica cuántica:** La ecuación de Schrödinger se expresa naturalmente en términos de autovalores y autovectores. En este contexto, la función de onda del sistema constituye un autovector del operador Hamiltoniano $\widehat{H}$, mientras que los autovalores E representan los niveles de energía permitidos:

$$\widehat{H}\psi = E\psi$$

- **Vibraciones y modos normales:** En sistemas mecánicos, los autovalores y autovectores permiten caracterizar los modos normales de vibración. Los autovalores corresponden a las frecuencias naturales ω y los autovectores describen las formas modales. Para matrices de masa M y rigidez K, la ecuación característica se formula como:

$$\det(K - \omega^2 M) = 0$$

  Donde ω son las frecuencias naturales y los autovectores las formas de los modos.

8.1.1.2 Ingeniería

En ingeniería, los autovalores y autovectores se emplean en diversas aplicaciones, desde el análisis estructural hasta el procesamiento avanzado de señales.

- **Análisis modal en ingeniería estructural:** El análisis modal permite determinar las vibraciones naturales de una estructura. Los autovalores representan las frecuencias propias y los autovectores las formas modales, información esencial para el diseño de estructuras resilientes frente a vibraciones y fuerzas externas.
- **Control de sistemas:** En la teoría de control, los autovalores de la matriz de estado de un sistema lineal determinan la estabilidad y el comportamiento dinámico. Un sistema se considera estable si todos los autovalores presentan

parte real negativa.

- **Procesamiento de señales:** Técnicas como la Transformada de Fourier y el Análisis de Componentes Principales (PCA) se fundamentan en autovalores y autovectores. En PCA, los autovectores de la matriz de covarianza definen las direcciones principales de variación, mientras que los autovalores cuantifican la varianza explicada en cada dirección.

8.1.1.3 Ciencias de la computación

En ciencias de la computación, los autovalores y autovectores resultan fundamentales en el aprendizaje automático, la minería de datos y el análisis de grafos.

- **Análisis de Componentes Principales (PCA):** PCA constituye una técnica de reducción de dimensionalidad ampliamente implementada en ciencia de datos. Se fundamenta en los autovalores y autovectores de la matriz de covarianza, donde los autovectores definen las direcciones principales y los autovalores la relevancia de cada componente.
- **Algoritmos de ranking:** Algoritmos como PageRank emplean autovalores y autovectores de matrices de transición para determinar la importancia relativa de nodos en un grafo. El vector de importancia se corresponde con el autovector asociado al autovalor dominante de la matriz de enlaces.
- **Análisis de grafos:** El estudio de grafos se apoya en los autovalores y autovectores de matrices de adyacencia y Laplacianas, permitiendo caracterizar propiedades estructurales como la conectividad y la propagación de información.

8.2 Forma de cálculo

En el ámbito del álgebra lineal, los autovalores y autovectores son conceptos fundamentales que permiten analizar la estructura de una matriz y comprender sus propiedades algebraicas y geométricas.

8.2.1 Autovalores y autovectores: Definición

Sea A una matriz cuadrada de dimensión $n \times n$. Se denomina autovalor (o eigenvalor) de A a todo número λ para el cual existe un vector no nulo $v \in \mathbb{R}^n$ que satisface:

$$Av = \lambda v$$

El vector v recibe el nombre de autovector (o eigenvector) asociado a λ. Esta relación indica que la transformación lineal representada por A actúa sobre v como una simple multiplicación escalar, preservando su dirección. Para determinar los autovalores, se emplea la ecuación característica:[10]

$$\det(A - \lambda I) = 0$$

Donde $\det(\cdot)$ representa el determinante, e I es la matriz identidad de dimensión igual A. Esta ecuación da lugar a un polinomio en λ de grado n, denominado polinomio característico, cuyas raíces son los autovalores de A.[27]

8.2.2 Método para calcular autovalores y autovectores

El cálculo de autovalores y autovectores de una matriz A se realiza en dos etapas fundamentales:

- **Cálculo de autovalores:** Se resuelve la ecuación característica:

  $$\det(A - \lambda I) = 0$$

  Siguiendo los pasos:
  1. Restar λI a la matriz A.
  2. Calcular el determinante de la matriz $A - \lambda I$.
  3. Resolver el polinomio característico resultante.
- **Cálculo de autovectores:** Para cada autovalor λ, se resuelve el sistema homogéneo:

  $$(A - \lambda I)v = 0,$$

  Identificando los vectores no nulos del núcleo de la matriz $A - \lambda I$.

8.2.2.1 Ejemplo de cálculo de autovalores y autovectores en una matriz 2×2

Considérese la matriz:

$$A = \begin{pmatrix} 4 & 1 \\ 2 & 3 \end{pmatrix}.$$

Para hallar los autovalores, se resuelve la ecuación característica:

$$\det(A - \lambda I) = 0.$$

Se calcula:

$$A - \lambda I = \begin{pmatrix} 4 - \lambda & 1 \\ 2 & 3 - \lambda \end{pmatrix}.$$

El determinante es:

$$\det(A-\lambda I) = (4-\lambda)(3-\lambda) - 2 = \lambda^2 - 7\lambda + 10.$$

La ecuación característica queda:

$$\lambda^2 - 7\lambda + 10 = 0.$$

Resolviendo:

$$\lambda = \frac{7 \pm \sqrt{49-40}}{2} = \frac{7 \pm 3}{2}.$$

Por tanto, los autovalores son:

$$\lambda_1 = 5, \qquad \lambda_2 = 2.$$

Para hallar los autovectores, se procede de la siguiente forma.

Para $\lambda_1 = 5$:

$$(A-5I)v = 0 \quad \Rightarrow \quad \begin{pmatrix} -1 & 1 \\ 2 & -2 \end{pmatrix} \begin{pmatrix} v_1 \\ v_2 \end{pmatrix} = \begin{pmatrix} 0 \\ 0 \end{pmatrix}.$$

El sistema se reduce a:

$$-v_1 + v_2 = 0 \quad \Rightarrow \quad v_1 = v_2.$$

Un autovector asociado es:

$$v = k \begin{pmatrix} 1 \\ 1 \end{pmatrix}, \qquad k \in \mathbb{R}.$$

Para $\lambda_2 = 2$:

$$(A-2I)v = 0 \quad \Rightarrow \quad \begin{pmatrix} 2 & 1 \\ 2 & 1 \end{pmatrix} \begin{pmatrix} v_1 \\ v_2 \end{pmatrix} = \begin{pmatrix} 0 \\ 0 \end{pmatrix}.$$

El sistema se reduce a:

$$2v_1 + v_2 = 0 \quad \Rightarrow \quad v_2 = -2v_1.$$

Un autovector asociado es:

$$v = k \begin{pmatrix} 1 \\ -2 \end{pmatrix}, \quad k \in \mathbb{R}.$$

El cálculo de autovalores y autovectores implica, por tanto, la resolución de un problema polinómico seguido del análisis del núcleo de matrices singulares. Estos conceptos son esenciales en matemáticas, física e ingeniería, y poseen una amplia aplicación computacional.[12]

El procedimiento anterior se ilustra a continuación mediante implementaciones en Python, facilitando la verificación computacional y la visualización de los resultados.[12]

Ejemplo: Cálculo de autovalores y autovectores de una matriz 2×2.

In [1]:

```
# Ejercicio 2
import numpy as np
import matplotlib.pyplot as plt

# Definir la matriz A
A = np.array([[4, 1],
              [2, 8]])

# Calcular autovalores y autovectores
autovalores, autovectores = np.linalg.eig(A)
print("Autovalores:", autovalores)
print("Autovectores:")
print(autovectores)

# Graficar los autovectores
origin = np.array([[0, 0], [0, 0]]) # origen para los vectores
plt.quiver(*origin, autovectores[0, :], autovectores[1, :], color=['r','b'], scale=5)
plt.xlim(-1, 1)
plt.ylim(-1, 1)
plt.axhline(0, color='grey', lw=0.5)
plt.axvline(0, color='grey', lw=0.5)
plt.grid()
plt.title('Autovectores de la matriz A')
plt.show()
```

Out [1]:

```
Autovalores: [3.55051026 8.44948974]
```

```
Autovectores:
[[-0.91209559 -0.21927526]
 [ 0.40997761 -0.97566304]]
```

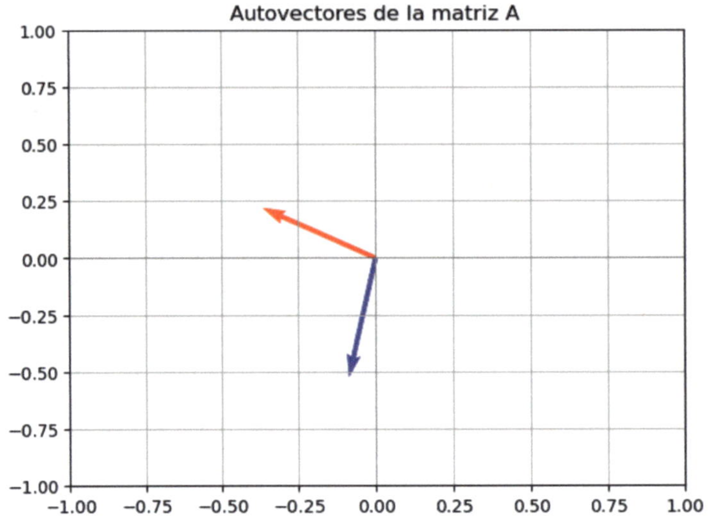

Ejemplo: Cálculo de autovalores y autovectores de una matriz 3×3.

In [2]:

```
# Ejercicio 3
import numpy as np
import matplotlib.pyplot as plt

# Definir la matriz A
A = np.array([[5, 2, 1],
              [2, 3, 1],
              [1, 2, 1]])

# Calcular autovalores y autovectores
autovalores, autovectores = np.linalg.eig(A)
print("Autovalores:", autovalores)
print("Autovectores:")
print(autovectores)

# Graficar los autovectores en 3D
fig = plt.figure()
ax = fig.add_subplot(111, projection='3d')
origin = np.zeros((3, 1)) # origen para los vectores
for i in range(3):
    ax.quiver(*origin.flatten(), *autovectores[:, i], length=1,
        normalize=True)
ax.set_xlim([-1, 1])
ax.set_ylim([-1, 1])
```

```
ax.set_zlim([-1, 1])
ax.set_xlabel('X')
ax.set_ylabel('Y')
ax.set_zlabel('Z')
ax.set_title('Autovectores de la matriz A')
plt.show()
```

Out [2]:

```
Autovalores: [6.70156212 2.         0.29843788]
Autovectores:
[[ 0.79455357 0.57735027 -0.07677195]
 [ 0.51583922 -0.57735027 -0.29563198]
 [ 0.3203038 -0.57735027 0.95221206]]
```

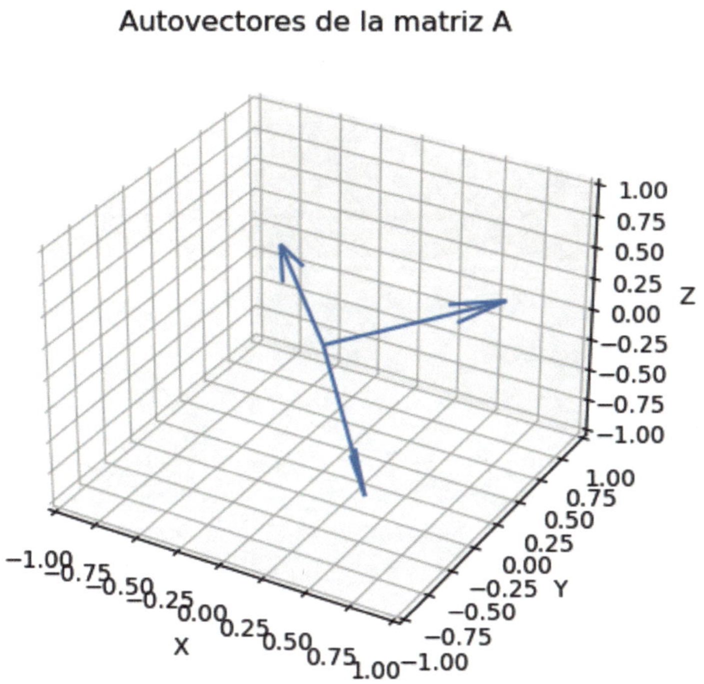

Ejemplo: Verificación de la relación $Av = \lambda v$.

In [3]:

```
# Ejercicio 4
import numpy as np
import matplotlib.pyplot as plt

# Definir la matriz A
A = np.array([[0.4, 0.5],
```

```
              [0.1, 0.4]])

# Calcular autovalores y autovectores
autovalores, autovectores = np.linalg.eig(A)

# Comprobar la relación Av = lambda_v para el primer autovalor y autovector
v = autovectores[:, 0]
lambda_var = autovalores[0]
Av = np.dot(A, v)
lambda_v = lambda_var * v
print("A * v:", Av)
print("lambda * v:", lambda_v)
print("Son iguales:", np.allclose(Av, lambda_v))

# Graficar Av y lambda_v para visualizar la comprobación
origin = np.array([[0, 0], [0, 0]]) # origen para los vectores
plt.quiver(*origin, [v[0], Av[0]], [v[1], Av[1]], color=['r','b'], scale=1)
plt.xlim(-1, 5)
plt.ylim(-1, 5)
plt.axhline(0, color='grey', lw=0.5)
plt.axvline(0, color='grey', lw=0.5)
plt.grid()
plt.title('Comprobación de la relación Av = lambda_v')
plt.show()
```

Out [3]:

```
A * v: [0.56927252 0.25458641]
lambda * v: [0.56927252 0.25458641]
Son iguales: True
```

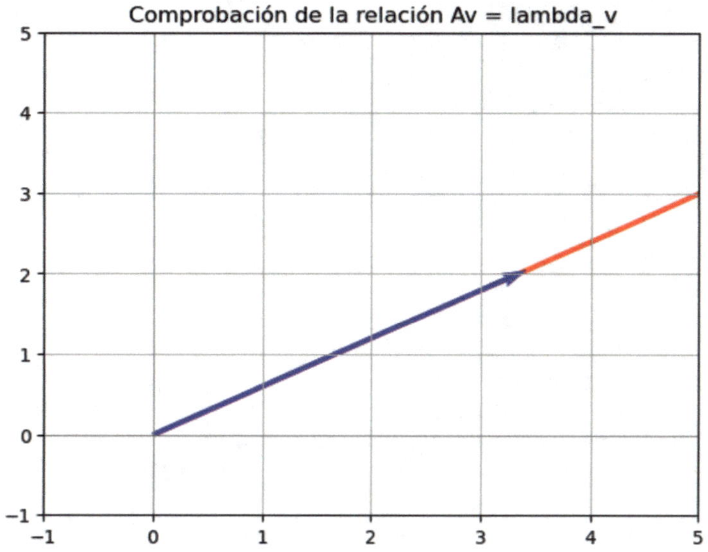

Ejemplo: Resolución manual de la ecuación característica para una matriz 2×2 con representación gráfica.

In [4]:

```
# Ejercicio 5
import numpy as np
import sympy as sp
import matplotlib.pyplot as plt

# Definir la matriz A
A = np.array([[4, 1],
              [3, 2]])

# Definir la variable simbólica lambda
lambda_var = sp.symbols('lambda')

# Calcular la matriz A - lambdaI
I = np.eye(2)
A_lambdaI = A - lambda_var * I

# Calcular el determinante de A - lambdaI
det_A_lambdaI = sp.det(sp.Matrix(A_lambdaI))

# Resolver la ecuación característica det(A - lambdaI) = 0
autovalores = sp.solve(det_A_lambdaI, lambda_var)
print("Autovalores:", autovalores)

# Calcular los autovectores correspondientes
autovectores = []
for val in autovalores:
```

```
    A_valI = A - val * I
    nullspace = sp.Matrix(A_valI).nullspace()
    if nullspace: # Verificar si nullspace no está vacío
        v = nullspace[0]
        autovectores.append(v)

print("Autovectores:")
for vec in autovectores:
    print(vec)
if autovectores:
    # Convertir autovalores y autovectores a formato numpy para graficar
    autovalores = np.array([float(val) for val in autovalores])
    autovectores = np.array([np.array(vec).astype(np.float64).flatten() for vec in autovectores]).T

    # Graficar los autovectores
    origin = np.zeros((2, autovectores.shape[1])) # origen para los vectores
    plt.quiver(*origin, autovectores[0, :], autovectores[1, :], color=['r', 'b'], scale=1)
    plt.xlim(-1, 1)
    plt.ylim(-1, 1)
    plt.axhline(0, color='grey', lw=0.5)
    plt.axvline(0, color='grey', lw=0.5)
    plt.grid()
    plt.title('Autovectores de la matriz A')
    plt.show()
else:
    print("No se encontraron autovectores.")
```

Out [4]:

```
Autovalores: [1.00000000000000, 5.00000000000000]
Autovectores:
Matrix([[-0.333333333333333], [1]])
Matrix([[1.00000000000000], [1]])
```

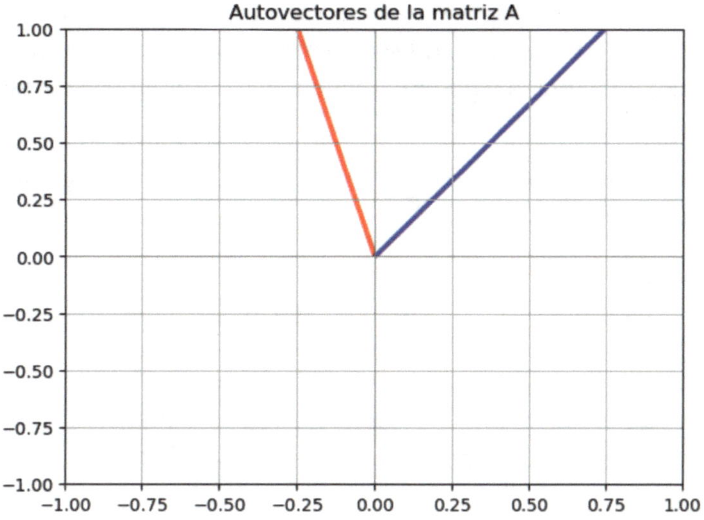

8.3 El polinomio característico

El polinomio característico de una matriz constituye una herramienta fundamental en la teoría espectral y el análisis matricial. Para una matriz cuadrada A de tamaño $n \times n$, se define a partir del determinante de la matriz $A - \lambda I$, donde λ es un escalar e I es la matriz identidad de la misma dimensión.[1] Formalmente, el polinomio característico $p(\lambda)$ se expresa como:[2]

$$p(\lambda) = \det(A - \lambda I).$$

Este polinomio es de grado n en la variable λ y puede escribirse en la forma general:

$$p(\lambda) = (-1)^n \lambda^n + c_{n-1}\lambda^{n-1} + \cdots + c_1\lambda + c_0,$$

Donde los coeficientes c_i dependen exclusivamente de las entradas de la matriz A.

8.3.1 Relación entre los coeficientes del polinomio característico y los autovalores

Los autovalores de la matriz A son aquellos valores de λ para los cuales el polinomio característico se anula, es decir, las soluciones de la ecuación:

$$p(\lambda) = \det(A - \lambda I) = 0.$$

[2] Cullen, C. G. (1972). *Matrices and Linear Transformations* (2nd ed.). Dover Publications.

Estos valores proporcionan información esencial sobre las propiedades algebraicas y geométricas de la matriz A. De acuerdo con el teorema fundamental del álgebra, un polinomio de grado n posee exactamente n raíces en el campo complejo, contando multiplicidades.

Si denotamos los autovalores de A por $\lambda_1, \lambda_2, \ldots, \lambda_n$, el polinomio característico puede factorizarse como:

$$p(\lambda) = (-1)^n(\lambda - \lambda_1)(\lambda - \lambda_2)\cdots(\lambda - \lambda_n).$$

Al expandir este producto se obtiene una relación explícita entre los coeficientes c_i del polinomio característico y los autovalores λ_i. En particular, el término constante y el coeficiente del término de grado $n-1$ satisfacen:

$$c_0 = (-1)^n \prod_{i=1}^{n} \lambda_i,$$

$$c_{n-1} = (-1)^{n-1} \sum_{i=1}^{n} \lambda_i.$$

Los coeficientes restantes corresponden a combinaciones lineales de productos simétricos de los autovalores y pueden expresarse mediante polinomios simétricos elementales.

8.3.2 Aplicación del polinomio característico en el cálculo de autovalores

El polinomio característico constituye el instrumento principal para el cálculo de los autovalores de una matriz. El procedimiento general se estructura en los siguientes pasos:

- **Formación de la matriz $A - \lambda I$:** Se resta λI a la matriz A.
- **Cálculo del determinante:** Se evalúa $\det(A - \lambda I)$ para obtener el polinomio característico $p(\lambda)$.
- **Resolución de la ecuación característica:** Se resuelve la ecuación $p(\lambda) = 0$, cuyas soluciones corresponden a los autovalores de A.

Este procedimiento puede resultar computacionalmente costoso para matrices de gran dimensión, debido tanto al cálculo del determinante como a la resolución del polinomio resultante. En la práctica, se emplean métodos numéricos y algoritmos especializados que permiten obtener aproximaciones eficientes de los autovalores.[6]

Ejemplo: Matriz 2x2.

In [5]:

```
# Ejercicio 6
import numpy as np
import matplotlib.pyplot as plt
import sympy as sp

# Definir la matriz
A = np.array([[2, 1], [1, 2]])

# Calcular el polinomio característico
lambda_var = sp.Symbol('lambda')
I = np.eye(2)
char_poly = sp.Matrix(A - lambda_var * I).det()

# Simplificar y mostrar el polinomio característico
char_poly = sp.simplify(char_poly)
print(f"Polinomio Característico: {char_poly}")

# Graficar el polinomio característico
p = sp.lambdify(lambda_var, char_poly, 'numpy')
x = np.linspace(-1, 4, 400)
y = p(x)

plt.figure()
plt.plot(x, y, label=f'Polinomio Característico: {char_poly}')
plt.axhline(0, color='black', linewidth=0.5)
plt.axvline(0, color='black', linewidth=0.5)
plt.xlabel('lambda')
plt.ylabel('p(lambda)')
plt.title('Polinomio Característico de la Matriz 2x2')
plt.legend()
plt.grid(True)
plt.show()
```

Out [5]:

```
Polinomio Caracteristico: lambda**2 - 4.0*lambda + 3
```

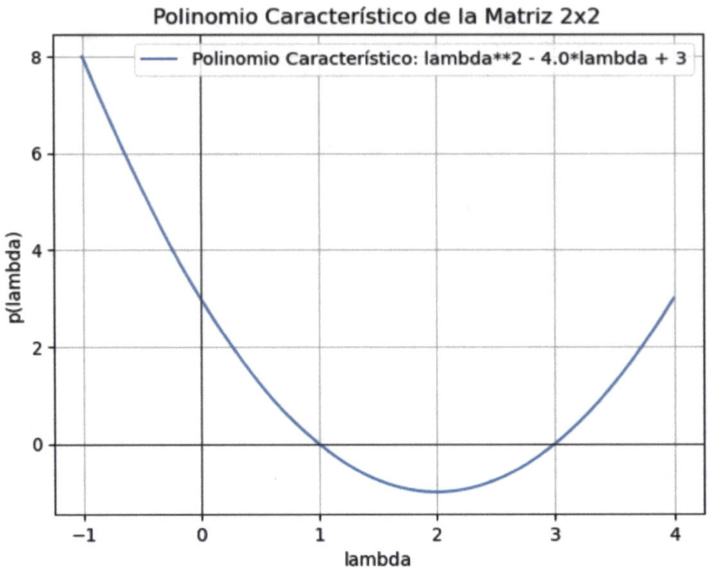

Ejemplo: Matriz 3x3.

In [6]:

```
# Ejercicio 7
import numpy as np
import matplotlib.pyplot as plt
import sympy as sp

# Definir la matriz
A = np.array([[3, 1, 2], [2, 3, 1], [1, 2, 3]])

# Calcular el polinomio característico
lambda_var = sp.Symbol('lambda')
I = np.eye(3)
char_poly = sp.Matrix(A - lambda_var * I).det()

# Simplificar y mostrar el polinomio característico
char_poly = sp.simplify(char_poly)
print(f"Polinomio Característico: {char_poly}")

# Graficar el polinomio característico
p = sp.lambdify(lambda_var, char_poly, 'numpy')
x = np.linspace(-1, 6, 400)
y = p(x)

plt.figure()
plt.plot(x, y, label=f'Polinomio Característico: {char_poly}')
plt.axhline(0, color='black', linewidth=0.5)
plt.axvline(0, color='black', linewidth=0.5)
plt.xlabel('lambda')
```

```
plt.ylabel('p(lambda)')
plt.title('Polinomio Característico de la Matriz 3x3')
plt.legend()
plt.grid(True)
plt.show()
```

Out [6]:

```
Polinomio Caracteristico: -1.0*lambda**3 + 9.0*lambda**2 -
    21.0*lambda + 18
```

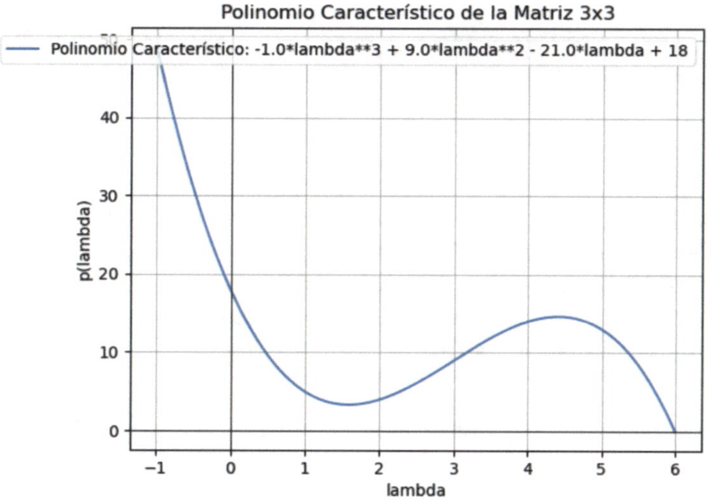

Ejemplo: Matriz 4x4.

In [7]:

```
# Ejercicio 8
import numpy as np
import matplotlib.pyplot as plt
import sympy as sp

# Definir la matriz
A = np.array([[4, 4, 2, 1], [1, 4, 2, 2], [2, 1, 4, 1], [1, 2, 1, 4]])

# Calcular el polinomio característico
lambda_var = sp.Symbol('lambda')
I = np.eye(4)
char_poly = sp.Matrix(A - lambda_var * I).det()

# Simplificar y mostrar el polinomio característico
char_poly = sp.simplify(char_poly)
print(f"Polinomio Característico: {char_poly}")
```

```

# Graficar el polinomio característico
p = sp.lambdify(lambda_var, char_poly, 'numpy')
x = np.linspace(-2, 6, 400)
y = p(x)

plt.figure()
plt.plot(x, y, label=f'Polinomio Característico: {char_poly}')
plt.axhline(0, color='black', linewidth=0.5)
plt.axvline(0, color='black', linewidth=0.5)
plt.xlabel('lambda')
plt.ylabel('p(lambda)')
plt.title('Polinomio Característico de la Matriz 4x4')
plt.legend()
plt.grid(True)
plt.show()
```

Out [7]:

```
Polinomio Caracteristico: (1.0*lambda**8 - 32.0*lambda**7 +
    424.0*lambda**6 - 3046.0*lambda**5 + 13045.0*lambda**4 -
    34400.0*lambda**3 + 55096.0*lambda**2 - 49440.0*lambda +
    19152.0)/(1.0*lambda**4 - 16.0*lambda**3 + 88.0*lambda**2 -
     192.0*lambda + 144.0)
```

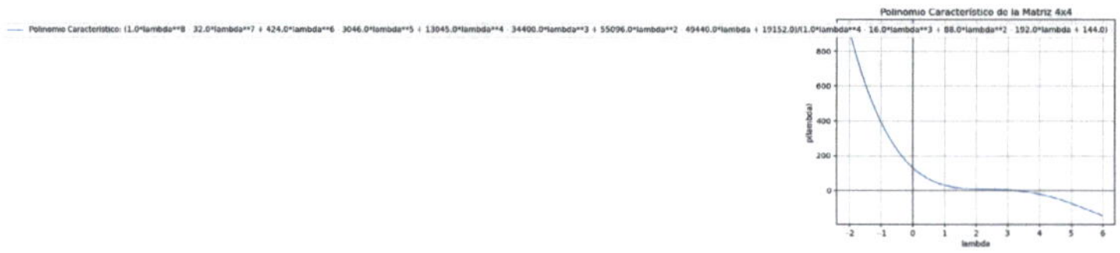

Ejemplo: Matriz 5x5.

In [8]:

```
# Ejercicio 9
import numpy as np
import matplotlib.pyplot as plt
import sympy as sp

# Definir la matriz
A = np.array([[3, 1, 3], [2, 3, 1], [3, 2, 3]])

# Calcular el polinomio característico
lambda_var = sp.Symbol('lambda')
I = np.eye(3)
char_poly = sp.Matrix(A - lambda_var * I).det()

# Simplificar y mostrar el polinomio característico
```

```
char_poly = sp.simplify(char_poly)
print(f"Polinomio Característico: {char_poly}")

# Graficar el polinomio característico
p = sp.lambdify(lambda_var, char_poly, 'numpy')
x = np.linspace(-2, 6, 400)
y = p(x)

plt.figure()
plt.plot(x, y, label=f'Polinomio Característico: {char_poly}')
plt.axhline(0, color='black', linewidth=0.5)
plt.axvline(0, color='black', linewidth=0.5)
plt.xlabel('lambda')
plt.ylabel('p(lambda)')
plt.title('Polinomio Característico de la Matriz 3x3')
plt.legend()
plt.grid(True)
plt.show()
```

Out [8]:

```
Polinomio Caracteristico: -1.0*lambda**3 + 9.0*lambda**2 -
    14.0*lambda + 3
```

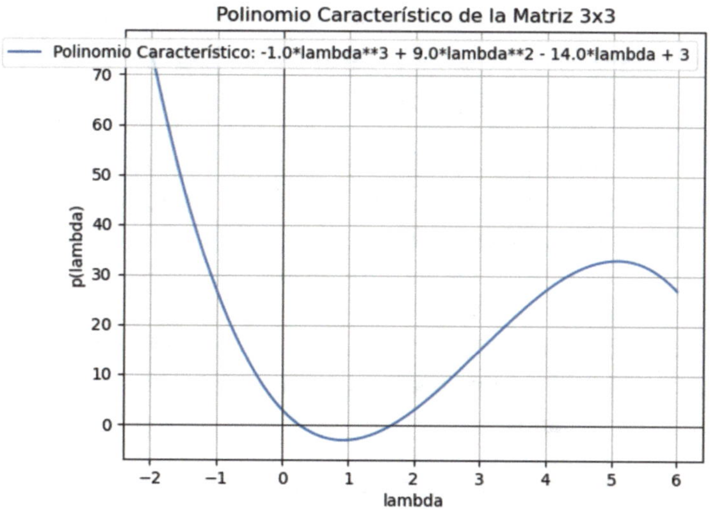

8.3.3 Teorema de Cayley–Hamilton y consecuencias espectrales

El polinomio característico no solo permite determinar los autovalores de una matriz. Existe una relación aún más profunda entre dicho polinomio y la propia matriz que lo genera. Esta relación está expresada por el **Teorema de Cayley–**

Hamilton, uno de los resultados fundamentales del álgebra lineal.

Sea $A \in \mathbb{F}^{n\times n}$ una matriz cuadrada y sea su polinomio característico, utilizando la convención adoptada en este capítulo,

$$p_A(\lambda) = \det(A - \lambda I).$$

Como p_A es un polinomio de grado n, puede escribirse en la forma

$$p_A(\lambda) = (-1)^n\lambda^n + c_{n-1}\lambda^{n-1} + \cdots + c_1\lambda + c_0.$$

El Teorema de Cayley–Hamilton establece que toda matriz cuadrada satisface su propio polinomio característico. Es decir,

$$\boxed{p_A(A) = 0}.$$

Aquí, el símbolo 0 representa la matriz nula de orden n. Sustituir A en el polinomio significa interpretar las potencias de la variable como potencias matriciales y el término constante como un múltiplo de la matriz identidad. Por tanto,

$$(-1)^n A^n + c_{n-1}A^{n-1} + \cdots + c_1 A + c_0 I = 0.$$

8.3.3.1 Interpretación algebraica

La expresión anterior establece que las potencias

$$I, A, A^2, \ldots, A^n$$

no son independientes entre sí. En particular, A^n puede expresarse como combinación lineal de potencias de menor grado. A partir de Cayley–Hamilton se obtiene

$$A^n = (-1)^{n+1}\left(c_{n-1}A^{n-1} + \cdots + c_1 A + c_0 I\right).$$

Esta propiedad tiene una consecuencia importante: cualquier potencia de A de grado mayor o igual que n puede reducirse, mediante aplicaciones sucesivas de la identidad anterior, a una combinación lineal de

$$I, A, A^2, \ldots, A^{n-1}.$$

Así, aunque puedan considerarse potencias arbitrariamente altas de una matriz, el polinomio característico impone una relación algebraica que permite reducirlas a un número finito de términos.

8.3.3.2 Ejemplo para una matriz de orden 2

Considérese la matriz utilizada anteriormente:

$$A = \begin{pmatrix} 4 & 1 \\ 2 & 3 \end{pmatrix}.$$

Su polinomio característico es

$$p_A(\lambda) = \lambda^2 - 7\lambda + 10.$$

El Teorema de Cayley–Hamilton afirma entonces que

$$p_A(A) = A^2 - 7A + 10I = 0.$$

Calculando A^2,

$$A^2 = \begin{pmatrix} 4 & 1 \\ 2 & 3 \end{pmatrix} \begin{pmatrix} 4 & 1 \\ 2 & 3 \end{pmatrix} = \begin{pmatrix} 18 & 7 \\ 14 & 11 \end{pmatrix}.$$

Por otra parte,

$$7A = \begin{pmatrix} 28 & 7 \\ 14 & 21 \end{pmatrix}, \qquad 10I = \begin{pmatrix} 10 & 0 \\ 0 & 10 \end{pmatrix}.$$

Por tanto,

$$A^2 - 7A + 10I = \begin{pmatrix} 0 & 0 \\ 0 & 0 \end{pmatrix},$$

Verificando directamente el teorema.

8.3.3.3 Reducción de potencias de una matriz

En el ejemplo anterior, la identidad

$$A^2 - 7A + 10I = 0$$

Permite escribir

$$A^2 = 7A - 10I.$$

Multiplicando ambos lados por A,

$$A^3 = 7A^2 - 10A.$$

Sustituyendo nuevamente $A^2 = 7A - 10I$,

$$A^3 = 7(7A - 10I) - 10A,$$

De donde

$$A^3 = 39A - 70I.$$

De manera semejante, cualquier potencia A^k con $k \geq 2$ puede expresarse únicamente mediante A e I. En general, si

$$p_A(\lambda) = (-1)^n \lambda^n + c_{n-1}\lambda^{n-1} + \cdots + c_0,$$

La identidad de Cayley–Hamilton genera una recurrencia entre las potencias de A. Esta relación constituye una alternativa algebraica al uso directo de la diagonalización para determinados cálculos con potencias.

8.3.3.4 Obtención de la inversa mediante Cayley–Hamilton

El teorema también proporciona una relación con la invertibilidad. El término constante del polinomio característico satisface

$$c_0 = p_A(0) = \det(A).$$

Si A es invertible, entonces

$$\det(A) \neq 0,$$

Y por tanto $c_0 \neq 0$.

Partiendo de

$$(-1)^n A^n + c_{n-1}A^{n-1} + \cdots + c_1 A + c_0 I = 0,$$

Y multiplicando por A^{-1}, se obtiene

$$(-1)^n A^{n-1} + c_{n-1}A^{n-2} + \cdots + c_1 I + c_0 A^{-1} = 0.$$

Despejando,

$$A^{-1} = -\frac{1}{c_0}\left((-1)^n A^{n-1} + c_{n-1}A^{n-2} + \cdots + c_1 I\right).$$

De esta forma, la inversa de una matriz invertible puede expresarse como un polinomio en la propia matriz. Para el ejemplo anterior,

$$A^2 - 7A + 10I = 0.$$

Como $\det(A) = 10 \neq 0$, multiplicando por A^{-1} se obtiene

$$A - 7I + 10A^{-1} = 0,$$

Y, por tanto,

$$A^{-1} = \frac{1}{10}(7I - A).$$

8.3.3.5 Relación con los autovalores

El Teorema de Cayley–Hamilton también es coherente con la definición de autovalor. Si $v \neq 0$ es un autovector asociado a λ, entonces

$$Av = \lambda v.$$

Por inducción,

$$A^k v = \lambda^k v$$

para todo entero $k \geq 0$. Si se aplica el polinomio característico a A y posteriormente al vector v, se obtiene

$$p_A(A)v = p_A(\lambda)v.$$

Por Cayley–Hamilton,

$$p_A(A)v = 0,$$

Por lo que

$$p_A(\lambda)v = 0.$$

Como $v \neq 0$, necesariamente

$$p_A(\lambda) = 0.$$

Esto confirma desde otra perspectiva que todo autovalor debe ser una raíz del polinomio característico.

8.3.3.6 Traza, determinante y autovalores

Los coeficientes del polinomio característico permiten recuperar dos cantidades matriciales especialmente importantes. Si los autovalores de A, contados con sus multiplicidades algebraicas, son

$$\lambda_1, \lambda_2, \ldots, \lambda_n,$$

Entonces

$$\det(A) = \prod_{i=1}^{n} \lambda_i$$

Y

$$\operatorname{tr}(A) = \sum_{i=1}^{n} \lambda_i.$$

Estas relaciones muestran que el determinante y la traza contienen información espectral global. En particular,

$$\det(A) = 0$$

Si y solo si al menos uno de los autovalores es cero. Esto equivale a afirmar que A no es invertible.

Asimismo, la suma de los autovalores permanece determinada por la traza aunque la matriz no sea diagonalizable. Estas identidades dependen de las multiplicidades algebraicas y son válidas sobre un campo que contenga todas las raíces del polinomio característico, como $\mathbb{C}$.

8.3.3.7 Importancia del Teorema de Cayley–Hamilton

El Teorema de Cayley–Hamilton establece una conexión directa entre una matriz y su propio polinomio característico. Sus consecuencias permiten reducir potencias matriciales, expresar la inversa como un polinomio en la matriz cuando esta existe y comprender mejor la relación entre los coeficientes del polinomio característico y los autovalores.

Además, el resultado proporciona un fundamento algebraico para el estudio posterior de la diagonalización. Cuando una matriz es diagonalizable, las potencias y funciones de A pueden analizarse mediante sus autovalores; Cayley–Hamilton demuestra que, incluso sin asumir diagonalización, la matriz continúa obedeciendo una relación polinómica determinada por su estructura espectral.

8.4 Diagonalización de matrices

La diagonalización de matrices constituye un concepto central en álgebra lineal, con aplicaciones transversales en matemáticas, física, ingeniería y disciplinas afines. Este procedimiento permite simplificar el análisis y la manipulación de matrices, facilitando la resolución de problemas complejos mediante la reducción a formas más manejables.

8.4.1 Condiciones para la diagonalización de una matriz

Para que una matriz cuadrada A de tamaño $n \times n$ sea diagonalizable (sobre un campo $\mathbb{F}$), deben existir una matriz diagonal D y una matriz invertible P tales que:

$$A = PDP^{-1}.$$

Donde:

- A es la matriz original.
- D es una matriz diagonal cuyos elementos diagonales son los autovalores de A (en el mismo orden en que se eligen los autovectores).
- P Matriz de columnas que son autovectores linealmente independientes de A.

Las condiciones para la diagonalización pueden resumirse así:

Existencia de una base de autovectores:

Una matriz A es diagonalizable sobre $\mathbb{F}$ si y solo si posee n autovectores linealmente independientes en $\mathbb{F}^n$ (equivalentemente, si existe una base del espacio formada por autovectores de A). En particular, sobre $\mathbb{R}$ puede ocurrir que algunos autovalores sean complejos, lo cual impide la diagonalización real aunque sí podría existir diagonalización sobre $\mathbb{C}$.

8.4.1.1 Multiplicidad algebraica y geométrica

Una condición práctica equivalente para la diagonalización (sobre un campo donde el polinomio característico se descompone) es que, para cada autovalor, la multiplicidad geométrica coincida con la multiplicidad algebraica.

- **Multiplicidad algebraica:** Las veces que un autovalor aparece como raíz del polinomio característico.
- **Multiplicidad geométrica:** dimensión del subespacio propio asociado, es decir, $\dim \ker(A - \lambda I)$.

Si para todo autovalor λ se cumple que la multiplicidad geométrica es igual a la multiplicidad algebraica, entonces A es diagonalizable. En términos formales, A es diagonalizable si y solo si la suma de las dimensiones de sus subespacios propios es n.

8.4.1.2 Matrices con autovalores distintos

Si una matriz posee n autovalores distintos (en el campo considerado), entonces es diagonalizable. Esto se debe a que los autovectores asociados a autovalores distintos son linealmente independientes, por lo que se pueden obtener n autovectores linealmente independientes y formar la matriz P.

8.4.1.3 Casos especiales

- **Matriz simétrica real:** Toda matriz simétrica real es diagonalizable mediante una matriz ortogonal, es decir, existe una matriz ortogonal Q tal que $A = QDQ^T$, y sus autovalores son reales.
- **Matriz hermítica:** Toda matriz hermítica (compleja) es diagonalizable mediante una matriz unitaria, es decir, $A = UDU^*$, y sus autovalores son reales.
- **Matriz simétrica definida positiva:** Si además es definida positiva, entonces es diagonalizable y todos sus autovalores son estrictamente positivos.

8.4.2 Proceso de diagonalización utilizando autovalores y autovectores

El proceso de diagonalización de una matriz A se compone de los siguientes pasos:

8.4.2.1 Encontrar el polinomio característico

Determinación del polinomio característico:

Se calcula el polinomio característico a partir de:

$$\det(A - \lambda I) = 0,$$

Cuya resolución respecto de λ permite obtener los autovalores de A.

8.4.2.2 Determinar los autovalores

Obtención de los autovalores:

Los autovalores corresponden a las soluciones de la ecuación característica. Pueden ser reales o complejos, dependiendo del campo numérico considerado y de la estructura de la matriz.

8.4.2.3 Encontrar los autovectores asociados

Determinación de los autovectores asociados:

Para cada autovalor λ, se determina un autovector no nulo v que satisfaga:

$$(A - \lambda I)v = 0.$$

Este paso equivale a resolver un sistema homogéneo y obtener una base del subespacio propio asociado.

8.4.2.4 Formar la matriz P

Construcción de la matriz P:

Se forma la matriz P colocando como columnas autovectores linealmente independientes. La invertibilidad de P exige que dichas columnas sean linealmente independientes.

8.4.2.5 Formar la matriz diagonal D

Formación de la matriz diagonal D:

Se construye D ubicando los autovalores en la diagonal principal, respetando el orden correspondiente a las columnas de P.

8.4.2.6 Verificar la diagonalización

Verificación de la diagonalización:

Se comprueba la igualdad:

$$A = PDP^{-1}.$$

Si se satisface, la matriz A ha sido diagonalizada correctamente.

Ejemplo ilustrativo: Considérese la matriz 2×2:

$$A = \begin{pmatrix} 4 & 1 \\ 2 & 3 \end{pmatrix}.$$

Paso 1: Polinomio característico.

$$\begin{aligned} \det(A - \lambda I) &= \det \begin{pmatrix} 4-\lambda & 1 \\ 2 & 3-\lambda \end{pmatrix} \\ &= (4-\lambda)(3-\lambda) - 2 \cdot 1 \\ &= \lambda^2 - 7\lambda + 10 \\ &= (\lambda - 5)(\lambda - 2). \end{aligned}$$

Por lo tanto, los autovalores son $\lambda_1 = 5$ y $\lambda_2 = 2$.

Paso 2: Autovectores.

Para $\lambda_1 = 5$:

$$(A - 5I)v = 0 \Rightarrow \begin{pmatrix} -1 & 1 \\ 2 & -2 \end{pmatrix} \begin{pmatrix} v_1 \\ v_2 \end{pmatrix} = \begin{pmatrix} 0 \\ 0 \end{pmatrix}.$$

Un autovector asociado es:

$$v^{(1)} = \begin{pmatrix} 1 \\ 1 \end{pmatrix}.$$

Para $\lambda_2 = 2$:

$$(A - 2I)v = 0 \Rightarrow \begin{pmatrix} 2 & 1 \\ 2 & 1 \end{pmatrix} \begin{pmatrix} v_1 \\ v_2 \end{pmatrix} = \begin{pmatrix} 0 \\ 0 \end{pmatrix}.$$

Un autovector asociado es

$$v^{(2)} = \begin{pmatrix} 1 \\ -2 \end{pmatrix}.$$

Paso 3: Formación de P y D.

$$P = \begin{pmatrix} 1 & 1 \\ 1 & -2 \end{pmatrix}, \qquad D = \begin{pmatrix} 5 & 0 \\ 0 & 2 \end{pmatrix}.$$

Paso 4: Verificación. Se verifica que:

$$A = PDP^{-1}.$$

Por lo tanto, la matriz A ha sido diagonalizada correctamente.

8.4.3 Aplicaciones de la diagonalización en la simplificación de operaciones matriciales

La diagonalización permite simplificar de manera notable diversas operaciones matriciales con impacto directo en matemáticas aplicadas, física e ingeniería. A continuación, se presentan algunas aplicaciones relevantes:

8.4.3.1 Potencias de matrices

Potencias de matrices:

Si A es diagonalizable, entonces para todo entero $k \geq 0$:

$$A^k = PD^kP^{-1},$$

Donde D^k se obtiene elevando cada entrada diagonal de D a la potencia k. Este resultado es útil en sistemas dinámicos discretos, ecuaciones en recurrencia y cadenas de Markov (bajo hipótesis adecuadas).

8.4.3.2 Solución de sistemas de ecuaciones diferenciales

Solución de sistemas de ecuaciones diferenciales:

Para el sistema lineal:

$$\frac{dx}{dt} = Ax,$$

Si A es diagonalizable, es posible transformar el sistema a la base de autovectores y simplificar el cálculo de e^{At}, lo que facilita la obtención de la solución.

8.4.3.3 Descomposición en valores singulares (SVD)

La diagonalización no es equivalente a la SVD: la diagonalización se aplica (en general) a matrices cuadradas y se basa en autovalores/autovectores, mientras que la SVD aplica a cualquier matriz. Sin embargo, existe una relación importante: los valores singulares de A son las raíces cuadradas de los autovalores de A^TA (o A^*A en el caso complejo), matriz que es simétrica (o hermítica) y por tanto diagonalizable. La SVD descompone A como:

$$A = U\Sigma V^T,$$

Donde U y V son matrices ortogonales (o unitarias) y Σ es diagonal con valores singulares no negativos.

8.4.3.4 Diagonalización de matrices hermíticas y simétricas

Las matrices simétricas reales y hermíticas complejas son siempre diagonalizables (vía matrices ortogonales o unitarias, respectivamente). En física cuántica, los operadores hermíticos modelan observables y poseen autovalores reales, lo que sustenta su interpretación como resultados medibles.

8.4.3.5 Transformaciones lineales

Si una transformación lineal está representada por una matriz diagonalizable, su acción se entiende como una combinación de escalados en direcciones invariantes (autovectores), lo cual simplifica el análisis de vibraciones, modos normales y modelos de control.

8.4.3.6 Análisis de la estabilidad de sistemas

En sistemas lineales continuos, si todos los autovalores de la matriz de estado tienen parte real negativa, el sistema es asintóticamente estable; si alguno tiene parte real positiva, el sistema es inestable. La diagonalización (cuando existe) permite reducir el sistema a ecuaciones desacopladas y facilita el análisis.

8.4.3.7 Cálculo de funciones de matrices

La diagonalización simplifica el cálculo de funciones matriciales, como la exponencial:

$$e^A = \sum_{k=0}^{\infty} \frac{A^k}{k!}.$$

Si A es diagonalizable, entonces:

$$e^A = Pe^D P^{-1},$$

Donde e^D es la matriz diagonal cuyas entradas son los exponenciales de los elementos diagonales de D.

Al descomponer una matriz en su forma diagonal, se simplifican muchas operaciones matriciales, desde potencias y funciones de matrices hasta el análisis de estabilidad. La clave reside en la existencia de suficientes autovectores linealmente independientes. Siempre que una matriz sea diagonalizable, numerosas operaciones se reducen a operaciones elementales sobre matrices diagonales, lo que facilita el cálculo y aporta una comprensión más profunda de la estructura de las transformaciones lineales y de los sistemas que modelan.[3] Ahora en código Python se tiene:

In [9]:

[3] Beezer, R. A. (2020). *A First Course in Linear Algebra* (3rd ed.). Congruent Press.

```
# Ejercicio 10
import numpy as np

def diagonalize_matrix(A):
    """
    Función para diagonalizar una matriz.
    Parámetros:
    A (numpy.ndarray): La matriz cuadrada que se desea diagonalizar.
    Retorna:
    P (numpy.ndarray): La matriz de autovectores.
    D (numpy.ndarray): La matriz diagonal de autovalores.
    """
    # Cálculo de autovalores y autovectores
    eigenvalues, eigenvectors = np.linalg.eig(A)

    # Formar la matriz diagonal D
    D = np.diag(eigenvalues)

    # Formar la matriz P de autovectores
    P = eigenvectors

    # Verificación de la diagonalización
    P_inv = np.linalg.inv(P)
    A_reconstructed = P @ D @ P_inv
    return P, D, A_reconstructed

# Ejemplo de uso con una matriz 2x2
A = np.array([[4, 1],
              [2, 3]])
P, D, A_reconstructed = diagonalize_matrix(A)

print("Matriz original A:")
print(A)
print("\nMatriz de autovectores P:")
print(P)
print("\nMatriz diagonal D:")
print(D)
print("\nReconstrucción de A a partir de PDP^-1:")
print(A_reconstructed)

# Verificación de la diagonalización
print("\nA es aproximadamente igual a PDP^-1?")
print(np.allclose(A, A_reconstructed))
```

Out [9]:

```
Matriz original A:
[[4 1]
 [2 3]]
```

```
Matriz de autovectores P:
[[ 0.70710678 -0.4472136 ]
 [ 0.70710678 0.89442719]]

Matriz diagonal D:
[[5. 0.]
 [0. 2.]]

Reconstruccion de A a partir de PDP^-1:
[[4. 1.]
 [2. 3.]]

A es aproximadamente igual a PDP^-1?
True
```

8.5 Resumen

En resumen, se tienen los siguientes puntos relevantes del capítulo:

8.1 Introducción a los autovalores y autovectores

Este apartado introduce los conceptos básicos de autovalores y autovectores, que son fundamentales en álgebra lineal. Un autovector de una matriz cuadrada A es un vector que no cambia su dirección bajo la transformación lineal representada por A, mientras que un autovalor es el factor de escala correspondiente. Los autovalores se encuentran resolviendo la ecuación característica $det(A - \lambda I) = 0$, y una vez conocidos, los autovectores se pueden calcular resolviendo $(A - \lambda I)v = 0$. Estos conceptos tienen aplicaciones en diversas áreas como la física, particularmente en la mecánica cuántica.

8.2 Forma de cálculo

Este punto formaliza matemáticamente el cálculo de autovalores y autovectores. Se define un autovalor como un número λ tal que existe un vector no nulo v que satisface $Av = \lambda v$. El cálculo implica encontrar los valores de λ que satisfacen la ecuación característica mencionada anteriormente y luego resolver el sistema lineal resultante para hallar los autovectores.

8.3 El polinomio característico

El polinomio característico de una matriz es crucial en el estudio de matrices y teoría espectral. Este polinomio se obtiene como el determinante de la matriz $A - \lambda I$ y tiene un grado igual al tamaño de la matriz. Los autovalores son raíces del polinomio. Este apartado discute cómo los coeficientes del polinomio característico están relacionados con los autovalores y cómo se pueden utilizar para entender las propiedades de la matriz.

8.4 Diagonalización de matrices

La diagonalización es un proceso que simplifica muchos problemas y cálculos matriciales. Para que una matriz sea diagonalizable, debe tener suficientes autovalores (con su multiplicidad algebraica) y sus multiplicidades geométricas deben coincidir con sus multiplicidades algebraicas. Diagonalizar una matriz A implica encontrar una matriz diagonal D y una matriz invertible P tal que $A = PDP^{-1}$, donde D contiene los autovalores de A y P contiene los autovectores de A. Este proceso es útil en diversas áreas, como la física y la ingeniería, por su capacidad de simplificar la manipulación de matrices.

8.6 Problemas y sus Soluciones

Se tienen los siguientes problemas y soluciones:

1. ¿Qué es un autovector en el contexto del álgebra lineal?

A) Un vector que cambia de dirección bajo una transformación lineal.
B) Un vector no nulo que se escala bajo una transformación lineal.
C) Un vector que se anula bajo una transformación lineal.
D) Un vector que es ortogonal a una matriz cuadrada.
E) Un vector que no cambia de magnitud bajo una transformación lineal.
F) Un vector que es inverso a una matriz cuadrada.

2. ¿Qué representa λ en la ecuación $Av = \lambda v$?

A) El determinante de A.
B) La traza de la matriz A.
C) Un autovector.
D) Un autovalor.
E) La identidad de la matriz A.
F) Rango de A.

3. ¿Cuál es la ecuación característica para encontrar los autovalores de una matriz A?

A) $Av = \lambda v$
B) $det(A - \lambda I) = 0$
C) $det(A + \lambda I) = 0$
D) $det(A) = \lambda$
E) $det(A) = v$
F) $det(\lambda I - A) = 0$

4. ¿Cómo se define un autovalor de una matriz A?

A) Un número que hace que $Av = 0$.
B) Un número que satisface $Av = \lambda v$.
C) Un número que satisface $det(A - \lambda I) = v$.
D) Un número que es el producto de los elementos diagonales de A.
E) Un número que hace que $det(A - \lambda I) = 0$.
F) Un número que es inverso de un autovector.

5. ¿Cuál es la aplicación de los autovalores y autovectores en la mecánica cuántica?

A) Para entender los modos normales de vibración.
B) Para calcular las frecuencias naturales de una estructura.
C) Para describir los estados y energías de los sistemas cuánticos.
D) Determina la estabilidad de un sistema.
E) Para representar la matriz de covarianza de los datos.
F) Para encontrar el polinomio característico de una matriz.

6. ¿Qué indica el polinomio característico de una matriz A?

A) La suma de lo que tienen las diagonales de A.
B) Los autovalores de A.
C) La traza de A.
D) Los autovectores de A.
E) El determinante de A.
F) La inversa de A.

7. ¿Cuál es la relación entre el polinomio característico y los autovalores?

A) El polinomio característico es el producto de los autovalores.
B) Los autovalores son las raíces del polinomio característico.
C) El polinomio característico es la suma de los autovalores.
D) El polinomio característico es el cuadrado de los autovalores.
E) Los autovalores son los coeficientes del polinomio característico.
F) El polinomio característico es la inversa de los autovalores.

8. ¿Cómo se determinan los autovectores una vez conocidos los autovalores?

A) Resolviendo la ecuación $det(A - \lambda I) = 0$.
B) Resolviendo el sistema $(A - \lambda I)v = 0$.
C) Calculando el producto Av.
D) Invirtiendo la matriz A.
E) Sumando los elementos de A.
F) Multiplicando A por λ.

9. En qué campo se utilizan los autovalores y autovectores para el Análisis de Componentes Principales (PCA)?

A) Ingeniería.
B) Física.

C) Ciencias de la Computación.
D) Matemáticas.
E) Biología.
F) Química.

10. ¿Qué representa la matriz D en la diagonalización de una matriz A?

A) La matriz original A.
B) La matriz de Autovectores.
C) La matriz diagonal de autovalores.
D) La matriz inversa de A.
E) La matriz de covarianza.
F) La matriz identidad.

8.7 Problemas

Se tienen los siguientes problemas:

1. ¿Cuál es una condición necesaria para que una matriz sea diagonalizable?

A) Que tenga autovalores negativos.
B) Que tenga autovalores iguales.
C) Que tenga n autovalores, contados con su multiplicidad algebraica.
D) Que tenga autovectores ortogonales.
E) Que sea una matriz simétrica.
F) Que sea una matriz identidad.

2. ¿Qué simplifica la diagonalización de matrices en el cálculo de potencias de matrices?

A) La suma de matrices.
B) La resta de matrices.
C) La elevación de matrices a una potencia.
D) La multiplicación de matrices.
E) La transposición de matrices.
F) La inversión de matrices.

3. ¿Qué matriz se forma colocando los autovectores como columnas?

A) La matriz diagonal D.
B) La matriz identidad I.
C) La matriz inversa A.
D) La matriz de autovectores P.
E) La matriz de covarianza.
F) La matriz de transición.

4. ¿Qué representan los autovalores en el análisis modal de ingeniería estructural?

A) Las formas modales.
B) Las frecuencias naturales de la estructura.
C) Los modos de vibración.
D) Los coeficientes de la matriz de masa.
E) Las fuerzas externas.
F) La estabilidad de la estructura.

5. ¿Qué técnica de reducción de dimensionalidad utiliza autovalores y autovectores?

A) Análisis de Fourier.
B) Análisis de Componentes Principales (PCA).
C) Transformada de Laplace.
D) Descomposición de Cholesky.
E) Análisis de Grafos.
F) Algoritmo de PageRank.

6. ¿Qué indica un sistema con autovalores con partes reales negativas?

A) El sistema es inestable.
B) El sistema es lineal.
C) El sistema es estable.
D) El sistema tiene modos normales.
E) El sistema es no lineal.
F) El sistema es oscilatorio.

7. ¿Qué matriz contiene los autovalores de A en su diagonal?

A) La matriz P.
B) La matriz identidad I.
C) La matriz diagonal D.
D) La matriz inversa de A.
E) La matriz de covarianza.
F) La matriz de transición.

8. ¿Cómo se puede simplificar la solución de sistemas de ecuaciones diferenciales lineales?

A) Diagonalizando la matriz de coeficientes.
B) Invirtiendo la matriz de coeficientes.
C) Multiplicando la matriz de coeficientes.
D) Restando la matriz de coeficientes.
E) Transponiendo la matriz de coeficientes.
F) Obteniendo el determinante de la matriz de coeficientes.

9. ¿Qué técnica de análisis utiliza autovalores y autovectores en motores de búsqueda?

A) Transformada de Fourier.

B) Análisis de Componentes Principales (PCA).
C) Algoritmo de PageRank.
D) Descomposición de Cholesky.
E) Transformada de Laplace.
F) Análisis de Grafos.

10. ¿Qué herramienta matemática es fundamental para el cálculo de autovalores?

A) La matriz de covarianza.
B) La matriz de masa.
C) El polinomio característico.
D) La matriz de transición.
E) La matriz inversa.
F) La matriz de adyacencia.

Bibliografía

[1] Howard Anton y Chris Rorres. *Elementary linear algebra: applications version*. John Wiley & Sons, 2013.

[2] Sheldon Axler. *Linear Algebra Done Right*. 3.ª ed. Springer, 2015.

[3] R Bhatia. «Matrix Analysis Springer». En: *New York* (1997).

[4] Bruce Blackadar. *Linear Algebra via Exterior Products*. Springer, 2018.

[5] Thomas S. Blyth y Edmund F. Robertson. *Basic Linear Algebra*. Springer, 1986.

[6] Stephen Boyd y Lieven Vandenberghe. *Introduction to applied linear algebra: vectors, matrices, and least squares*. Cambridge university press, 2018.

[7] Ward Cheney y David Kincaid. *Linear Algebra: Theory and Applications*. Jones & Bartlett Publishers, 2012.

[8] Charles W. Curtis. *Linear Algebra: An Introductory Approach*. 4.ª ed. Springer, 1984.

[9] Stephen H. Friedberg, Arnold J. Insel y Lawrence E. Spence. *Linear Algebra*. 5.ª ed. Pearson, 2019.

[10] Felix R. Gantmacher. *The Theory of Matrices*. Vol. 1-2. Chelsea Publishing, 1959.

[11] Gene H Golub y Charles F Van Loan. *Matrix Computations, Fourth edition*. 2013.

[12] Werner Greub. *Linear Algebra*. 4.ª ed. Springer, 1975.

[13] Kenneth Hoffmann y Ray Alden Kunze. *Linear algebra*. Prentice-Hall Hoboken, NJ, 1971.

[14] Roger A Horn y Charles R Johnson. *Matrix analysis*. Cambridge university press, 2012.

[15] Lee W. Johnson, R. Dean Riess y Jimmy T. Arnold. *Introduction to Linear Algebra*. Pearson, 2014.

[16] Bernard Kolman y David R. Hill. *Introductory Linear Algebra with Applications*. 9.ª ed. Pearson, 2008.

[17] Serge Lang. *Linear algebra*. Springer Science & Business Media, 1987.

[18] David C. Lay, Steven R. Lay y Judi J. McDonald. *Linear Algebra and Its Applications*. 5.ª ed. Pearson, 2016.

[19] David C. Lay, Steven R. Lay y Judi J. McDonald. *Linear Algebra with Applications*. 6.ª ed. Pearson, 2022.

[20] Steven J Leon. *Linear algebra with applications*. Pearson, 2014.

[21] Jörg Liesen y Volker Mehrmann. *Linear algebra*. Springer, 2015.

[22] Carl D Meyer. *Matrix analysis and applied linear algebra*. 2000.

[23] Ben Noble, James W Daniel et al. *Applied linear algebra*. Vol. 3. Prentice-Hall Englewood Cliffs, NJ, 1988.

[24] David Poole. «Linear algebra: A modern introduction». En: (2015).

[25] Viktor Vasil_evich Prasolov. *Problems and theorems in linear algebra*. Vol. 134. American Mathematical Soc., 2014.

[26] Steven Roman. *Advanced Linear Algebra*. 3.ª ed. Springer, 2005.

[27] James R. Schott. *Matrix Analysis for Statistics*. 3.ª ed. Wiley, 2017.

[28] Thomas S Shores. *Applied Linear Algebra and Matrix Analysis*. Springer, 2017.

[29] Gilbert W Stewart. *Matrix algorithms: volume 1: basic decompositions*. SIAM, 1998.

[30] Gilbert W Stewart. *Matrix Algorithms: Volume II: Eigensystems*. SIAM, 1998.

[31] Gilbert Strang. *Introduction to Linear Algebra*. 5.ª ed. Wellesley-Cambridge Press, 2016.

[32] Gilbert Strang. *Linear Algebra for Everyone*. Wellesley-Cambridge Press, 2021.

[33] Dirk Werner. *An Introduction to Linear Algebra for Science and Engineering*. De Gruyter, 2018.

[34] Vladimir A Zorich. *Mathematical analysis II*. Springer, 2004.

Apéndice

Apéndice A Introducción a Python

Objetivos

- Características principales como lenguaje de programación.
- Aplicaciones de Python en la industrias.
- Conceptos de programación: variables, tipos de datos y operaciones básicas
- Estructuras de control y funciones.

A.1 ¿Qué es Python?

Python es un lenguaje de programación de alto nivel, interpretado y de propósito general, hecho por Guido van Rossum y emitido al público por primera vez en 1991. Su diseño se centra en la legibilidad del código haciendo que los programadores expresen scripts en menos líneas de código en comparación con otros lenguajes como C++ o Java. Python es un lenguaje de programación multiparadigma que soporta programación orientada a objetos, imperativa, funcional y procedimental.

A.1.1 Características

Uno de los atractivos de Python es su sintaxis simple y fácil de aprender, lo que lo hace ideal para principiantes en programación, a la vez que es lo suficientemente robusto para el desarrollo profesional de aplicaciones complejas. Python tiene una comunidad muy activa y una amplia variedad de bibliotecas y frameworks que se pueden utilizar en casi cualquier campo, desde desarrollo web hasta ciencia de datos, inteligencia artificial y cálculo matemático.

Ejemplo básico en Python:

In [1]:

```
# Ejercicio 1
def saludo(nombre):
    """Esta función saluda a la persona cuyo nombre es pasado como par
      ámetro"""
    return f"Hola, {nombre}! Bienvenido a Python."

# Llamamos a la función y pasamos un nombre
print(saludo("Rio"))
```

Out [1]:

```
Hola, Rio! Bienvenido a Python.
```

Jupyter Notebook: Es una aplicación que permite crear y compartir documentación que contienen código en vivo, ecuaciones, visualizaciones y texto explicativo. Es muy popular entre los científicos de datos para la exploración y presentación de datos.

A.1.2 Filosofía de Python

Python no es solo un lenguaje de programación, sino que también representa una filosofía que influye en su diseño y en la manera en que los programadores lo utilizan. La "Filosofía de Python" se encuentra resumida en el documento conocido como "The Zen of Python", escrito por Tim Peters. Estos principios describen las mejores prácticas y el enfoque que se debe adoptar al escribir código en Python.

Para ver estos principios en cualquier intérprete de Python, se puede ejecutar el siguiente comando:

In [2]:

```python
# Ejercicio 2
import this
```

Out [2]:

```
The Zen of Python, by Tim Peters

Beautiful is better than ugly.
Explicit is better than implicit.
Simple is better than complex.
Complex is better than complicated.
Flat is better than nested.
Sparse is better than dense.
Readability counts.
Special cases aren't special enough to break the rules.
Although practicality beats purity.
Errors should never pass silently.
Unless explicitly silenced.
In the face of ambiguity, refuse the temptation to guess.
There should be one-- and preferably only one --obvious way to
    do it.
Although that way may not be obvious at first unless you're
    Dutch.
Now is better than never.
Although never is often better than *right* now.
```

```
If the implementation is hard to explain, it's a bad idea.
If the implementation is easy to explain, it may be a good
    idea.
Namespaces are one honking great idea -- let's do more of
    those!
```

El resultado será de 19 aforismos que reflejan los valores del uso de Python:

- Hermoso es mejor que feo.
- Explícito es mejor que implícito.
- Simple es mejor que complejo.
- Complejo es mejor que complicado.
- Plano es mejor que anidado.
- Espaciado es mejor que denso.
- La legibilidad cuenta.
- Los casos especiales no son lo suficientemente especiales como para romper las reglas.
- Ser practico le gana a ser puro.
- Los errores nunca deben pasar silenciosamente.
- A menos que se silencien explícitamente.
- Ante la incertidumbre, rechaza la adivinación.
- Debería haber, preferiblemente, solo una manera obvia de hacerlo.
- Aunque esa manera no sea obvia al principio a menos que seas holandés.
- Ahora es mejor que nunca.
- Mejor ahora que después.
- Si implementar es difícil de explicar, es mala idea.
- Si es fácil de implementar, probablemente sea una buena idea.
- Los espacios de nombres son una gran idea; hagamos más de ellos.

Cada uno de estos principios influye en la forma en que Python es diseñado y cómo los programadores deben escribir código. Ahora, exploraremos algunos de estos principios con ejemplos prácticos en Python.

A.1.2.1 Hermoso es mejor que feo

Python promueve una sintaxis clara y limpia. Un código bien estructurado es más fácil de entender y mantener. Veamos un ejemplo:

Ejemplo 1: Buen estilo de codificación

In [3]:

```
# Ejercicio 3
# Buen estilo: código limpio y legible
def calcular_area_circulo(radio):
    """Calcula el área de un círculo dado su radio."""
```

```
    import math

    return math.pi * radio**2


radio = 5
print(f"El área del círculo es: {calcular_area_circulo(radio):.2f}")
```

Out [3]:

```
El area del circulo es: 78.54
```

Este código es claro, usa nombres de variables y funciones significativos y sigue las mejores prácticas de programación. En contraste, un código feo podría no usar nombres descriptivos y carecer de estructura.

A.1.2.2 Explícito es mejor que implícito

El código debe ser comprensible sin necesidad de adivinanzas. La claridad sirve para evitar errores.

Ejemplo 2: Uso explícito de estructuras de control

In [4]:

```
# Ejercicio 4
# Método explícito para verificar si un número es par
def es_par(numero):
    """Devuelve True si el número es par, False en caso contrario."""
    return numero % 2 == 0


print(es_par(8)) # True
print(es_par(7)) # False
```

Out [4]:

```
True
False
```

Este método es claro y explícito. Un ejemplo de mala práctica sería usar una expresión confusa o poco intuitiva para hacer la misma verificación.

A.1.2.3 Simple es mejor que complejo

Python promueve soluciones simples en lugar de soluciones innecesariamente complicadas. La simplicidad mejora la mantenibilidad del código.

Ejemplo 3: Evitando la complejidad innecesaria

In [5]:

```
# Ejercicio 5
# Método simple para invertir una cadena
def invertir_cadena(cadena):
    """Devuelve la cadena invertida."""
    return cadena[::-1]


print(invertir_cadena("Python version 3")) # "3 noisrev nohtyP"
```

Out [5]:

```
3 noisrev nohtyP
```

Alternativamente, podríamos usar un bucle for para recorrer la cadena y construir una nueva, pero el uso de [::-1] es más simple y más pythonico. Así, la Filosofía de Python está diseñada para fomentar la claridad, la simplicidad y la eficiencia en la programación. A través de principios como la legibilidad, la explícita sobre la implícita y la simplicidad sobre la complejidad, Python permite a los desarrolladores escribir código comprensible y mantenible. El "Zen de Python" no es solo un conjunto de directrices, sino una filosofía que permite a los programadores escribir mejor código, facilitando la colaboración y el desarrollo eficiente de software. Al seguir estos principios, los desarrolladores pueden aprovechar al máximo las ventajas que ofrece Python y escribir código más efectivo y elegante.

A.1.3 Aplicaciones de Python en la Industria

Desde el desarrollo web hasta la inteligencia artificial, Python ha demostrado ser una herramienta de software muy util. Ahora, exploraremos algunas de sus aplicaciones más destacadas con ejemplos prácticos en código.

1. **Desarrollo web y automatización:** Python es muy popular en el desarrollo web debido a frameworks como Django y Flask. Además, su uso lo hace ideal para la automatización de tareas repetitivas, como el web scraping o la gestión de archivos.
2. **Ciencia de Datos y Machine Learning:** Python es el lenguaje predominante en ciencia de datos y Machine Learning gracias a bibliotecas como Pandas, NumPy, Scikit-learn y TensorFlow. Su facilidad para el manejo de datos y el aprendizaje automático lo hace ideal para la industria financiera, de salud y tecnología..
3. **Inteligencia Artificial y procesamiento de imágenes:** Python es amplia-

mente utilizado en inteligencia artificial (IA) y procesamiento de imágenes con bibliotecas como OpenCV. Estas aplicaciones incluyen reconocimiento facial, detección de objetos y mejoras en la visión computacional.

Python es un lenguaje con aplicaciones en múltiples sectores, desde la automatización hasta la inteligencia artificial. Gracias a su sintaxis sencilla y una amplia gama de bibliotecas, se ha convertido en una herramienta popular para desarrolladores y científicos de datos. Su versatilidad permite a empresas y profesionales optimizar procesos, mejorar la toma de decisiones y desarrollar tecnologías innovadoras.

A.2 Variables y tipos de datos

A.2.1 Declaración e inicialización de variables

En esta sección, exploraremos la declaración e inicialización de variables, así como los diferentes tipos de datos en Python. En Python, una variable se declara asignándole un valor. No es necesario especificar su tipo, ya que Python lo infiere automáticamente. Veamos algunos ejemplos:

In [6]:

```
# Ejercicio 6
# Declaración e inicialización de variables
nombre = "Aneliz" # Cadena de texto (str)
edad = 27 # Entero (int)
altura = 1.58 # Flotante (float)
es_estudiante = True # Booleano (bool)

print(f"Nombre: {nombre}, Edad: {edad}, Altura: {altura}, Estudiante:
    {es_estudiante}")
```

Out [6]:

```
Nombre: Aneliz, Edad: 27, Altura: 1.58, Estudiante: True
```

A.2.1.1 Reglas para nombrar variables en Python

- Comienzan con una letra o un guion bajo.
- No pueden comenzar con un número.
- Pueden contener letras, números y guiones bajos.
- Python distingue entre mayúsculas y minúsculas (edad y Edad son diferentes variables).
- Palabras reservadas de Python como if, for, while, def, return, etc.

Comprender cómo declarar datos, inicializarlos y manipularlos es clave para escribir programas eficientes y estructurados. Con estas bases, se pueden construir aplicaciones más complejas utilizando estructuras de control y funciones.

A.2.2 Tipos de Datos

Python es un lenguaje dinámico, lo que significa que no necesitas declarar el tipo de una variable. Esto hace que el código sea fácil de escribir y leer, pero es útil comprender los tipos de datos básicos para manejar los datos de manera efectiva. Tipos de datos básicos en Python:

Enteros (int): Números sin punto decimal.

Flotantes (float): Números con punto decimal.

Cadenas de caracteres (str): Texto encerrado en comillas simples o dobles.

Booleanos (bool): True o False.

Listas: Colecciones ordenadas de valores.

Diccionarios: Pares de clave-valor.

Ejemplo de declaración de variables:

In [7]:

```
# Ejercicio 7
# Ejemplo de variables en Python
entero = 10
flotante = 10.5
cadena = "Hola Python"
booleano = True

lista = [1, 2, 3, 4]
diccionario = {"nombre": "Guido", "creador_de": "Python"}

entero, flotante, cadena, booleano, lista, diccionario
```

Out [7]:

```
(10,
 10.5,
 'Hola Python',
 True,
 [1, 2, 3, 4],
 {'nombre': 'Guido', 'creador_de': 'Python'})
```

A.2.3 Conversión entre Tipos de Datos

En Python, es común necesitar convertir datos de un tipo a otro. Esto se conoce como "casting" y se puede hacer de manera implícita o explícita.

A.2.3.1 Conversión implícita

Python realiza conversiones automáticas cuando no hay pérdida de información.

In [8]:

```
# Ejercicio 8
entero = 11
flotante = entero + 2.5 # Python convierte automáticamente el entero a
    flotante

print(flotante) # Salida: 13.5
print(type(flotante)) # Salida: <class 'float'>
```

Out [8]:

```
13.5
<class 'float'>
```

A.2.3.2 Conversión explícita

Se usa cuando es necesario cambiar el tipo de datos manualmente.

In [9]:

```
# Ejercicio 9
num_str = "123"
num_int = int(num_str) # Convertir cadena a entero
num_float = float(num_int) # Convertir entero a flotante

print(type(num_int)) # <class 'int'>
print(type(num_float)) # <class 'float'>
```

Out [9]:

```
<class 'int'>
<class 'float'>
```

A.2.3.3 Conversión de otros tipos

Python permite la conversión entre colecciones de datos:

In [10]:

```
# Ejercicio 10
lista = [1, 2, 3]
tupla = tuple(lista) # Convertir lista a tupla
conjunto = set(lista) # Convertir lista a conjunto
diccionario = dict(enumerate(lista)) # Convertir lista a diccionario

print(tupla) # (1, 2, 3)
print(conjunto) # {1, 2, 3}
print(diccionario) # {0: 1, 1: 2, 2: 3}
```

Out [10]:

```
(1, 2, 3)
{1, 2, 3}
{0: 1, 1: 2, 2: 3}
```

Ejercicio: Conversión de tipos en operaciones matemáticas

Escribe un programa que pida dos números al usuario y los convierta a enteros antes de sumarlos.

In [11]:

```
# Ejercicio 11
num1 = input("Ingrese el primer número: ")
num2 = input("Ingrese el segundo número: ")

suma = int(num1) + int(num2)

print(f"La suma es: {suma}")
```

Out [11]:

```
Ingrese el primer numero: 12
Ingrese el segundo numero: 14
```

```
La suma es: 26
```

Ejercicio: Transformación de colecciones

Convierte una lista ingresada en una tupla y un conjunto.

In [12]:

```
# Ejercicio 12
palabras = input("Ingrese palabras separadas por comas: ").split(",")
tupla_palabras = tuple(palabras)
set_palabras = set(palabras)

print(f"Tupla: {tupla_palabras}")
print(f"Conjunto: {set_palabras}")
```

Out [12]:

```
Ingrese palabras separadas por comas: Esta, es una frase,
    separada por, comas
```

```
Tupla: ('Esta', ' es una frase', ' separada por', ' comas')
Conjunto: {' comas', ' separada por', 'Esta', ' es una frase'}
```

Ejercicio: Conversión de tipos en una aplicación práctica

Pide al usuario un número flotante y muestra su parte entera y su representación en cadena.

In [13]:

```
# Ejercicio 13
numero = float(input("Ingrese un número decimal: "))
parte_entera = int(numero)
cadena_numero = str(numero)

print(f"Parte entera: {parte_entera}")
print(f"Representación como cadena: {cadena_numero}")
```

Out [13]:

```
Ingrese un numero decimal: 12.4
```

```
Parte entera: 12
Representacion como cadena: 12.4
```

Comprender la conversión de tipos de datos en Python permite manejar correctamente los datos y evitar errores en programas más complejos. Python ofrece conversiones implícitas para facilitar el trabajo, pero también permite conversiones explícitas para garantizar precisión en el tratamiento de datos.

A.2.4 Entradas y Salidas de Datos

En esta sección, exploraremos las diferentes formas de entrada y salida de datos, con ejemplos prácticos para ilustrar su uso.

A.2.4.1 Entrada de datos con input()

La función input() se usa para recibir datos del usuario en forma de cadena de texto.

In [14]:

```
# Ejercicio 14
nombre = input("Ingrese su nombre: ")

print(f"Hola, {nombre}!")
```

Out [14]:

```
Ingrese su nombre: Juan
```

```
Hola, Juan!
```

A.2.4.2 Salida de datos con print()

La función print() se usa para mostrar información en la pantalla.

In [15]:

```
# Ejercicio 15
mensaje = "Python es un lenguaje de programación"

print(mensaje)
```

Out [15]:

```
Python es un lenguaje de programacion
```

A.2.4.3 Formato de salida

Python ofrece varias formas de formatear la salida de datos.

1. Concatenación de Cadenas

In [16]:

```
# Ejercicio 16
nombre = "María"
edad = 32

print("Nombre: " + nombre + ", Edad: " + str(edad))
```

Out [16]:

```
Nombre: Maria, Edad: 32
```

2. Uso de format()

In [17]:

```
# Ejercicio 17
print("Nombre: {}, Edad: {}".format(nombre, edad))
```

Out [17]:

```
Nombre: Maria, Edad: 32
```

3. F-strings (Recomendado)

In [18]:

```
# Ejercicio 18
print(f"Nombre: {nombre}, Edad: {edad}")
```

Out [18]:

```
Nombre: Maria, Edad: 32
```

A.2.4.4 Salida de datos en múltiples líneas

Se puede imprimir texto en varias líneas utilizando \n.

In [19]:

```
# Ejercicio 19
print("Línea 1\nLínea 2\nLínea 3")
```

Out [19]:

```
Linea 1
Linea 2
Linea 3
```

También se pueden usar triples comillas:

In [20]:

```
# Ejercicio 20
print("""Este es un texto en varias líneas""")
```

Out [20]:

```
Este es un texto en varias lineas
```

Ejercicio: Calculadora simple.

Escribe un programa que solicite dos números y muestre la suma, resta, multiplicación y división de los mismos.

In [21]:

```
# Ejercicio 21
num1 = float(input("Ingrese el primer número: "))
num2 = float(input("Ingrese el segundo número: "))

print(f"Suma: {num1 + num2}")
print(f"Resta: {num1 - num2}")
print(f"Multiplicación: {num1 * num2}")
print(f"División: {num1 / num2}")
```

Out [21]:

```
Ingrese el primer numero: 13
Ingrese el segundo numero: 65
```

```
Suma: 78.0
Resta: -52.0
Multiplicacion: 845.0
Division: 0.2
```

Ejercicio: Conversor de temperatura.

Un programa que transforme grados Celsius a Fahrenheit.

In [22]:

```
# Ejercicio 22
celsius = float(input("Ingrese la temperatura en grados Celsius: "))
fahrenheit = (celsius * 9 / 5) + 32

print(f"{celsius} C equivale a {fahrenheit} F")
```

Out [22]:

```
Ingrese la temperatura en grados Celsius: 27
```

```
27.0 C equivale a 80.6 F
```

Ejercicio: Encuesta de usuario.

Escribe un programa que haga preguntas al usuario y luego muestre un resumen de sus respuestas.

In [23]:

```
# Ejercicio 23
nombre = input("Cual es su nombre? ")
edad = input("Cuantos años tiene? ")
color_favorito = input("Cual es su color favorito? ")

print("\nResumen de la encuesta:")
print(f"Nombre: {nombre}")
print(f"Edad: {edad} años")
print(f"Color favorito: {color_favorito}")
```

Out [23]:

```
Cual es su nombre? Raul
Cuantos anos tiene? 29
Cual es su color favorito? amarillo
```

```

Resumen de la encuesta:
Nombre: Raul
Edad: 29 anos
Color favorito: amarillo
```

El manejo adecuado de entradas y salidas de datos constituye un aspecto a tomarse en cuenta en la programación con buenas prácticas. Python proporciona herramientas flexibles para recibir información del usuario y presentar resultados de manera clara y organizada, así como la librería `rich` que permite crear salidas de texto más atractivas y organizadas, con colores, tablas, barras de progreso y formateo avanzado para mejorar la presentación de datos al usuario.

A.3 Operaciones Básicas

Python soporta las operaciones matemáticas y lógicas comunes, lo que permite realizar cálculos simples y control de flujo en el código. Operaciones matemáticas básicas:

- Suma (+), resta (-), multiplicación (*), división (/)
- División entera (//), módulo (%), exponenciación (**)

Operaciones lógicas y comparaciones:

- Igual (==), no igual (!=), mayor que (>), menor que (<)
- Y lógico (and), o lógico (or), no lógico (not)

A.3.1 Operaciones Aritméticas

Python ofrece varios operadores para realizar cálculos matemáticos. En las siguientes subsecciones, exploraremos las operaciones básicas, su uso y algunos ejemplos prácticos.

Tabla A.1: Operadores aritméticos en Python

Operador	Descripción	Ejemplo
+	Suma	5 + 3 = 8
-	Resta	10 - 4 = 6
*	Multiplicación	6 * 7 = 42
/	División	15 / 2 = 7.5
//	División Entera	15 // 2 = 7
%	Módulo (Residuo)	10 % 3 = 1
**	Potencia	2 ** 3 = 8

A.3.1.1 Suma y Resta

In [24]:

```
# Ejercicio 24
a = 10
b = 5

suma = a + b
resta = a - b

print(f"Suma: {suma}, Resta: {resta}")
```

Out [24]:

```
Suma: 15, Resta: 5
```

A.3.1.2 Multiplicación y División

In [25]:

```
# Ejercicio 25
a = 7
b = 3

multiplicacion = a * b
division = a / b
division_entera = a // b

print(f"Multiplicación: {multiplicacion}, División: {division}, División Entera: {division_entera}")
```

Out [25]:

```
Multiplicacion: 21, Division: 2.3333333333333335, Division
    Entera: 2
```

A.3.1.3 Módulo y Potencia

In [26]:

```
# Ejercicio 26
a = 12
b = 3

modulo = a % b
potencia = a**b

print(f"Módulo: {modulo}, Potencia: {potencia}")
```

Out [26]:

```
Modulo: 0, Potencia: 1728
```

Ejercicio: Calculadora básica

Escribe un programa que solicite dos números y realice todas las operaciones aritméticas.

In [27]:

```python
# Ejercicio 27
num1 = float(input("Ingrese el primer número: "))
num2 = float(input("Ingrese el segundo número: "))

print(f"Suma: {num1 + num2}")
print(f"Resta: {num1 - num2}")
print(f"Multiplicación: {num1 * num2}")
print(f"División: {num1 / num2}")
print(f"División Entera: {num1 // num2}")
print(f"Módulo: {num1 % num2}")
print(f"Potencia: {num1 ** num2}")
```

Out [27]:

```
Ingrese el primer numero: 13
Ingrese el segundo numero: 24
```

```
Suma: 37.0
Resta: -11.0
Multiplicacion: 312.0
Division: 0.5416666666666666
Division Entera: 0.0
Modulo: 13.0
Potencia: 5.428007703743705e+26
```

Ejercicio: Área y perímetro de un rectángulo

Crea un código que calcule el área y el perímetro de un rectángulo.

In [28]:

```python
# Ejercicio 28
base = float(input("Ingrese la base del rectángulo: "))
altura = float(input("Ingrese la altura del rectángulo: "))

```

```
area = base * altura
perimetro = 2 * (base + altura)

print(f"Área: {area}, Perímetro: {perimetro}")
```

Out [28]:

```
Ingrese la base del rectangulo: 7
Ingrese la altura del rectangulo: 3
```

```
Area: 21.0, Perimetro: 20.0
```

Ejercicio: Conversión de unidades

Escribe un programa que convierta una cantidad en metros a kilómetros y centímetros.

In [29]:

```
# Ejercicio 29
metros = float(input("Ingrese la cantidad en metros: "))
kilometros = metros / 1000
centimetros = metros * 100

print(f"{metros} metros equivalen a {kilometros} kilómetros y {
    centimetros} centímetros")
```

Out [29]:

```
Ingrese la cantidad en metros: 1987
```

```
1987.0 metros equivalen a 1.987 kilometros y 198700.0 centi
    metros
```

Las operaciones aritméticas son esenciales para la mayoría de las aplicaciones de programación. Python ofrece una forma sencilla y potente para realizar cálculos matemáticos, lo que facilita su uso en diversas áreas como análisis de datos, desarrollo web y simulaciones científicas.

A.3.2 Operaciones relacionales y lógicas

Python proporciona una sintaxis clara para trabajar con estas operaciones, facilitando la implementación de estructuras de control como condicionales y bucles.

A.3.2.1 Operadores Relacionales

Los operadores relacionales (también llamados operadores de comparación) se usan para comparar valores, y estos devuelven un resultado booleano (True o False).

Tabla A.2: Operadores relacionales en Python

Operador	Descripción	Ejemplo
==	Igualdad	5 == 5 → True
!=	Diferente	5 != 3 → True
>	Mayor que	7 > 3 → True
<	Menor que	2 < 5 → True
>=	Mayor o igual que	6 >= 6 → True
<=	Menor o igual que	4 <= 7 → True

Ejemplo de uso de operadores relacionales.

In [30]:

```python
# Ejercicio 30
a = 10
b = 5

print(a == b) # False
print(a != b) # True
print(a > b) # True
print(a < b) # False
print(a >= b) # True
print(a <= b) # False
```

Out [30]:

```
False
True
True
False
True
False
```

A.3.2.2 Operadores Lógicos

Los operadores lógicos se utilizan para combinar múltiples condiciones y obtener un resultado booleano.

Tabla A.3: Operadores lógicos en Python

Operador	Descripción	Ejemplo
and	True si ambas condiciones son verdaderas	(5 > 3) and (10 > 2) → True
or	True si al menos una condición es verdadera	(5 > 3) or (10 < 2) → True
not	Invierte el valor de una condición	not (5 > 3) → False

Ejemplo de uso de operadores lógicos.

In [31]:

```
# Ejercicio 31
x = True
y = False

print(x and y) # False
print(x or y) # True
print(not x) # False
```

Out [31]:

```
False
True
False
```

Ejercicio: Comparación de números.

Escribe un programa que solicite dos números al usuario y compare cuál es mayor, menor o si son iguales.

In [32]:

```
# Ejercicio 32
num1 = float(input("Ingrese el primer número: "))
num2 = float(input("Ingrese el segundo número: "))

if num1 > num2:
    print(f"{num1} es mayor que {num2}")
elif num1 < num2:
```

```
    print(f"{num1} es menor que {num2}")
else:
    print("Ambos números son iguales")
```

Out [32]:

```
Ingrese el primer numero: 20
Ingrese el segundo numero: -3
```

```
20.0 es mayor que -3.0
```

Ejercicio: Acceso a un sistema.

Crea un programa que verifique si un usuario puede acceder a un sistema. Debe solicitar un nombre de usuario y una contraseña predefinida.

In [33]:

```
# Ejercicio 33
usuario_correcto = "admin"
clave_correcta = "1234"

usuario = input("Ingrese su usuario: ")
clave = input("Ingrese su contraseña: ")

if usuario == usuario_correcto and clave == clave_correcta:
    print("Acceso concedido")
else:
    print("Acceso denegado")
```

Out [33]:

```
Ingrese su usuario: admin
Ingrese su contrasena: 1234
```

```
Acceso concedido
```

Ejercicio: Aprobación de un estudiante.

Escribe un programa que solicite tres notas de un estudiante y determine si aprueba (promedio ≥ 60).

In [34]:

```
# Ejercicio 34
```

```
nota1 = float(input("Ingrese la primera nota: "))
nota2 = float(input("Ingrese la segunda nota: "))
nota3 = float(input("Ingrese la tercera nota: "))

promedio = (nota1 + nota2 + nota3) / 3

if promedio >= 60:
    print(f"Aprobado con {promedio:.2f}")
else:
    print(f"Reprobado con {promedio:.2f}")
```

Out [34]:

```
Ingrese la primera nota: 24
Ingrese la segunda nota: 65
Ingrese la tercera nota: 98
```

```
Aprobado con 62.33
```

Ejercicio: Cálculo de la edad.

Crea un programa que verifique la edad exacta de una persona.

In [35]:

```
# Ejercicio 35
from datetime import date

# Pedir la fecha de nacimiento
anio_nacimiento = int(input("Ingrese su año de nacimiento: "))
mes_nacimiento = int(input("Ingrese su mes de nacimiento (1-12): "))
dia_nacimiento = int(input("Ingrese su día de nacimiento: "))

# Obtener la fecha actual
hoy = date.today()
fecha_nacimiento = date(anio_nacimiento, mes_nacimiento,
    dia_nacimiento)

# Calcular la diferencia en años, meses y días
edad_anios = hoy.year - fecha_nacimiento.year
edad_meses = hoy.month - fecha_nacimiento.month
edad_dias = hoy.day - fecha_nacimiento.day

# Ajustar si el mes aún no ha pasado
if edad_meses < 0 or (edad_meses == 0 and edad_dias < 0):
    edad_anios -= 1
    edad_meses += 12

# Ajustar si el día aún no ha pasado
```

```
if edad_dias < 0:
    from calendar import monthrange

    mes_anterior = hoy.month - 1 if hoy.month > 1 else 12
    anio_anterior = hoy.year if hoy.month > 1 else hoy.year - 1
    dias_mes_anterior = monthrange(anio_anterior, mes_anterior)[1]
    edad_meses -= 1
    edad_dias += dias_mes_anterior

print(f"Tienes {edad_anios} años, {edad_meses} meses y {edad_dias} días.")
```

Out [35]:

```
Ingrese su ano de nacimiento: 1876
Ingrese su mes de nacimiento (1-12): 9
Ingrese su dia de nacimiento: 18
```

```
Tienes 148 anos, 10 meses y 23 dias.
```

Los operadores relacionales y lógicos permiten evaluar condiciones y tomar decisiones en Python. Son esenciales para la programación estructurada y se aplican en control de flujo, validaciones y lógica de negocios.

A.3.3 Operaciones con cadenas de caracteres

Python ofrece una amplia variedad de métodos y operadores para trabajar con ellas de manera eficiente. Creación y Asignación de Cadenas:

En Python, las cadenas se pueden definir usando comillas simples ('), comillas dobles ("), o triples comillas ("' o ") para cadenas multilínea.

A.3.3.1 Operaciones básicas con cadenas

Las cadenas en Python son inmutables, lo que significa que no pueden modificarse directamente. Sin embargo, se pueden realizar muchas operaciones útiles sobre ellas.

- **Concatenación de cadenas:** Podemos unir dos o más cadenas con el operador +.
- **Repetición de cadenas:** Se puede repetir una cadena con el operador *.
- **Indexación y Slicing:** Las cadenas son estructuras indexadas, lo que significa que se accede a sus elementos usando índices.

A.3.3.2 Métodos de manipulación de cadenas

Python proporciona diversos métodos para modificar cadenas sin alterar el original.

- Conversión a mayúsculas y minúsculas.
- Eliminación de espacios en blanco.
- Reemplazo de subcadenas.
- División y unión de cadenas.

Ejercicio: Contador de vocales.

Escribe un programa que cuente cuántas vocales hay en una frase ingresada por el usuario.

In [36]:

```
# Ejercicio 36
frase = input("Ingrese una frase: ")
vocales = "aeiouAEIOU"
contador = sum(1 for letra in frase if letra in vocales)

print(f"La frase tiene {contador} vocales.")
```

Out [36]:

```
Ingrese una frase: Esta es UNA Frase con VOCAles
```

```
La frase tiene 11 vocales.
```

Ejercicio: Inversión de una cadena.

Escribe un programa que tome una cadena ingresada por el usuario e imprima su versión invertida.

In [37]:

```
# Ejercicio 37
texto = input("Ingrese un texto: ")
texto_invertido = texto[::-1]

print(f"Texto invertido: {texto_invertido}")
```

Out [37]:

```
Ingrese un texto: oruro
```

```
Texto invertido: oruro
```

Ejercicio: Validación de palíndromos.

Crea un programa que determine si una palabra ingresada es un palíndromo (se lee igual en ambos sentidos).

In [38]:

```
# Ejercicio 38
palabra = input("Ingrese una palabra: ").lower().replace(" ", "")
if palabra == palabra[::-1]:
    print("Es un palíndromo.")
else:
    print("No es un palíndromo.")
```

Out [38]:

```
Ingrese una palabra: oruro
```

```
Es un palindromo.
```

Las cadenas de caracteres en Python ofrecen una gran cantidad de operaciones y métodos que permiten su manipulación eficiente. Son muy utilizadas en las aplicaciones, desde sistemas basados en microservicios, procesamiento de datos, hasta la inteligencia artificial.

A.3.4 Operaciones con listas y diccionarios

En esta sección, exploraremos diversas operaciones acerca del uso de listas y diccionarios, junto con ejemplos prácticos en Python.

A.3.4.1 Operaciones con listas

Las listas son estructuras de datos que almacenan múltiples elementos en un orden específico. Sus elementos pueden ser de diferentes tipos y se pueden modificar después de la creación de la lista. Principales operaciones con listas:

Creación de listas

In [39]:

```
# Ejercicio 39
lista_vacia = []
lista_numeros = [1, 2, 3, 4, 5]
lista_mixta = [1, "Python", 3.14, True]

print(lista_vacia)
print(lista_numeros)
```

```
print(lista_mixta)
```

Out [39]:

```
[]
[1, 2, 3, 4, 5]
[1, 'Python', 3.14, True]
```

Acceso a elementos

In [40]:

```
# Ejercicio 40
lista_numeros = [1, 2, 3, 4, 5, 6, 7, 8, 9]
primer_elemento = lista_numeros[7] # Accede al primer elemento
ultimo_elemento = lista_numeros[-7] # Accede al último elemento

print(primer_elemento)
print(ultimo_elemento)
```

Out [40]:

```
8
3
```

Modificación de elementos

In [41]:

```
# Ejercicio 41
lista_numeros[2] = 10 # Modifica el tercer elemento
lista_numeros
```

Out [41]:

```
[1, 2, 10, 4, 5, 6, 7, 8, 9]
```

Agregar elementos

In [42]:

```python
# Ejercicio 42
lista_numeros.append(6) # Agrega un elemento al final
lista_numeros.insert(2, 99) # Inserta el número 99 en la posición 2

lista_numeros
```

Out [42]:

```
[1, 2, 99, 10, 4, 5, 6, 7, 8, 9, 6]
```

Eliminar elementos

In [43]:

```python
# Ejercicio 43
lista_numeros.pop() # Elimina el último elemento
lista_numeros.remove(99) # Elimina el primer elemento con valor 99

lista_numeros
```

Out [43]:

```
[1, 2, 10, 4, 5, 6, 7, 8, 9]
```

Ordenación y reversión

In [44]:

```python
# Ejercicio 44
lista_numeros.sort() # Ordena la lista en orden ascendente
lista_numeros.reverse() # Invierte el orden de la lista

lista_numeros
```

Out [44]:

```
[10, 9, 8, 7, 6, 5, 4, 2, 1]
```

Recorrer listas

In [45]:

```
# Ejercicio 45
for numero in lista_numeros:
    print(numero)
```

Out [45]:

```
10
9
8
7
6
5
4
2
1
```

A.3.4.2 Operaciones con diccionarios

Los diccionarios son estructuras de datos que almacenan pares clave-valor. Son útiles cuando necesitamos acceder a valores a través de claves únicas en lugar de posiciones numéricas. Principales operaciones con diccionarios:

Creación de diccionarios

In [46]:

```
# Ejercicio 46
diccionario_vacio = {}
diccionario_ejemplo = {"nombre": "Juan", "edad": 25, "ciudad": "Madrid
    "}

print(diccionario_vacio)
print(diccionario_ejemplo)
```

Out [46]:

```
{}
{'nombre': 'Juan', 'edad': 25, 'ciudad': 'Madrid'}
```

Acceso a valores

In [47]:

```
# Ejercicio 47
nombre = diccionario_ejemplo["nombre"] # Accede al valor de la clave '
    nombre'
nombre
```

Out [47]:

```
'Juan'
```

Modificación de valores

In [48]:

```
# Ejercicio 48
diccionario_ejemplo["edad"] = 26 # Modifica el valor de la clave 'edad
    '
diccionario_ejemplo
```

Out [48]:

```
{'nombre': 'Juan', 'edad': 26, 'ciudad': 'Madrid'}
```

Agregar nuevas claves y valores

In [49]:

```
# Ejercicio 49
diccionario_ejemplo["profesion"] = "Ingeniero"
diccionario_ejemplo
```

Out [49]:

```
{'nombre': 'Juan', 'edad': 26, 'ciudad': 'Madrid', 'profesion
    ': 'Ingeniero'}
```

Eliminar elementos

In [50]:

```
# Ejercicio 50
diccionario_ejemplo.pop("ciudad") # Elimina la clave 'ciudad'
diccionario_ejemplo
```

Out [50]:

```
{'nombre': 'Juan', 'edad': 26, 'profesion': 'Ingeniero'}
```

Recorrer diccionarios

In [51]:

```
# Ejercicio 51
for clave, valor in diccionario_ejemplo.items():
    print(clave, ":", valor)
```

Out [51]:

```
nombre : Juan
edad : 26
profesion : Ingeniero
```

Ejercicio: Operaciones básicas con listas.

Escribe un programa en Python que realice las siguientes operaciones con una lista de números: Crear una lista con los números del 1 al 10. Luego, duplicar cada número en la lista. Después eliminar los números mayores a 15. Ahora ordenando la lista en orden descendente.

In [52]:

```
# Ejercicio 52
# Crear la lista del 1 al 10
numeros = list(range(1, 11))

# Duplicar los elementos
numeros = [num * 2 for num in numeros]

# Eliminar los números mayores a 15
numeros = [num for num in numeros if num <= 15]

# Ordenar en orden descendente
numeros.sort(reverse=True)

```

```
print("Lista final:", numeros)
```

Out [52]:

```
Lista final: [14, 12, 10, 8, 6, 4, 2]
```

Ejercicio: Diccionario de notas de estudiantes.

Escribe un programa en Python que permita: Crear un diccionario con nombres de estudiantes y sus respectivas calificaciones. Primero Agrega un nuevo estudiante con su calificación. Luego modifica la calificación de un estudiante existente. Después elimina a un estudiante del diccionario. Ahora se muestra la lista de estudiantes y sus calificaciones.

In [53]:

```
# Ejercicio 53
# Crear diccionario de estudiantes
notas = {"Ana": 8.5, "Luis": 7.2, "Pedro": 9.1}

# Agregar un nuevo estudiante
notas["Maria"] = 8.8

# Modificar la calificación de un estudiante
notas["Luis"] = 7.9

# Eliminar un estudiante
notas.pop("Pedro")

# Mostrar los estudiantes y sus calificaciones
for estudiante, nota in notas.items():
    print(estudiante, "tiene una nota de", nota)
```

Out [53]:

```
Ana tiene una nota de 8.5
Luis tiene una nota de 7.9
Maria tiene una nota de 8.8
```

Las listas y los diccionarios son estructuras de datos que permiten la manipulacion eficiente de datos en memoria principal con Python. Aprender a manipularlas de manera eficiente facilita la programación de soluciones más dinámicas y flexibles. Los ejercicios presentados refuerzan los conceptos clave y brindan experiencia práctica en el manejo de estas estructuras.

A.4 Estructuras de control de flujo

Las estructuras de control en Python permiten dirigir el flujo del programa. Python utiliza bloques de código indentados para definir estructuras como bucles y condicionales, lo que contribuye a su legibilidad.

Condicionales (if, elif, else):

In [54]:

```python
# Ejercicio 54
# Ejemplo de condicional en Python
edad = 20

if edad >= 18:
    print("Eres mayor de edad.")
else:
    print("No eres mayor de edad.")
```

Out [54]:

```
Eres mayor de edad.
```

Bucles (for, while):

In [55]:

```python
# Ejercicio 55
# Ejemplo de bucle for en Python
for i in range(5): # Itera de 0 a 4
    print(i)

# Ejemplo de bucle while en Python
contador = 5
while contador > 0:
    print(contador)
    contador -= 1
```

Out [55]:

```
0
1
2
3
4
5
```

```
4
3
2
1
```

A.4.1 Estructuras de Control Condicionales (if, elif, else)

Las estructuras de control condicional se implementan mediante las palabras clave if, elif y else. Estas permiten ejecutar bloques de código específicos según se cumpla o no una determinada condición.

A.4.1.1 Sentencia if

La sentencia if evalúa una condición. Si es verdadera (True), el bloque de código dentro del if se ejecuta. Si la condición es falsa (False), el bloque no se ejecuta.

A.4.1.2 Sentencia if-else

La sentencia if-else permite definir un bloque de código alternativo que se ejecutará si la condición evaluada en el if es falsa.

A.4.1.3 Sentencia if-elif-else

Cuando hay múltiples condiciones que deben evaluarse de manera secuencial, se utiliza elif (abreviatura de .[el]se if"). Esto permite evaluar varias condiciones sin necesidad de anidar múltiples if dentro de else.

Presentamos tres ejercicios que ayudan a comprender el uso de if, elif y else. Se recomienda ejecutarlos en un entorno como Jupyter Notebook.

Ejercicio: Clasificación de números.

Escribe un programa que solicite al usuario ingresar un número entero y determine si es positivo, negativo o cero.

In [56]:

```python
# Ejercicio 56
# Clasificación de números
numero = int(input("Ingresa un número entero: "))
if numero > 0:
    print("El número es positivo.")
elif numero < 0:
    print("El número es negativo.")
else:
    print("El número es cero.")
```

Out [56]:

```
Ingresa un numero entero: -6
```

```
El numero es negativo.
```

Ejercicio: Determinar si un año es bisiesto.

Crea un programa que pida al usuario ingresar un año y determine si es un año bisiesto o no. Un año es bisiesto si es divisible entre 4, pero no entre 100, excepto si también es divisible entre 400.

In [57]:

```python
# Ejercicio 57
# Determinar si un año es bisiesto
año = int(input("Ingresa un año: "))
if (año % 4 == 0 and año % 100 != 0) or (año % 400 == 0):
    print("El año es bisiesto.")
else:
    print("El año no es bisiesto.")
```

Out [57]:

```
Ingresa un ano: 1984
```

```
El ano es bisiesto.
```

Ejercicio: Calculadora de tarifas de envío.

Escribe un programa que solicite al usuario el peso de un paquete en kilogramos y determine el costo del envío según la siguiente lista:

- Hasta 1 kg: $5
- Más de 1 kg y hasta 5 kg: $10
- Más de 5 kg y hasta 10 kg: $15
- Más de 10 kg: $25

In [58]:

```python
# Ejercicio 58
# Calculadora de tarifas de envío
peso = float(input("Ingresa el peso del paquete en kg: "))
if peso <= 1:
    costo = 5
elif peso <= 5:
    costo = 10
```

```
elif peso <= 10:
    costo = 15
else:
    costo = 25

print(f"El costo de envío es: ${costo}")
```

Out [58]:

```
Ingresa el peso del paquete en kg: 19876
```

```
El costo de envio es: $25
```

A.4.2 Estructuras de Control Repetitivas (for, while)

En Python, los principales tipos de bucles son for y while.

A.4.2.1 Bucle for

El bucle for se usa para iterar una secuencia (listas, tuplas, diccionarios, cadenas de texto o rangos de números). Se ejecuta por cada elemento en la secuencia.

A.4.2.2 Bucle while

El bucle while ejecuta un bloque de código mientras la condición sea verdadera.

Ejercicio: Suma de números del 1 al 100.

Escribe un programa que utilice un bucle for para calcular la suma de los números del 1 al 100 e imprima el resultado.

In [59]:

```
# Ejercicio 59
# Suma de números del 1 al 100
suma = 0
for numero in range(1, 101):
    suma += numero
print(f"La suma de los números del 1 al 100 es: {suma}")
```

Out [59]:

```
La suma de los numeros del 1 al 100 es: 5050
```

Ejercicio: Adivinar un número.

Crea un programa en el que el usuario tenga que adivinar un número generado aleatoriamente entre 1 y 20. El programa debe utilizar un bucle while para seguir pidiendo intentos hasta que el usuario acierte.

In [60]:

```
# Ejercicio 60
# Adivinar un número
import random

numero_secreto = random.randint(1, 20)
intento = 0

while intento != numero_secreto:
    intento = int(input("Adivina el número (entre 1 y 20): "))
    if intento < numero_secreto:
        print("Demasiado bajo. Intenta de nuevo.")
    elif intento > numero_secreto:
        print("Demasiado alto. Intenta de nuevo.")
    else:
        print("Felicidades! Has adivinado el número.")
```

Out [60]:

```
Adivina el numero (entre 1 y 20): 10
```

```
Demasiado alto. Intenta de nuevo.
```

```
Adivina el numero (entre 1 y 20): 5
```

```
Demasiado alto. Intenta de nuevo.
```

```
Adivina el numero (entre 1 y 20): 3
```

```
Demasiado alto. Intenta de nuevo.
```

```
Adivina el numero (entre 1 y 20): 2
```

```
Demasiado alto. Intenta de nuevo.
```

```
Adivina el numero (entre 1 y 20): 1
```

```
Felicidades! Has adivinado el numero.
```

Ejercicio: Tablas de multiplicar.

Escribe un programa que solicite al usuario un número y muestre la tabla de multiplicar de ese número del 1 al 10 utilizando un bucle for.

In [61]:

```
# Ejercicio 61
# Tablas de multiplicar
numero = int(input("Ingresa un número para ver su tabla de multiplicar
    hasta el 10: "))
for i in range(1, 11):
    print(f"{numero} x {i} = {numero * i}")
```

Out [61]:

```
Ingresa un numero para ver su tabla de multiplicar hasta el
    10: 17
```

```
17 x 1 = 17
17 x 2 = 34
17 x 3 = 51
17 x 4 = 68
17 x 5 = 85
17 x 6 = 102
17 x 7 = 119
17 x 8 = 136
17 x 9 = 153
17 x 10 = 170
```

Estos ejercicios permitirán afianzar el conocimiento sobre los bucles en Python y su implementación en Jupyter Notebook.

A.4.3 Compresión de Listas y Diccionarios

Se utilizan expresiones compactas que generan listas o diccionarios a partir de iteraciones y condiciones.

A.4.3.1 Compresión de Listas

La compresión de listas (List Comprehension) permite generar listas de manera rápida y legible en una sola línea de código, evitando la necesidad de usar bucles for tradicionales. Sintaxis de compresión de Listas:

- **expresion:** La operación que se ejecuta en cada elemento.
- **elemento:** Cada valor tomado del iterable.

- **iterable:** Fuente de datos (lista, rango, etc.).
- **if condicion (opcional):** Filtro para incluir solo ciertos elementos.

A.4.3.2 Compresión de Diccionarios

La compresión de diccionarios (Dictionary Comprehension) permite crear diccionarios con una sintaxis compacta. Sintaxis de Compresión de Diccionarios:

- **clave:** La clave generada para cada elemento.
- **valor:** El valor asociado a la clave.
- **iterable:** Fuente de datos.
- **if condicion (opcional):** Filtro para incluir solo ciertos elementos.

Ejercicio: Lista de números impares.

Escribe un programa que genere una lista con los números impares del 1 al 50 utilizando compresión de listas.

In [62]:

```
# Ejercicio 62
# Lista de Números Impares
impares = [x for x in range(1, 51) if x % 2 != 0]

print(impares)
```

Out [62]:

```
[1, 3, 5, 7, 9, 11, 13, 15, 17, 19, 21, 23, 25, 27, 29, 31,
    33, 35, 37, 39, 41, 43, 45, 47, 49]
```

Ejercicio: Diccionario de longitudes de palabras.

De una lista de palabras, crea un diccionario de claves que sean las palabras y los valores sean sus respectivas longitudes.

In [63]:

```
# Ejercicio 63
# Diccionario de Longitudes de Palabras
palabras = ["Python", "Programación", "Compresión", "Listas", "
    Diccionarios"]
longitudes = {palabra: len(palabra) for palabra in palabras}

print(longitudes)
```

Out [63]:

```
{'Python': 6, 'Programacion': 12, 'Compresion': 10, 'Listas':
    6, 'Diccionarios': 12}
```

Ejercicio: Diccionario de números y raíces cuadradas.

Crea un diccionario que contenga los números del 1 al 10 como claves y sus raíces cuadradas como valores, usando compresión de diccionarios.

In [64]:

```
# Ejercicio 64
# Diccionario de Números y Raíces Cuadradas
import math

raices = {x: math.sqrt(x) for x in range(1, 11)}

print(raices)
```

Out [64]:

```
{1: 1.0, 2: 1.4142135623730951, 3: 1.7320508075688772, 4: 2.0,
     5: 2.23606797749979, 6: 2.449489742783178, 7:
    2.6457513110645907, 8: 2.8284271247461903, 9: 3.0, 10:
    3.1622776601683795}
```

A.4.4 Manejo de interrupciones y excepciones (Break, Continue, Try-Except)

En esta sección, exploraremos los conceptos de break, continue y el manejo de excepciones con try-except.

A.4.4.1 Instrucción break

La instrucción break se usa dentro de un bucle para interrumpir su ejecución y salir de él antes de que se complete el ciclo normal.

In [65]:

```
# Ejercicio 65
# Buscar el primer número divisible por 7 en un rango
for num in range(1, 20):
    if num % 7 == 0:
        print("Se encontró el número:", num)
        break
```

Out [65]:

```
Se encontro el numero: 7
```

En este caso, el bucle se detiene cuando encuentra el primer número divisible por 7.

A.4.4.2 Instrucción continue

La instrucción continue, emite la iteración actual y continuar con la siguiente, sin salir del bucle.

In [66]:

```python
# Ejercicio 66
# Imprimir solo los números impares en un rango
for num in range(1, 10):
    if num % 2 == 0:
        continue # Salta los números pares
    print(num)
```

Out [66]:

```
1
3
5
7
9
```

Este código imprimirá solo los números impares, saltándose los pares con continue.

A.4.4.3 Manejo de excepciones con try-except

En Python, los errores en tiempo de ejecución pueden manejarse con try-except, evitando que el programa se detenga abruptamente.

In [67]:

```python
# Ejercicio 67
# Manejo de división por cero
try:
    num = int(input("Ingrese un número: "))
    resultado = 10 / num
    print("El resultado es:", resultado)
except ZeroDivisionError:
```

```
        print("Error: No se puede dividir por cero.")
    except ValueError:
        print("Error: Debe ingresar un número entero.")
```

Out [67]:

```
Ingrese un numero: 0
```

```
Error: No se puede dividir por cero.
```

Este código captura los errores al intentar dividir por cero o al ingresar un valor no numérico.

Ejercicio: Encuentra el primer número negativo

Escribe un programa que permita al usuario ingresar números enteros en un bucle. El programa debe detenerse cuando se ingrese un número negativo.

In [68]:

```
# Ejercicio 68
# Encuentra el Primer Número Negativo
while True:
    num = int(input("Ingrese un número: "))
    if num < 0:
        print("Número negativo detectado. Fin del programa.")
        break
```

Out [68]:

```
Ingrese un numero: 10
Ingrese un numero: 20
Ingrese un numero: 2
Ingrese un numero: -1
```

```
Numero negativo detectado. Fin del programa.
```

Ejercicio: Saltar múltiplos de 3

Escribe un programa que imprima los números del 1 al 20, pero omita los múltiplos de 3 utilizando continue.

In [69]:

```
# Ejercicio 69
```

```
# Saltar Múltiplos de 3
for num in range(1, 21):
    if num % 3 == 0:
        continue
    print(num)
```

Out [69]:

```
1
2
4
5
7
8
10
11
13
14
16
17
19
20
```

Ejercicio: Manejo de entrada de usuario

Escribe un programa que solicite un número al usuario y maneje los errores si ingresa un valor no numérico.

In [70]:

```
# Ejercicio 70
# Manejo de Entrada de Usuario
while True:
    try:
        num = int(input("Ingrese un número entero: "))
        print("Número ingresado correctamente:", num)
        break
    except ValueError:
        print("Error: Debe ingresar un número válido.")
```

Out [70]:

```
Ingrese un numero entero: -0.4
```

```
Error: Debe ingresar un numero valido.
```

```
Ingrese un numero entero: 2
```

```
Numero ingresado correctamente: 2
```

Estos problemas ayudarán a comprender mejor el control de flujo y el manejo de excepciones en Python.

A.5 Funciones y Programación Modular

Las funciones son códigos en grupo que se ejecutan solo cuando son llamadas. Ayudan a organizar el código en unidades manejables y reutilizables.

A.5.1 Uso de Funciones

Una función toma valores de entrada (parámetros), realiza una serie de operaciones y, devuelve un valor de salida.

A.5.1.1 Sintaxis de una función

Para definir una función en Python, se usa la palabra clave *def*, seguida del nombre de la función y paréntesis que pueden contener parámetros:

In [71]:

```python
# Ejercicio 71
# Definición de una función simple
def saludo():
    print("Hola, bienvenido a Python")


saludo()
```

Out [71]:

```
Hola, bienvenido a Python
```

Para ejecutar la función, simplemente se llama por su nombre.

A.5.1.2 Parámetros y Argumentos en Funciones (Scope)

Las funciones pueden recibir valores de entrada llamados parámetros y los valores que se pasan al llamarlas se llaman argumentos. Por ejemplo:

In [72]:

```
# Ejercicio 72
def suma(a, b):
    return a + b


resultado = suma(6, 3)
print(resultado)
```

Out [72]:

```
9
```

A.5.1.3 Tipos de parámetros en Python

- **Parámetros posicionales:** Se pasan en el orden en que están definidos.
- **Parámetros con valores por defecto:** Se asigna un valor por defecto si no se proporciona un argumento.
- **Parámetros arbitrarios:** Permiten recibir un número variable de argumentos con *args (tupla) o **kwargs (diccionario).

In [73]:

```
# Ejercicio 73
def saludar(nombre="Usuario"):
    print(f"Hola, {nombre}")


saludar() # Usa el valor por defecto
saludar("Carlos") # Pasa un argumento
```

Out [73]:

```
Hola, Usuario
Hola, Carlos
```

Ahora un ejemplo de *args:

In [74]:

```
# Ejercicio 74
def suma_numeros(*numeros):
    return sum(numeros)


print(suma_numeros(1, 2, 3, 4, 5, 6))
```

Out [74]:

```
21
```

A.5.1.4 Retorno de valores

Una función puede devolver un resultado con return. Si no se usa return, la función devuelve None por defecto.

In [75]:

```
# Ejercicio 75
def cuadrado(n):
    return n**2


print(cuadrado(9))
```

Out [75]:

```
81
```

A.5.1.5 Alcance de variables en funciones

Las variables definidas dentro de una función son locales a la función y no pueden ser accedidas fuera de ella. Ejemplo:

In [76]:

```
# Ejercicio 76
def prueba():
    x = 10
    print(x)


prueba()
print(x) # Esto generaría un error porque x es local
```

Out [76]:

```
10
True
```

Ejemplo: Invertir una cadena.

In [77]:

```
# Ejercicio 77
def invertir_cadena(cadena):
    return cadena[::-1]


print(invertir_cadena("Python, última versión"))
```

Out [77]:

```
noisrev amitlu ,nohtyP
```

Las funciones en Python son una herramienta poderosa para organizar y reutilizar código. Permiten mejorar la legibilidad, reducir errores y simplificar la depuración. Con los ejercicios presentados, se ha demostrado su aplicabilidad en distintos problemas.

A.5.2 Parámetros y valores de retorno

El uso adecuado de estos conceptos mejora la reutilización del código y la modularidad de los programas.

A.5.2.1 Parámetros en funciones

Los parámetros permiten que una función reciba valores de entrada y realice operaciones en base a ellos. En Python, existen varios tipos de parámetros:

Parámetros posicionales

Son aquellos que deben pasarse en el orden en que están definidos en la función.

In [78]:

```
# Ejercicio 78
def sumar(a, b):
    return a + b


resultado = sumar(3, 5)
print(resultado)
```

Out [78]:

```
8
```

Parámetros con valores por defecto

Python permite asignar valores por defecto a los parámetros para que la función pueda ser llamada sin necesidad de proporcionar todos los argumentos.

In [79]:

```
# Ejercicio 79
def saludar(nombre="Usuario"):
    return f"Hola, {nombre}!"


print(saludar())
print(saludar("Carlos"))
```

Out [79]:

```
Hola, Usuario!
Hola, Carlos!
```

Parámetros arbitrarios (*args)

Cuando no se conoce de antemano cuántos argumentos se pasarán, se puede utilizar *args, que los agrupa en una tupla.

In [80]:

```
# Ejercicio 80
def suma_numeros(*numeros):
    return sum(numeros)


print(suma_numeros(1, 2, 3, 4, 5, 6, 7, 8, 9))
```

Out [80]:

```
45
```

Parámetros de palabra clave (**kwargs)

Para recibir un número variable de argumentos con nombre, se usa **kwargs, que los almacena en un diccionario.

In [81]:

```
# Ejercicio 81
def mostrar_info(**datos):
    for clave, valor in datos.items():
        print(f"{clave}: {valor}")


mostrar_info(nombre="Juan", edad=25, ciudad="Madrid")
```

Out [81]:

```
nombre: Juan
edad: 25
ciudad: Madrid
```

A.5.2.2 Valores de retorno en funciones

La palabra clave return hace que la función devuelva el resultado. Sin "return", la función devuelve None por defecto.

In [82]:

```
# Ejercicio 82
def cuadrado(n):
    return n**2


print(cuadrado(10))
```

Out [82]:

```
100
```

Retorno de múltiples valores

Python permite retornar varios valores separándolos con comas. Se devuelven como una tupla.

In [83]:

```
# Ejercicio 83
def operaciones(a, b):
    suma = a + b
```

```
    resta = a - b
    return suma, resta


resultado = operaciones(8, 3)
print(resultado)

suma, resta = operaciones(8, 3)
print(f"Suma: {suma}, Resta: {resta}")
```

Out [83]:

```
(11, 5)
Suma: 11, Resta: 5
```

Funciones sin retorno explícito

Si una función no usa return, devuelve None.

In [84]:

```
# Ejercicio 84
def mensaje():
    print("Hola, mundo!")


resultado = mensaje()
print(resultado)
```

Out [84]:

```
Hola, mundo!
None
```

A.5.3 Funciones anónimas (Lambda)

Se conoce como función lambda, y se usa para definir funciones pequeñas y rápidas en una sola línea de código.

A.5.3.1 Definición de funciones lambda

La sintaxis de una función lambda es: lambda argumentos: expresión

Donde:

- **Argumentos:** Son los valores de entrada que recibe la función.

- **Expresión:** Es la operación que realiza y devuelve el resultado.

Ejemplo:

In [85]:

```
# Ejercicio 85
def suma(x, y):
    return x + y


print(suma(3, 5))
```

Out [85]:

```
8
```

A.5.3.2 Características de las funciones lambda

- **Son anónimas:** No tienen un nombre explícito como las funciones normales.
- **Son expresiones, no bloques:** Se escriben en una sola línea de código.
- **Pueden tener múltiples argumentos:** Pero solo una expresión.

Se usan en combinación con funciones como map(), filter() y reduce().

Uso de funciones lambda

Uso con map()

Aquí, map() aplica una función a cada elemento de una lista u otra estructura iterable.

In [86]:

```
# Ejercicio 86
numeros = [1, 2, 3, 4, 5]
cuadrados = list(map(lambda x: x**2, numeros))

print(cuadrados)
```

Out [86]:

```
[1, 4, 9, 16, 25]
```

A.5.3.3 Uso con filter()

filter() selecciona los elementos de una lista que cumplen con una condición.

In [87]:

```
# Ejercicio 87
numeros = [10, 15, 21, 30, 35]
pares = list(filter(lambda x: x % 2 == 0, numeros))

print(pares)
```

Out [87]:

```
[10, 30]
```

Uso con reduce()

Aquí. reduce() aplica una función acumulativa a los elementos de una lista. Necesita ser importada desde functools.

In [88]:

```
# Ejercicio 88
from functools import reduce

numeros = [1, 2, 3, 4, 5]
producto = reduce(lambda x, y: x * y, numeros)

print(producto)
```

Out [88]:

```
120
```

A.5.4 Importación de módulos estándar y personalizados

La importación de librerías permite reutilizar código, organizar proyectos de manera eficiente y acceder a una amplia variedad de funcionalidades preexistentes en la biblioteca estándar de Python.

A.5.4.1 Importación de módulos estándar

Python tiene bibliotecas estándar, listas para usar sin necesidad de instalación adicional. Algunos ejemplos comunes incluyen:

- math (funciones matemáticas)
- random (generación de números aleatorios)
- datetime (manejo de fechas y horas)
- os (interacción con el sistema operativo)

Ejemplo de importación y uso del módulo math:

In [89]:

```
# Ejercicio 89
import math

print(math.sqrt(25))
print(math.pi)
```

Out [89]:

```
5.0
3.141592653589793
```

A.5.4.2 Importación selectiva

Podemos importar solo funciones específicas de un módulo:

In [90]:

```
# Ejercicio 90
from math import sqrt, pi

print(sqrt(36))
print(pi)
```

Out [90]:

```
6.0
3.141592653589793
```

A.5.4.3 Importación con alias

Es posible renombrar un módulo al importarlo:

In [91]:

```
# Ejercicio 91
import datetime as dt
```

```python

ahora = dt.datetime.now()
print(ahora)
```

Out [91]:

```
2025-08-10 14:07:37.990260
```

A.5.4.4 Importación de módulos personalizados

Un módulo personalizado es un archivo .py que contiene definiciones de funciones, clases y variables reutilizables.

Creación de un módulo personalizado

Creamos un archivo operaciones.py con el siguiente contenido:

In [92]:

```python
# Ejercicio 92
# operaciones.py
def suma(a, b):
    return a + b


def resta(a, b):
    return a - b
```

Importación de un módulo personalizado

Podemos importar y usar nuestro módulo en otro archivo:

In [93]:

```python
# Ejercicio 93
import operaciones

print(operaciones.suma(5, 3))
print(operaciones.resta(10, 4))
```

Out [93]:

```
8
6
```

Importación específica de funciones

In [94]:

```
# Ejercicio 94
from operaciones import suma

print(suma(7, 2))
```

Out [94]:

```
9
```

Ubicación de módulos

Si el módulo no está en el mismo directorio que el script, Python no lo encontrará por defecto. Se puede agregar la ruta manualmente:

In [95]:

```
# Ejercicio 95
import sys

sys.path.append(".") # ruta/del/modulo

import operaciones
```

A.6 Estructuras de datos en Python

A.6.1 Listas y tuplas: Diferencias y usos

Dos de las estructuras más utilizadas son las listas y las tuplas, que comparten algunas similitudes, pero también presentan diferencias clave en cuanto a mutabilidad, rendimiento y uso.

A.6.1.1 Listas en Python

Las listas en Python son estructuras de datos mutables, sus elementos pueden ser modificados después de su creación. Se definen utilizando corchetes [] y pueden contener elementos de diferentes tipos.

Creación de una lista

In [96]:

```
# Ejercicio 96
# Lista con diferentes tipos de datos
mi_lista = [1, "Hola", 3.14, True]

print(mi_lista)
```

Out [96]:

```
[1, 'Hola', 3.14, True]
```

Acceso a elementos:

In [97]:

```
# Ejercicio 97
print(mi_lista[1]) # Salida: Hola
```

Out [97]:

```
Hola
```

Modificar elementos:

In [98]:

```
# Ejercicio 98
mi_lista[0] = 100

print(mi_lista)
```

Out [98]:

```
[100, 'Hola', 3.14, True]
```

Agregar elementos:

In [99]:

```
# Ejercicio 99
mi_lista.append("Python")

print(mi_lista)
```

Out [99]:

```
[100, 'Hola', 3.14, True, 'Python']
```

Eliminar elementos:

In [100]:

```
# Ejercicio 100
mi_lista.remove(3.14)

print(mi_lista)
```

Out [100]:

```
[100, 'Hola', True, 'Python']
```

Longitud de la lista:

In [101]:

```
# Ejercicio 101
print(len(mi_lista))
```

Out [101]:

```
4
```

A.6.1.2 Tuplas en Python

Las tuplas son estructuras de datos inmutables, donde una vez creadas no pueden ser modificadas. Se definen utilizando paréntesis ().

Creación de una Tupla:

In [102]:

```
# Ejercicio 102
mi_tupla = (10, 20, "Python", False)

print(mi_tupla)
```

Out [102]:

```
(10, 20, 'Python', False)
```

Acceso a elementos:

In [103]:

```
# Ejercicio 103
print(mi_tupla[2]) # Salida: Python
```

Out [103]:

```
Python
```

Intentar modificar elementos (esto genera un error):

In [104]:

```
# Ejercicio 104
try:
    mi_tupla[0] = 99 # TypeError: 'tuple' object does not support item
        assignment
except TypeError as te:
    print(te)
```

Out [104]: ERROR

```
'tuple' object does not support item assignment
```

Convertir una tupla en lista para modificarla:

In [105]:

```
# Ejercicio 105
lista_desde_tupla = list(mi_tupla)
lista_desde_tupla.append("Nuevo elemento")
mi_tupla_modificada = tuple(lista_desde_tupla)

print(mi_tupla_modificada)
```

Out [105]:

```
(10, 20, 'Python', False, 'Nuevo elemento')
```

Longitud de la tupla:

In [106]:

```
# Ejercicio 106
print(len(mi_tupla)) # Salida: 4
```

Out [106]:

```
4
```

Tabla A.4: Diferencias entre listas y tuplas

Característica	Listas	Tuplas
Mutabilidad	Mutable	Inmutable
Velocidad	Más lenta	Más rápida
Seguridad	Menos segura	Más segura
Uso	Para datos cambiantes	Para datos fijos

Cuando usar listas y cuándo usar tuplas

- Usar listas cuando los datos necesiten ser modificados, ordenados o filtrados.
- Usar tuplas cuando los datos sean constantes o cuando se busque mejor rendimiento.

A.6.2 Conjuntos (Sets) y diccionarios (Dicts)

Aunque ambos tienen características únicas, comparten la propiedad de ser implementaciones optimizadas para búsquedas y operaciones rápidas.

A.6.2.1 Conjuntos (Sets) en Python

Un set en Python es una colección no ordenada de elementos únicos. Se define utilizando llaves { } o la función set(). Su principal ventaja es la rapidez en la verificación de pertenencia (in), ya que utiliza una estructura de datos basada en tablas hash.

Creación de un conjunto

In [107]:

```
# Ejercicio 107
mi_set = {1, 2, 3, 4, 5, 6, 7, 8, 9, 10, 11, 12}
print(mi_set)
```

Out [107]:

```
{1, 2, 3, 4, 5, 6, 7, 8, 9, 10, 11, 12}
```

También se puede usar la función set() para convertir una lista en un conjunto y eliminar duplicados:

In [108]:

```
# Ejercicio 108
lista_numeros = [1, 2, 3, 4, 5, 6, 7, 8, 9, 10, 11, 12]
mi_set = set(lista_numeros)
print(mi_set)
```

Out [108]:

```
{1, 2, 3, 4, 5, 6, 7, 8, 9, 10, 11, 12}
```

Operaciones con conjuntos: Agregar elementos:

In [109]:

```python
# Ejercicio 109
mi_set.add(15)
print(mi_set)
```

Out [109]:

```
{1, 2, 3, 4, 5, 6, 7, 8, 9, 10, 11, 12, 15}
```

Eliminar elementos:

In [110]:

```python
# Ejercicio 110
mi_set.remove(3) # Elimina el 3 si existe
print(mi_set)
```

Out [110]:

```
{1, 2, 4, 5, 6, 7, 8, 9, 10, 11, 12, 15}
```

Verificación de pertenencia:

In [111]:

```python
# Ejercicio 111
print(4 in mi_set)
print(10 in mi_set)
```

Out [111]:

```
True
True
```

Operaciones de conjuntos:

In [112]:

```python
# Ejercicio 112
A = {1, 2, 3, 4}
```

```
B = {3, 4, 5, 6}

print(A | B) # Unión: {1, 2, 3, 4, 5, 6}
print(A & B) # Intersección: {3, 4}
print(A - B) # Diferencia: {1, 2}
print(A ^ B) # Diferencia simétrica: {1, 2, 5, 6}
```

Out [112]:

```
{1, 2, 3, 4, 5, 6}
{3, 4}
{1, 2}
{1, 2, 5, 6}
```

A.6.2.2 Diccionarios (Dicts) en Python

Un diccionario en Python es una colección de pares clave-valor. Se definen con llaves { } y permiten acceder a valores a través de una clave en lugar de una posición numérica.

Creación de un diccionario:

In [113]:

```
# Ejercicio 113
datos_persona = {"nombre": "Martha", "edad": 20, "ciudad": "Lisboa"}
print(datos_persona)
```

Out [113]:

```
{'nombre': 'Martha', 'edad': 20, 'ciudad': 'Lisboa'}
```

Operaciones con diccionarios: Acceder a valores:

In [114]:

```
# Ejercicio 114
print(datos_persona["nombre"])
```

Out [114]:

```
Martha
```

Modificar valores:

In [115]:

```
# Ejercicio 115
datos_persona["edad"] = 31
print(datos_persona)
```

Out [115]:

```
{'nombre': 'Martha', 'edad': 31, 'ciudad': 'Lisboa'}
```

Agregar nuevas claves y valores:

In [116]:

```
# Ejercicio 116
datos_persona["profesion"] = "Ingeniero"
print(datos_persona)
```

Out [116]:

```
{'nombre': 'Martha', 'edad': 31, 'ciudad': 'Lisboa', '
    profesion': 'Ingeniero'}
```

Eliminar de claves:

In [117]:

```
# Ejercicio 117
del datos_persona["ciudad"]
print(datos_persona)
```

Out [117]:

```
{'nombre': 'Martha', 'edad': 31, 'profesion': 'Ingeniero'}
```

Recorrer un diccionario:

In [118]:

```
# Ejercicio 118
for clave, valor in datos_persona.items():
    print(f"{clave}: {valor}")
```

Out [118]:

```
nombre: Martha
edad: 31
profesion: Ingeniero
```

Verificación de claves:

In [119]:

```
# Ejercicio 119
print("nombre" in datos_persona)
print("direccion" in datos_persona)
```

Out [119]:

```
True
False
```

Tabla A.5: Diferencias entre conjuntos y diccionarios

Característica	Conjuntos (Sets)	Diccionarios (Dicts)
Estructura	Colección de elementos únicos	Colección de pares clave-valor
Orden	No mantiene orden	Mantiene el orden (desde Python 3.7)
Acceso	Uso de operaciones matemáticas (unión, intersección)	Acceso mediante claves
Mutabilidad	Mutable (excepto frozenset)	Mutable

Ejercicio: Operaciones con conjuntos.

Dado un conjunto de números, eliminar los repetidos y realizar operaciones matemáticas.

In [120]:

```
# Ejercicio 120
A = {1, 2, 3, 4}
B = {3, 4, 5, 6}

print("Unión:", A | B)
print("Intersección:", A & B)
print("Diferencia:", A - B)
```

Out [120]:

```
Union: {1, 2, 3, 4, 5, 6}
Interseccion: {3, 4}
Diferencia: {1, 2}
```

Apéndice B Sobre Respuestas a Preguntas

B.1 Capítulo 1

Pregunta 1 - Respuesta correcta: E).
Pregunta 2 - Respuesta correcta: B).
Pregunta 3 - Respuesta correcta: B).
Pregunta 4 - Respuesta correcta: B).
Pregunta 5 - Respuesta correcta: C).
Pregunta 6 - Respuesta correcta: C).
Pregunta 7 - Respuesta correcta: B).
Pregunta 8 - Respuesta correcta: C).
Pregunta 9 - Respuesta correcta: C).
Pregunta 10 - Respuesta correcta: C).

B.2 Capítulo 2

Pregunta 1 - Respuesta correcta: B).
Pregunta 2 - Respuesta correcta: C).
Pregunta 3 - Respuesta correcta: D).
Pregunta 4 - Respuesta correcta: D).
Pregunta 5 - Respuesta correcta: C).
Pregunta 6 - Respuesta correcta: C).
Pregunta 7 - Respuesta correcta: D).
Pregunta 8 - Respuesta correcta: A).
Pregunta 9 - Respuesta correcta: C).
Pregunta 10 - Respuesta correcta: C).

B.3 Capítulo 3:

Pregunta 1 - Respuesta correcta: B).
Pregunta 2 - Respuesta correcta: C).
Pregunta 3 - Respuesta correcta: B).
Pregunta 4 - Respuesta correcta: A).
Pregunta 5 - Respuesta correcta: B).
Pregunta 6 - Respuesta correcta: B).
Pregunta 7 - Respuesta correcta: D).

Pregunta 8 - Respuesta correcta: D).
Pregunta 9 - Respuesta correcta: B).
Pregunta 10 - Respuesta correcta: D).

B.4 Capítulo 4

Pregunta 1 - Respuesta correcta: D).
Pregunta 2 - Respuesta correcta: C).
Pregunta 3 - Respuesta correcta: A).
Pregunta 4 - Respuesta correcta: C).
Pregunta 5 - Respuesta correcta: C).
Pregunta 6 - Respuesta correcta: D).
Pregunta 7 - Respuesta correcta: C).
Pregunta 8 - Respuesta correcta: A).
Pregunta 9 - Respuesta correcta: A).
Pregunta 10 - Respuesta correcta: B).

B.5 Capítulo 5

Pregunta 1 - Respuesta correcta: B).
Pregunta 2 - Respuesta correcta: C).
Pregunta 3 - Respuesta correcta: D).
Pregunta 4 - Respuesta correcta: D).
Pregunta 5 - Respuesta correcta: F).
Pregunta 6 - Respuesta correcta: D).
Pregunta 7 - Respuesta correcta: D).
Pregunta 8 - Respuesta correcta: C).
Pregunta 9 - Respuesta correcta: F).
Pregunta 10 - Respuesta correcta: B).

B.6 Capítulo 6

Pregunta 1 - Respuesta correcta: C).
Pregunta 2 - Respuesta correcta: B).
Pregunta 3 - Respuesta correcta: D).
Pregunta 4 - Respuesta correcta: D).
Pregunta 5 - Respuesta correcta: F).
Pregunta 6 - Respuesta correcta: A).
Pregunta 7 - Respuesta correcta: B).
Pregunta 8 - Respuesta correcta: B).
Pregunta 9 - Respuesta correcta: A).
Pregunta 10 - Respuesta correcta: C).

B.7 Capítulo 7

Pregunta 1 - Respuesta correcta: C).
Pregunta 2 - Respuesta correcta: C).
Pregunta 3 - Respuesta correcta: B).
Pregunta 4 - Respuesta correcta: A).
Pregunta 5 - Respuesta correcta: B).
Pregunta 6 - Respuesta correcta: A).
Pregunta 7 - Respuesta correcta: D).
Pregunta 8 - Respuesta correcta: C).
Pregunta 9 - Respuesta correcta: B).
Pregunta 10 - Respuesta correcta: A).

B.8 Capítulo 8

Pregunta 1 - Respuesta correcta: B).
Pregunta 2 - Respuesta correcta: D).
Pregunta 3 - Respuesta correcta: B).
Pregunta 4 - Respuesta correcta: E).
Pregunta 5 - Respuesta correcta: C).
Pregunta 6 - Respuesta correcta: B).
Pregunta 7 - Respuesta correcta: B).
Pregunta 8 - Respuesta correcta: B).
Pregunta 9 - Respuesta correcta: C).
Pregunta 10 - Respuesta correcta: C).

Índice alfabético

Made in the USA
Monee, IL
05 November 2026

67804741R00282